三菱FX系列 PLC应用技术

第二版

郑　渊　赵晓明　李庆玲　编著

中国电力出版社
CHINA ELECTRIC POWER PRESS

内容提要

本书是作者在总结多年来的职业技术教学、职业技能培养和工程实践经验的基础上编写的。本书主要内容包括电动机及其继电器控制、机床继电器控制、PLC的认识、三菱FX系列PLC基本指令应用、顺序控制系统的PLC控制、三菱FX系列PLC功能指令应用和三菱FX系列PLC综合应用等内容。在写作上力求知识点简明扼要、层次分明、重点突出，技能点简单实用、贴近生产实际。

本书可以作为职业院校机电类等专业的PLC教材，也可以供PLC职业技能培训和从事PLC工作的有关人员学习使用。

图书在版编目（CIP）数据

三菱FX系列PLC应用技术 / 郑渊，赵晓明，李庆玲编著．—2版．—北京：中国电力出版社，2021.8
ISBN 978-7-5198-5666-3

Ⅰ．①三… Ⅱ．①郑… ②赵… ③李… Ⅲ．①PLC技术—教材 Ⅳ．①TM571.61

中国版本图书馆CIP数据核字（2021）第107359号

出版发行：中国电力出版社
地　　址：北京市东城区北京站西街19号（邮政编码100005）
网　　址：http://www.cepp.sgcc.com.cn
责任编辑：王杏芸（010-63412394）
责任校对：黄　蓓　王海南
装帧设计：赵姗姗
责任印制：杨晓东

印　　刷：北京九天鸿程印刷有限责任公司
版　　次：2019年2月第一版　2021年8月第二版
印　　次：2021年8月北京第三次印刷
开　　本：787毫米×1092毫米　16开本
印　　张：15.25
字　　数：335千字
定　　价：49.00元

前　言

本书根据当前教育部高职高专教育的改革精神，以培养高素质技术技能型专门人才为目标，以职业能力的培养为主线，以真实的工作任务为载体构建了“项目—任务”的教材结构，本着“基本理论够用为度、职业技能贯穿始终”的原则编写而成。全书做到了基本知识重点突出、侧重技能训练，培养学生的综合职业能力和直接上岗的能力。

本书是编者在总结多年来的职业技术教学、职业技能培养和工程实践经验的基础上编写的，在编写的过程中突出了以下几个特点。

1. 采用了“项目—任务”的结构，以典型工作任务为载体组织知识点和技能点，理论和实践结合紧密，便于教学做一体化教学模式的实施；

2. 在每个任务开始的“任务资讯”部分只讲解完成本任务必备的知识点，在后面的“思考与拓展”部分讲解拓展知识点和思考拓展任务，在降低学习难度的同时兼顾了知识的拓展和深化理解；

3. 将PLC程序设计师职业技能标准融入教材内容中，使其与项目融为一体，为学生日后职业拓展能力的提升奠定了基础；

4. 教材内容综合性强，兼顾了电动机继电器控制，机床电气控制，PLC与模拟量、变频器、组态软件的综合应用，受众面广，更加贴合生产实际。

考虑到部分非电专业背景的学习者缺少电动机继电器控制的基础，本书第二版相对第一版增加了“三相异步电动机及其继电器控制”和“机床继电器控制系统分析”2个项目并在项目7中增加了“C650-2型卧式车床PLC控制”的子任务。本书的项目1、2、3、6、7由郑渊老师负责编写，项目4由赵晓明老师编写，项目5由李庆玲老师编写。本书还邀请了有着丰富教学经验的高校教师和企业专家对教材进行了审核。

由于作者水平有限，书中难免存在错误和疏漏之处，敬请广大读者指正。

前　言

（第一版）

本书根据当前教育部高职高专教育的改革精神，以培养高素质技术技能型专门人才为目标，以职业能力的培养为主线，以真实的工作任务为载体构建了“项目—任务”的教材结构，本着“基本理论够用为度、职业技能贯穿始终”的原则编写而成。全书做到了知识点简明扼要、重点突出，技能点简单实用、贴近生产实际，注重培养学生的综合职业能力和直接上岗的能力。

本书是编者在总结多年来职业技术教学、职业技能培养和工程实践经验的基础上编写的，在编写的过程中突出了以下几个特点：

1. 采用了“项目—任务”的结构，以典型工作任务为载体组织知识点和技能点，理论和实践结合紧密，便于一体化教学模式的实施。

2. 在每个任务开始的“任务资讯”部分只讲解完成本任务必备的知识点，在后面的“思考与拓展”部分讲解拓展知识点和思考拓展任务，在降低学习难度的同时兼顾了知识的拓展和深化理解。

3. 将 PLC 程序设计师职业技能标准融入教材内容中，使其与项目融为一体，为学生日后职业拓展能力的提升奠定了基础。

4. 内容综合性强，兼顾了 PLC 与模拟量、变频器、组态软件的综合应用，更加贴合生产实际。

本书内容主要包括 PLC 认识、三菱 FX 系列 PLC 基本指令应用、顺序控制系统的 PLC 控制、三菱 FX 系列 PLC 功能指令应用和三菱 FX 系列 PLC 综合应用 5 个项目。其中项目 1、4、5 由郑渊老师负责编写，项目 2 由赵晓明老师编写，项目 3 由李庆玲老师编写。本书还邀请了有着丰富教学经验的高校教师和企业专家对教材进行了审核。本书是青岛港湾职业技术学院教学研究项目《基于高职学生创新能力培养的 PLC 课程教学模式研究与实践》（GW 2017 B08）的研究成果。

由于作者水平有限，书中难免存在错误和疏漏之处，敬请广大读者指正。

编　者

2019 年 2 月

目　　录

项目 1

三相异步电动机及其继电器控制

任务 1　三相异步电动机的拆装

1.1.1　任务概述

交流电动机可分为异步电动机和同步电动机两大类，异步电动机又分为三相异步电动机和单相异步电动机。异步电动机和其他电动机比较，具有结构简单、制造容易、价格低廉、运行可靠、维护方便、效率较高等一系列优点，同时三相异步电动机配合交流变频器可以实现优异的调速性能，所以异步电动机得到了广泛的应用。本任务的主要目的是掌握三相笼型异步电动机的结构和原理，能够按照规范拆装。

1.1.2　任务资讯

1.1.2.1　电动机的分类

电动机是把电能转换成机械能的一种设备，可以按照使用电源和用途等方式分类。

1. 按使用电源分类

电动机按使用电源和结构分类如图 1-1 所示。

（1）直流电动机。直流电动机根据有无电刷可以分为有刷直流电动机和无刷直流电动机，有刷直流电动机按励磁方式可以分为他励、并励和串励。有刷直流电动机调速性能较好但是不易维护，逐渐被三相异步电动机取代。无刷直流电动机采用半导体开关器件来实现电子换向，取代了有刷直流电动机的机械换向，具有可靠性高、无换向火花、机械噪声低等优点，广泛应用于洗衣机、空调、无人机、电子仪器及自动化办公设备中。

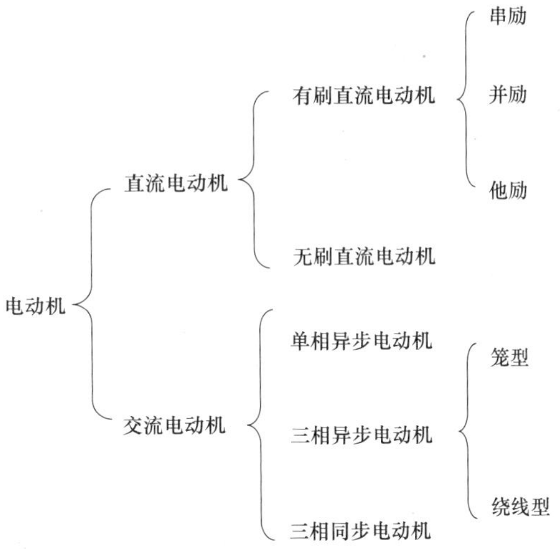

图 1-1　电动机按使用电源和结构分类

（2）交流电动机。交流电动机可以分为单相电动机和三相电动机，单相电动机使用交流 220V 电源，一般用在功率不大的家用电器和小型动力机械中，如电风扇、洗衣机、电冰箱、空调、抽油烟机、电钻、医疗器械、小型风机及家用水泵等。三相电动机一般使用三相交流电源，根据结构和原理的不同又可以分为三相异步电动机（根据转子结构不同又可以分为笼型和绕线型两种）和三相同步电动机，工厂企业生产机械一般使用三相异步电动机作为驱动电动机，三相同步电动机多用在发电厂。

2. 按用途分类

电动机按用途的不同可以分为驱动电动机和控制电动机。

（1）驱动用电动机可划分为电动工具用电动机、家电用电动机及其他生产机械设备用电动机。

（2）控制用电动机又划分为步进电动机和伺服电动机等，主要用于数控机床等机械设备中实现比较精确的位置控制和速度控制。

1.1.2.2 三相异步电动机的结构

三相异步电动机按转子结构的不同分为笼型异步电动机和绕线型转子异步电动机两大类。笼型异步电动机由于结构简单、价格低廉、工作可靠、维护方便，已成为生产上应用最广泛的一种电动机。绕线型转子异步电动机由于结构较复杂、价格较高，一般只用在要求调速和启动性能好的场合，如桥式起重机上。异步电动机由两个基本部分组成：定子（固定部分）和转子（旋转部分）。笼型异步电动机和绕线型转子异步电动机的定子结构基本相同，所不同的只是转子部分。笼型异步电动机的主要部件如图 1-2 所示，绕线型转子异步电动机的结构如图 1-3 所示。

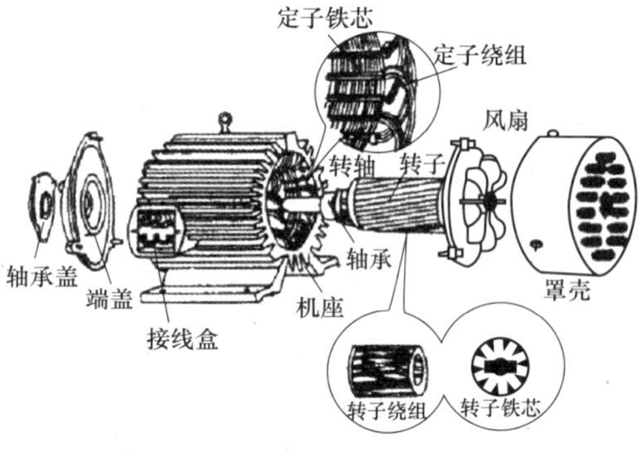

图 1-2 三相笼型异步电动机结构图

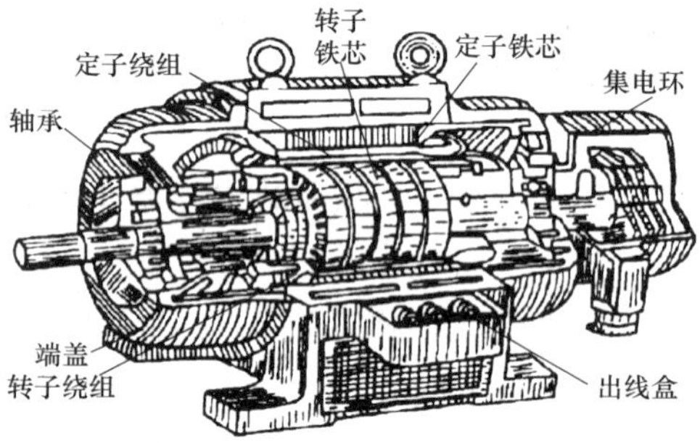

图 1-3 三相绕线式异步电动机结构图

1. 定子

三相异步电动机的定子由机座中的定子铁芯及定子绕组组成。机座一般由铸铁制成，定子铁芯是由冲有槽的硅钢片叠成，片与片之间涂有绝缘漆。三相绕组是用绝缘铜线或铝线绕制成三相对称的绕组按一定的规则连接嵌放在定子槽中。三相对称的绕组的六个接线端引出至接线盒。按现行国家标准，始端标以 U1、V1、W1，末端标以 U2、V2、W2。三相定子绕组可以接成如图 1-4 所示的星形或三角形，但必须视电源电压和绕组额定电压的情况而定。一般电源电压为 380V（指线电压），如果电动机定子各相绕组的额定电压是 220V，则定子绕组必须接成星形，如图 1-4（a）所示；如果电动机各相绕组的额定电压为 380V，则应将定子绕组接成三角形，如图 1-4（b）所示。

2. 转子

转子是由转子铁芯和转子绕组组成的。转子铁芯也是由相互绝缘的硅钢片叠成的。转子冲片如图 1-5（a）所示。铁芯外圆冲有槽，槽内安装转子绕组。根据转子绕组结构不同可分为两种形式：笼型转子和绕线型转子。

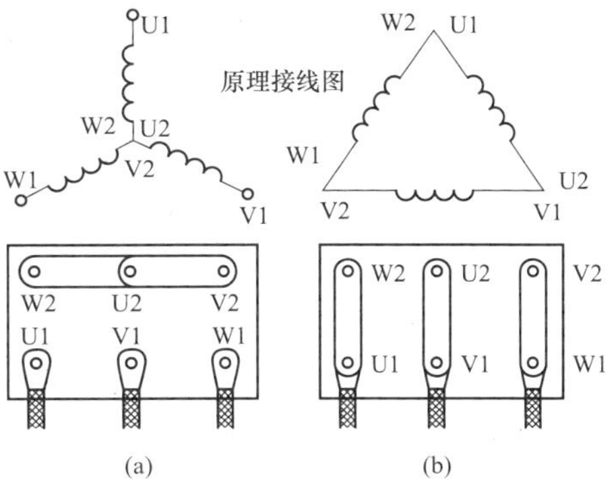

图 1-4　定子三相绕组的联结
（a）星形联结；（b）三角形联结

（1）笼型转子。笼型转子的绕组是在铁芯槽内放置铜条，铜条的两端用短路环焊接起来，绕组的形状如图 1-5（b）所示。它像个鼠笼，故称之为笼型转子。为了简化制造工艺，小容量异步电动机的笼型转子都是熔化的铝浇铸在槽内而成，称为铸铝转子，如图 1-5（c）所示。在浇铸的同时，把转子的短路环和端部的冷却风扇也一样用铝铸成。

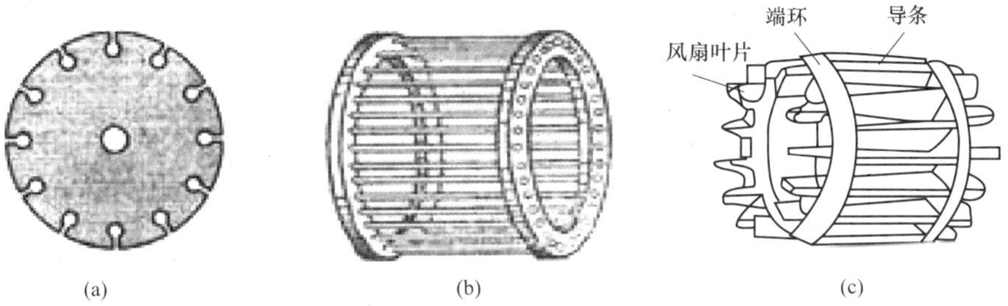

图 1-5　笼型转子
（a）转子冲片；（b）铜排转子；（c）铸铝转子

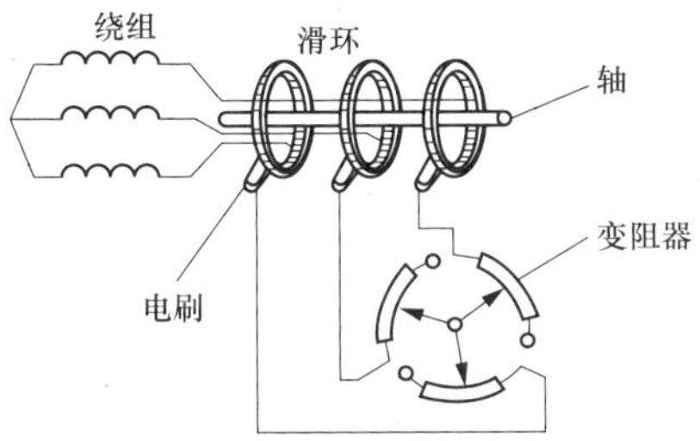

图 1-6　绕线型转子与外部变阻器的连接图

（2）绕线型转子。绕线型转子绕组和定子绕组一样，也是一个用绝缘导线绕成的三相对称绕组，被嵌放在转子铁芯槽中，接成星形。绕组的三个出线端分别接到转轴端部的三个彼此绝缘的铜制滑环上。通过滑环与支持在端盖上的电刷构成滑动接触，把转子绕组的三个出线端引到机座上的接线盒内，以便与外部变阻器连接，故绕线式转子又称滑环式转子，其外形如图 1-6 所示。

3. 气隙

异步电动机的气隙比同容量直流电动机的气隙小得多，在中、小型异步电动机中，一般为 0.2～2.5mm。气隙大小对电动机性能影响很大，气隙越大则建立磁场所需励磁电流就越来越大，从而降低电动机的功率因数。如果把异步电动机看成变压器，显然，气隙越小则定子和转子之间的磁耦合作用就越好。因此应尽量让气隙小些，但也不能太小，否则会使加工和装配困难，运转时定子与转子之间易发生扫膛。

1.1.2.3 三相异步电动机的工作原理

1. 旋转磁场

（1）产生原理。三相异步电动机的定子绕组是一个空间位置对称的三相绕组，如果在定子绕组通入三相对称的交流电流，就会在电动机内部建立起一个恒速旋转的磁场，称为旋转磁场，它是异步电动机工作的基本条件。

（2）旋转磁场转速。旋转磁场的转速大小与磁极对数有关，磁极对数越多，旋转磁场的转速越慢，与其成反比关系。另外，旋转磁场的转速与电流变化的频率（即电源频率）有关，频率越高，电流变化所需的时间越短，旋转磁场的转速就越快，与其成正比关系。若用 p 表示磁极对数，f 表示定子电源频率，以每分钟单位来计算旋转磁场的转速，则 $n=60f/p$。

（3）旋转磁场换向方法。旋转磁场的方向是由三相电流的相序决定的，即把通入三相绕组中的电流相序任意调换其中的两相，就可改变旋转磁场的方向，从而改变电动机的旋转方向。

2. 三相异步电动机转动原理

如果在三相异步电动机的定子绕组中通入三相对称电流，则定子内部产生某个方向转速为 n_1 的旋转磁场。这时转子导体与旋转磁场之间存在着相对运动，切割磁力线而产生感应电动势。电动势的方向可根据右手定则确定。由于转子绕组是闭合的，于是在感应电动势的作用下，绕组内有电流流过。转子电流与旋转磁场相互作用，便在转子绕组中产生电磁力 F。力 F 的方向可由左手定则确定。该力对转轴形成了电磁转矩 T，使转子按旋转磁场方向的转动。异步电动机的定子和转子之间能量的传递是靠电磁感应作用的，故异步电动机又称感应电动机。

转子的转速 n 是否会与 n_1 旋转磁场的转速 n_1 相同呢？回答是不可能的。因为一旦转子的转速和旋转磁场的转速相同，二者便无相对运动，转子也不能产生感应电动势和感应电流，也就没有电磁转矩了。只有二者转速有差异时，才能产生电磁转矩，驱使转子转动。可见，转子转速 n 与旋转磁场的转速 n_1 之间存在差异，所以被称为异步电动机。

由上述可知 n_1 与 n 有差异是异步电动机运行的必要条件。通常把同步转速 n_1 与转子转速 n 二者之差称为“转差”，用 Δn 表示，即 $\Delta n=n_1-n$。“转差”与同步转速 n_1 的比值称为转差率，用 s 表示，即 $s=(n_1-n)/n_1$。

异步电动机是通过转差率来影响电量的变化，以实现能量的转换和平衡。因此，转差率是分析异步电动机运行特性的一个重要参数。转差率 s 常用百分数来表示。电动机启动瞬时，$n=0$，$s=1$；随着 n 的上升，s 不断下降。由于异步电动机转子的转速是随着负载而变化的，所以转差率 s 也是随之而变化的。在额定负载情况下，$s=0.03\sim0.06$，这时 $n=(0.94\sim0.97)n_1$，与同步转速十分接近。若 $n=n_1$，$s=0$ 则为理想空载情况，所以异步电动机电动状态时转差率的范围是 $0<s<1$。

1.1.2.4 三相异步电动机的铭牌数据

异步电动机的机座上都有一个铭牌，它标记着电动机的型号、各种额定值和联结方法等，见表1-1。按电动机铭牌所规定的条件和额定值运行，称作额定运行状态。下面以三相异步电动机Y112S-6铭牌为例来说明各数据的含义。

表1-1　三相异步电动机的铭牌数据

型号	Y132M-4	功率	7.5kW	频率	50Hz
电压	380V	电流	15.4A	接法	△
转速	1440r/min	绝缘等级	E	工作方式	连续
温升	80℃	防护等级	IP44	质量	55kg
年　月	编号		××电机厂		

1. 型号

型号指电动机的产品代号、规格代号和特殊环境代号：电动机产品型号一般采用大写印刷体的汉语拼音字母和阿拉伯数字组成。其中汉语拼音字母是根据电动机全名称选择有代表意义的汉字，再用该汉字的第一个拼音字母组成。它表明了电动机的类型、规格、结构特征和使用范围。例如，型号为Y112S-6的电动机，Y表示异步电动机，112表示机座中心高度为112mm，S表示短机座，6表示极数。

2. 额定值

（1）额定功率P_N，指电动机在额定运行时，轴上输出的机械功率，单位为kW。

（2）额定电压U_N，指电动机额定运行状态时，定子绕组应加的线电压，单位为V。铭牌上给出两个电压值，对应于定子绕组三角形和星形两种不同的联结方式。当铭牌标为220D/380Y V时，表明当电压为220V时，电动机定子绕组用三角形联结；而电源为380V时，电动机定子绕组用星形联结。两种方式都能保证每相定子绕组在额定电压下运行。为了使电动机正常运行，一般规定电源电压波动不应超过额定值的5%。

（3）额定电流I_N，指电动机在额定电压下运行，输出功率达到额定值，流入定子绕组的线电流，单位为A。

（4）额定频率f_N，指加在电动机定子绕组上的允许频率，我国电力网的频率规定为50Hz。

（5）额定转速n_N，指电动机在额定电压、额定频率和额定输出的情况下电动机的转速，单位为r/min。

（6）绝缘等级，指电动机内部所有绝缘材料允许的最高温度等级，它决定了电动机工作时允许的温升。

（7）定额，按电动机在额定运行时的持续时间，定额分为连续——S1、短时——S2及断续——S3三种。“连续”表示该电动机可以按铭牌的各项定额长期运行，“短时”表示只能按照铭牌规定的工作时间短时使用，“断续”表示该电动机短时运行，但每次周期性断续使用。

在铭牌上除了给出的以上主要数据外，有的电动机还标有额定功率因数$\cos\varphi_N$。电动机是感性负载，定子相电流滞后定子相电压一个φ角，所以功率因数$\cos\varphi_N$是指额定负载下定子电路的相电压与相电流之间相位差的余弦。异步电动机的$\cos\varphi_N$随负载的变化而变化，满载时$\cos\varphi$为0.7～0.9，轻载时$\cos\varphi$较低，空载时只有0.2～0.3。

1.1.3 任务实施

1. 三相异步电动机的拆卸

图 1-7 所示为三相笼型异步电动机的拆装示意图。

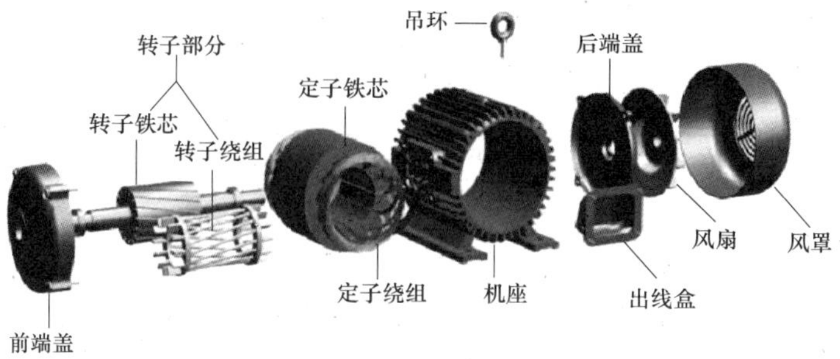

图 1-7 三相笼型异步电动机拆装示意图

（1）拆卸前的准备。

1）根据电动机准备好拆卸用螺丝刀、活络扳手、拉具、手锤、冲子等拆卸工具。

2）做好拆卸前必要的记录和检查工作。

3）使用中的电动机应拆除电动机与外部电气连接的连线，并做好相位标记。

（2）拆卸风罩和风叶。

1）在机壳与端盖的接缝处（即止口处）做好标记以便复位。

2）松脱风罩螺丝，拿下风罩。

3）将转轴尾端风叶上的定位螺丝或销子松脱取下。

4）用金属棒或手锤在风叶四周均匀轻敲拿下风罩。

（3）轴承盖和端盖的拆卸。

1）把轴承的外盖螺栓拧下，拆下轴承外盖。

2）松开端盖的紧固螺丝，在端盖与机座的接缝处做好记号。

3）用手锤均匀敲打端盖四周，取下端盖。

大型电动机端盖较重，要注意将端盖吊住，拆卸时不要碰坏绕组。小型电动机可先把轴伸端的外盖卸下，再松脱后端盖的紧固螺栓，然后用木槌敲打轴伸端，将转子连同端盖一起取出。

（4）抽出转子。

1）小型电动机转子可连同转子端盖一起取出。抽转子时应动作缓慢，不可歪斜，以免碰伤绕组。绕线型电动机还要注意不要损伤滑环面和刷架。

2）大型电动机转子较重，抽转子时要用起吊设备将转子吊出，抽出时要在定子、转子间垫放绝缘纸板，且缓慢抽出；起吊前应在转子轴颈处用棉纱包好，以免损伤轴头。

（5）拆卸轴承。轴承一般不拆，如需拆卸可用以下方式：

1）用专用拉具拉住轴承内圆缓慢拉出。

2）用铜棒对准轴承内圆，用手锤敲打铜棒，把轴承敲出。敲打时要沿轴承内圆两侧轮流敲打，用力也不可过猛。

3）用扁铁架住拆卸。用两个扁铁架住轴承内圆，使转子悬空，然后在轴端垫上铜块用锤子敲打，退出轴承。

2. 三相异步电动机的装配

装配工序与拆卸时逆顺序进行。装配前各件配合处要先清理除锈，将各配件按拆卸时的标记复位。

（1）轴承的安装。应将轴颈部分揩擦干净，把经过清洗加好润滑脂的内轴承盖套在轴颈上，装配方法可用：

1）套压法，把轴承套在轴上对准轴颈，用一段外径略小于轴承内圈外径的铁管，用手锤敲打铁管将轴承顶入。

2）加热法，将轴承放在 80～100℃ 的变压油中加热半小时，待轴承加热后，迅速把轴承推倒轴颈。如套不进去，应检查原因，如无外因可用套筒顶住内圈，用手锤轻轻敲入。轴承套好后，用压缩空气吹去轴承内的变压油，并擦拭干净。

轴承装好后在轴承内外圈和轴承盖内装润滑脂，润滑脂不能完全充满，一般装 1/3～2/3 空腔容积。

（2）后端盖的安装。将轴伸端垂直放置，在其端面上垫上木板，将后端盖套在后轴承上，用木槌敲打将后端盖敲入，然后装轴承外盖，紧固内外轴承盖时螺栓要逐步旋紧，螺栓间要平稳收紧。

（3）转子安装。把转子对准定子中心，小心放入，后端盖对准与基座的标记，旋上后盖螺栓，但不要拧紧。

（4）前端盖的安装。将前端盖对准与基座的标记，用木槌均匀敲击端盖四周，不可单边手力，并拧上端盖螺栓，不要拧紧。拧紧前端盖的紧固螺栓前，要用木槌在前端盖的四周均匀敲击，紧固螺栓时要对称均匀用力，对角逐步拧紧，不能沿周边依次拧紧，否则易造成同心度不良。

前端盖外盖时，先在外轴承盖孔内插入一根螺栓，一手顶住螺栓，一手缓慢旋动转轴，轴承内盖也随之转动，当手感觉到轴承内外盖螺孔对齐时，就可以将螺栓拧入内轴承盖螺孔内，再装另两个螺栓，拧紧时也要逐步拧紧。

按照同样方法分别将前后端盖螺栓全部拧紧到位。

（5）安装风叶和风罩。风叶和风罩安装完毕后用手转动转轴，转子应转动灵活、均匀、无停滞、摩擦或偏重现象。

1.1.4 思考与拓展

1. 有刷直流电动机的结构和原理

（1）有刷直流电动机的结构。直流电动机主要分为定子与转子两部分，如图 1-8 所示。直流电动机运行时静止的部分称为定子，定子的主要作用是产生磁场，包括主磁极、励磁绕组、机座、换向极、电刷装置等。直流电动机运行时静止的部分称为转子，转子的主要作用是产生电磁转矩和感应电动势，是直流电动机进行能量转换的枢纽，因此又称为电枢，包括电枢铁芯、电枢绕组、换向器、轴和风扇等。

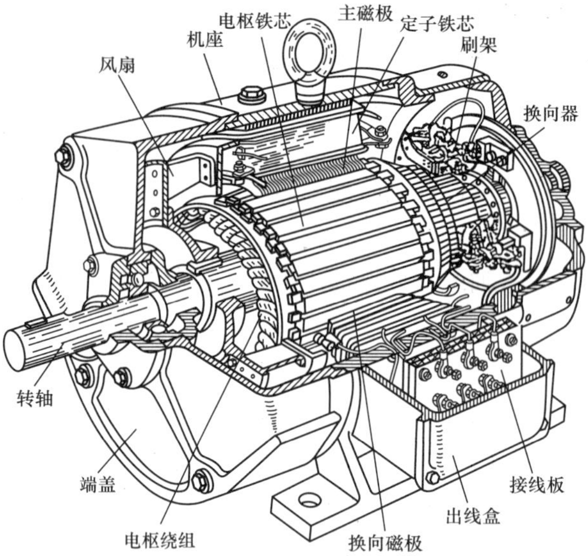

图 1-8　有刷直流电动机结构示意图

（2）有刷直流电动机工作原理。直流电动机的结构多种多样，但原理相同。如图 1-9 所示，定子上总有一对直流励磁的静止的主磁极 N 和 S，在旋转部分转子上安装有电枢铁芯。线圈的首和尾分别连接到两个圆弧形的铜片上，即换向片，换向片之间是绝缘的。当电枢转动时，电枢线圈通过换向片和电刷与外电路接通。给直流电动机电刷加上直流，则有电流流过线圈，根据电磁力定律，再留导体将会受到电磁力的作用，方向则由左手定则判定。两段导体受到的力形成转矩，于是转子就会逆时针转动。要注意的是，直流电动机外加的电源是直流的，但由于电刷和换向片的作用，线圈中流过的电流却是交流的，因此产生的转矩方向保持不变。

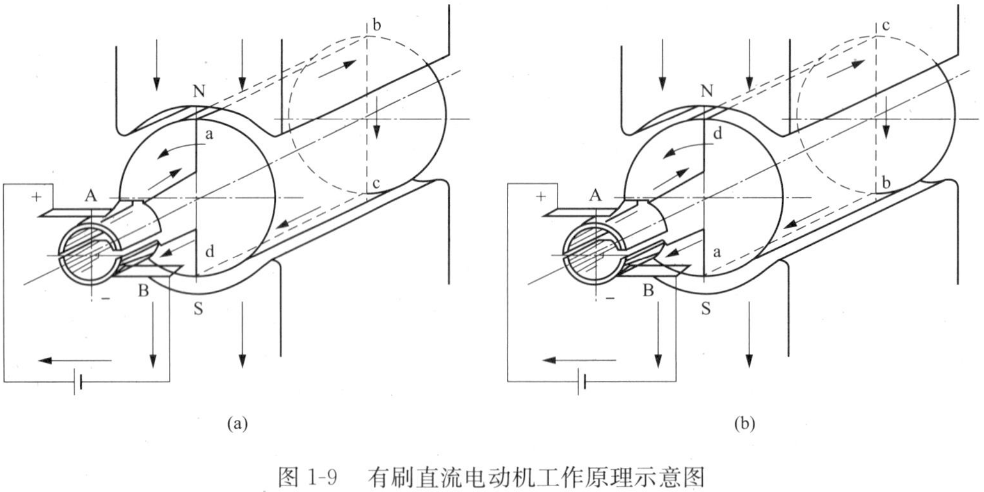

图 1-9　有刷直流电动机工作原理示意图

2. 三相异步电动机的绕组检测方法

（1）绝缘电阻的测定。测量定子绕组相与相之间、相与地之间冷态（常温）绝缘电阻。对于额定电压500V以下的电动机，一般用500V绝缘电阻表进行测量，额定电压300～500V电动机可用1000V绝缘电阻表进行测量。

测量方法：测绕组对地绝缘时，先将测试电动机的三相绕组分别解开，然后将绝缘电阻表的接地端接到电动机的机壳上，线路端接到需要测量的绕组的接线端上，电动机其余绕组的接线端则与机壳相接。对于额定电压500V以下的电动机，测得其绝缘电阻不得低于0.5MΩ，对于新电动机或绕组已更新的电动机不得低于5MΩ。

(2) 定子绕组首尾的测定。如果用手转动转子，则电动机相当于一个发电机，每相绕组中都会产生感生电动势。3个绕组中的3个感生电动势互为120°。若将它们的首、尾端并联，其合成电动势应该为零。若有一相绕组首、尾端接反，其合成电动势则不为零。由此可判定3个定子绕组的首、尾端，如图1-10所示。具体操作步骤如下：

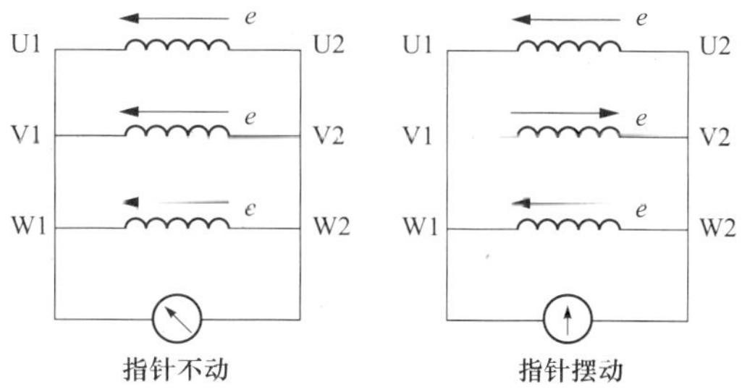

图1-10　万用表判别定子绕组首末端法

1) 将3个定子绕组相并联，两端与万用表相连接（万用表调至mA挡）；

2) 用手转动电动机的转子，观察万用表指针的摆动情况；

3) 若万用表指针不摆动，说明3个定子绕组的首、尾端并联正确，否则有一相绕组的首、尾端接反；

4) 若发现万用表指针摆动，则依次调换3个定子绕组的两端（每次仅调换一相），同时观察万用表指针的摆动情况，直至指针不摆动为止。

巩固练习

1. 简述电动机的分类。
2. 简述三相异步电动机的结构。
3. 试述三相异步电动机的工作原理，并解释“异步”的意义。
4. 三相异步电动机旋转磁场的旋转方向由什么决定？
5. 三相异步电动机的铭牌标为220D/380Y V表示什么意思？
6. 简述三相异步电动机的拆卸顺序。
7. 有刷直流电动机的结构和原理与三相异步电动机有何区别？

任务2　三相异步电动机单向手动控制

1.2.1　任务概述

在工厂设备中，如小型台钻、切割机等小功率电动机的不频繁启停只需用低压断路器等低压开关手动控制，合上低压断路器，电动机运转；断开低压断路器，电动机停转。本任务的目的是利用低压断路器实现三相异步电动机单向手动直接启动控制，同时具有短路保护功能。

1.2.2 任务资讯

1.2.2.1 低压电器的定义和分类

低压电器是组成低压控制线路的基本器件。在工厂中常用继电器、接触器、按钮和开关等电器组成电动机的启动、停止、反转和制动控制线路。控制系统的可靠性、先进性、经济性都与所用的低压电器有着直接的关系。

1. 低压电器的定义

凡是对电能的生产、输送、分配和使用起控制、调节、检测、转换及保护作用的电工器械均可称为电器。用于交流额定电压 1200V 以下，直流额定电压 1500V 以下的电路内起通断保护、控制或调节作用的电器称为低压电器。

2. 低压电器的分类

由于低压电器的功能、品种和规格的多样化，工作原理也各异，因而有不同的分类方法。按其与使用系统间的关系，习惯上分为以下几类：

（1）按用途分类。

1）低压配电电器：主要用于低压供电系统。这类低压电器有刀开关、断路器、隔离开关、转换开关以及熔断器等。对这类电器的主要技术要求是分断能力强，限流效果好，动稳定及热稳定性能好。

2）低压控制电器：主要用于电力拖动控制系统。这类低压电器有接触器、继电器、控制器等。对这类电器的主要技术要求是有一定的通断能力，操作频率要高，电器和机械寿命要长。

3）低压主令电器：主要用于发送控制指令的电器。这类电器有按钮、主令开关、行程开关和万能转换开关等。对这类电器的主要技术要求是操作频率要高、抗冲击、电器和机械寿命要长。

4）低压保护电器：主要用于对电路和电气设备进行安全保护的电器。这类低压电器有熔断器、热继电器、电压继电器、电流继电器、避雷器等。对这类电器的主要技术要求是有一定的通断能力，反应灵敏度要高，可靠性要高。

5）低压执行电器：主要用于执行某种动作和传动功能的电器。这类低压电器有电磁铁、电磁离合器等。

（2）按工作原理分类。

1）电磁式电器：依据电磁感应原理来工作的电器。如交直流接触器、各种电磁式继电器等。

2）非电量控制电器：电器的工作是靠外力或某种非电物理量的变化而动作的电器。如刀开关、速度继电器、压力继电器、温度继电器等。

1.2.2.2 低压断路器

低压断路器又称自动空气断路器或称自动空气开关，是一种既有手动开关作用又能自动进行欠压、失压、过载和短路保护的电器。

低压断路器有单极、双极、三极、四极断路器四种，可用于电源电路、照明电路、电动机主电路的分合及保护等。图 1-11 所示为 DZ20 系列及 DZ47-63 系列低压断路器图，图 1-12 所示为低压断路器的图形及文字符号。

图 1-11　DZ20 系列及 DZ47-63 系列低压断路器图片

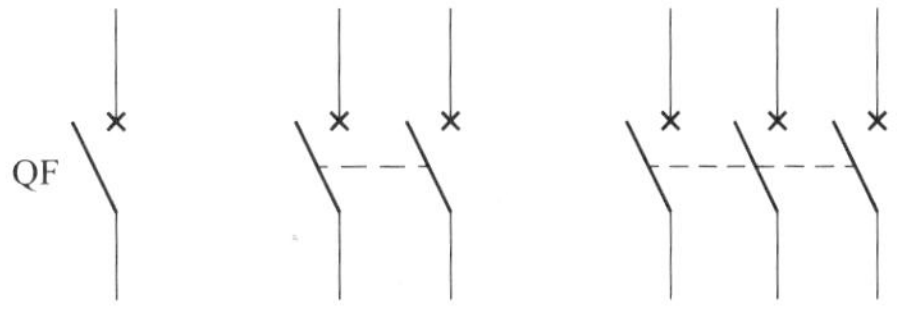

图 1-12　低压断路器图形及文字符号

1. 低压断路器的结构

低压断路器主要由主触头、操作机构、脱扣器和灭弧装置等组成。

（1）主触头。主触头用来接通和分断主电路。当低压断路器的手柄被推上时，主触头闭合，接通电路，当手柄被落下时，主触头断开，切断电路。

（2）操作机构。操作机构是实现低压断路器闭合及断开的机构，分为机械式和电动式。

（3）脱扣器。当电路出现故障，脱扣器会感测到故障信号。如过电流、过载、欠电压失电压出现时，相应的脱扣器动作，经自由脱扣器将主触头断开。

（4）灭弧装置。主触头上装有灭弧装置，目的是提高分断能力。

2. 低压断路器的工作原理

图 1-13 所示为三极低压断路器的工作原理图。当低压断路器的手柄推上后，主触点 1 闭合，三相电路接通，传动杆 2 被锁扣钩住。如果主电路出现过电流现象，则过电流脱扣器 3 的衔铁吸合，顶杆将锁扣顶开，主触点在分闸弹簧的作用下复位，断开主电路，起到保护作用。如果出现过载现象，热脱扣器 5 将锁扣顶开，如果出现欠压/失压现象，欠压/失压脱扣器 6 将锁扣顶开。分励脱扣器 4 可由操作人员控制，当发生紧急情况时，通过远程分断按钮 7 使低压断路器跳闸。

1.2.2.3　熔断器

熔断器是一种用于过载与短路保护的电器。熔断器是线路中人为设置的“薄弱环节”，要求它能承受额定电流，而当短路发生的瞬间，则要求其充分显示出薄弱性来，首先熔断，从而保护电气设备的安全。熔断器主要由熔体、触头及绝缘底板（底座）等部分组成。

熔断器按结构形式主要分为半封闭插入式、无填料密封管式、有填料密封管式等。按用途分为工业用熔断器、半导体器件保护用熔断器、特殊用途用熔断器等。

熔断器的主要部件就是熔体。熔体的材料分为低熔点和高熔点材料。低熔点材料主要有铅锡合金、锌等，高熔点材料主要有铜、银、铝等。图 1-14 所示为 RL1、RT18 系列熔断器图片，图 1-15 所示为熔断器的图形及文字符号。

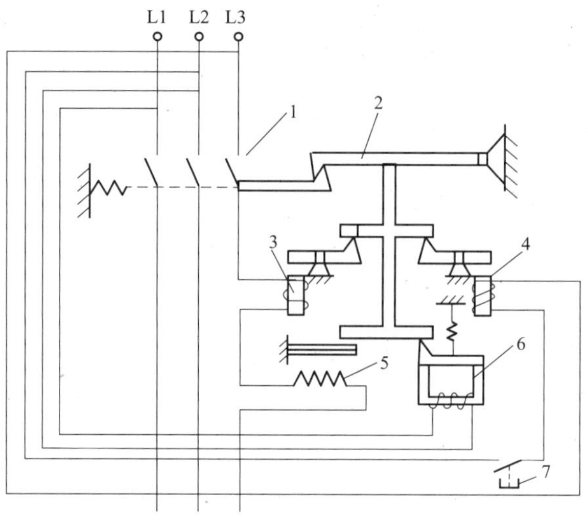

图 1-13　三相低压断路器工作原理图

1—主触头；2—传动杆和锁扣；3—过电流脱扣器；4—分脱扣器；5—热脱扣器；6—欠压/失压脱扣器；7—远程分断按钮

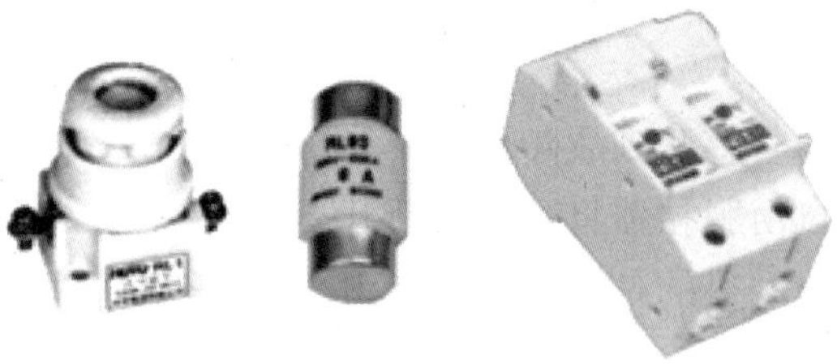

图 1-14　RL1、RT18 熔断器

图 1-15　熔断器图形及文字符号

1.2.2.4　电气图

电气控制系统是由许多电气元件按照一定要求连接而成。因此，需要将电气控制系统中各种电气元件及其连接用一定图形表示出来，这就是电气控制系统图。电气图主要有：电气原理图、电气元件布置图、电气接线图等。

1. 电气原理图

电气原理图是指用国家标准规定的图形符号和文字符号代表各种元件，依据控制要求和各电气元件的动作原理，用线条代表导线连接起来。它包括所有电气元件的导电部件和接线端子，但不按电气元件的实际位置来画，也不反映电气元件的尺寸及安装方式。绘制电气原理图应遵循以下原则：

（1）电气控制电路一般分为主电路和辅助电路。辅助电路又可分为控制电路、信号电路、照明电路和保护电路等。

主电路是指从电源到电动机的大电流通过的电路，其中电源电路用水平线绘制，受电动力设备及其保护电器支路应垂直于电源电路画出。

控制电路、照明电路、信号电路及保护电路等应垂直地绘于两条水平电源线之间。耗能元件的一端应直接连接在电位低的一端，控制触点连接在上方水平线和耗能元件之间。

不论主电路还是辅助电路，各元件一般应按动作顺序从上到下、从左到右依次排列，电路可以水平布置也可以垂直布置。

（2）在电气原理图中，所有电气元件的图形、文字符号、接线端子标记必须采用国家规定的统一标准。

（3）采用电气元件展开图的画法。同一电器元件的各部分可以不画在一起，但需用同一文字符号标出。若有多个同一种类的电气元件，可在文字符号后加上数字序号，例如，KM1、KM2。

（4）在原理图中，所有电气元件按自然状态画出。所有按钮、触点均按电气元件没有通电或没有外力操作、触点没有动作的原始状态画出。

（5）在原理图中，有直接电联系的交叉导线连接点，要用黑圆点表示。无直接联系的交叉导线连接点不画黑圆点。

（6）在原理图上将图分成若干个图区，并标明该区电路的用途和作用。在继电器、接触器线圈下方列出触点表，说明线圈和触点的从属关系。

图 1-16 所示为某车床的电气原理图。

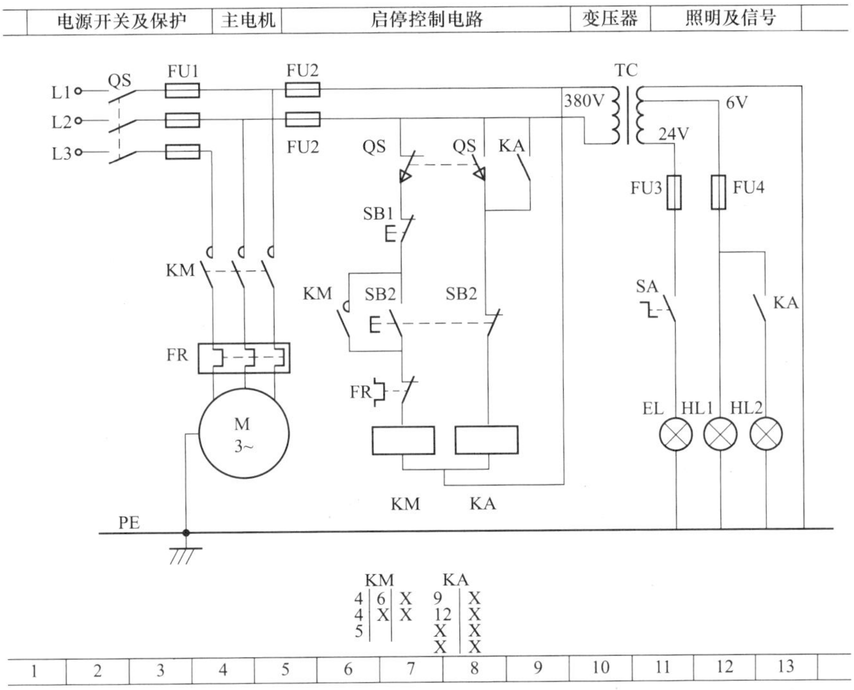

图 1-16　某车床电气原理图

2. 电气元件布置图

电气元件布置图是表示电气设备上所有电气元件的实际位置，为电气控制设备的安装、维修提供必要的技术资料。电气元件均用粗实线绘制出简单的外形轮廓，机床的轮廓线用细实线或点划线。

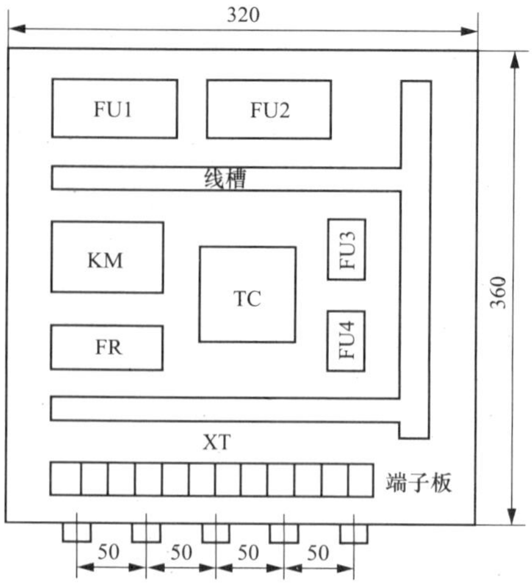

图 1-17 某机床电气元件布置图

图 1-17 所示为一车床的电器布置图。

3. 电气接线图

电气接线图主要用于安装接线、线路检查、线路维修和故障处理。绘制接线图的原则是：

（1）应将各电气元件的组成部分画在一起，布置尽量符合电气元件的实际情况。

（2）各电气元件的图形符号、文字符号及接线端子标记均与电气原理图一致。

（3）同一控制柜上的电气元件可直接相连，控制柜与外部器件相连，必须经过接线端子板，且互连线应注明规格，一般不表示实际走线。图 1-18 所示为某机床电气控制接线图。

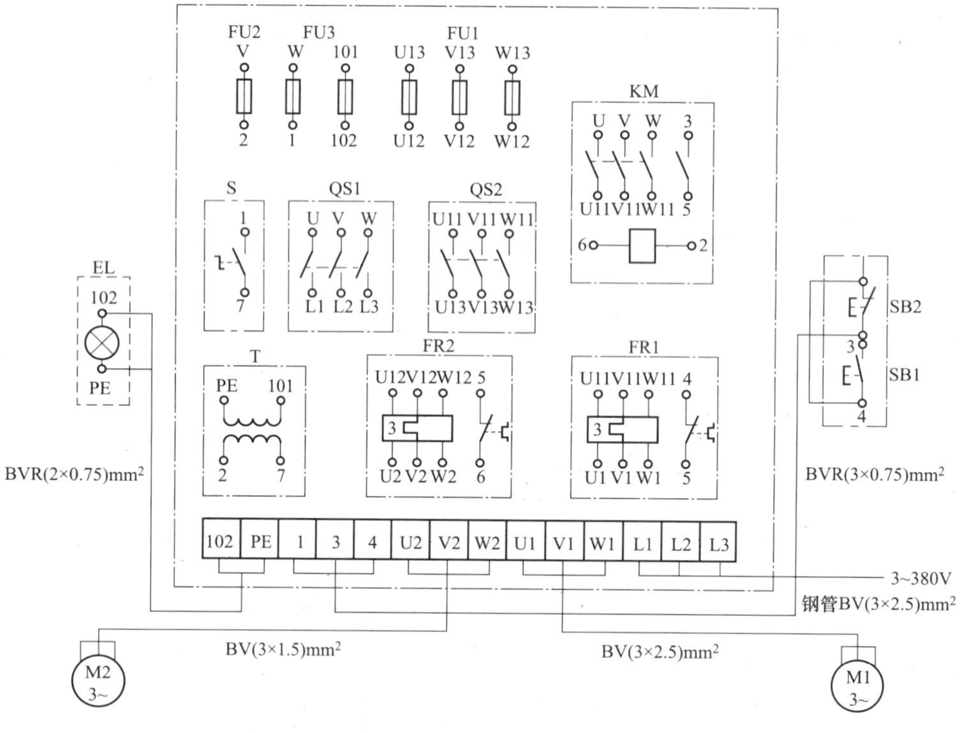

图 1-18 某机床电气接线图

1.2.3 任务实施

1. 三相异步电动机单向手动控制电路原理分析

图 1-19 所示为三相异步电动机单向手动电路的电气原理图和电气元件布置图，QF1 为低压断路器，闭合开关 QF1 后电动机单向运行，断开开关 QF1 后电动机停止。FU1 为熔断器，起短路保护作用。

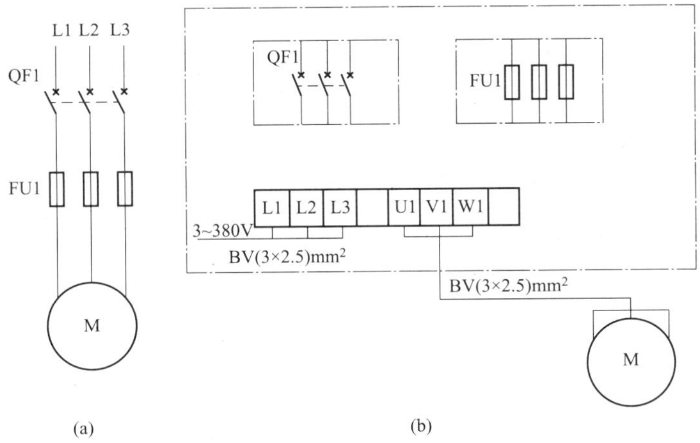

图 1-19　三相异步电动机单向手动电路的电气原理图和电气元件布置图

（a）电气原理图；（b）电气元件布置图

2. 电路接线与调试

（1）电路接线。

1）将低压断路器打至“OFF”位置。

2）按图接线。接线次序应按自上而下、从左到右来接，接线尽可能整齐、清晰，能用短线的地方，就用短线连接，便于检查，接线要牢固可靠。

3）电动机采用星形接法。

（2）检测与调试。接线完毕后需经指导老师检查线路后，确认安装牢固接线无误后，方能接通电源，并观察电动机转动情况。合上电源开关 QF1，电动机运转；断开电源开关 QF1，电动机停转。如不能正常工作，则应分析并排除故障。

（3）实验结束后，先切断电源，再拆线，并将实验器材整理好。

1.2.4　思考与拓展

1. 隔离开关、负荷开关和断路器的作用与区别

负荷开关、隔离开关和断路器都是用来闭合和切断电路的电器，但是它们在电路中所起的作用不同，如图 1-20～图 1-22 所示。其中断路器可以切断负荷电流和断路电流，负荷开关只可切断负荷电流，短路电流是由熔断器来切断的，隔离开关则不能切断负荷电流，更不能切断短路电流，只能用来切断电压或允许的小电流。

（1）负荷开关是可以带负荷分断的，有自灭弧功能，但它的开断容量很小，很有限。

（2）隔离开关一般是不能能带负荷分断的，结构上没有灭弧罩，也有能分断负荷的隔离开关，只是结构上与负荷开关不同，相对来说简单一些。

（3）负荷开关和隔离开关，都可以形成明显断开点，大部分断路器不具隔离功能，也有少数断路器具隔离功能。

（4）隔离开关不具备保护功能，负荷开关的保护一般是加熔断器保护，只有速断和过流。

（5）断路器的开断容量可以在制造过程中做得很高。主要是依靠加电流互感器配合二次设备来保护。可具有短路保护、过载保护、漏电保护等功能。

图 1-20　负荷开关外观图

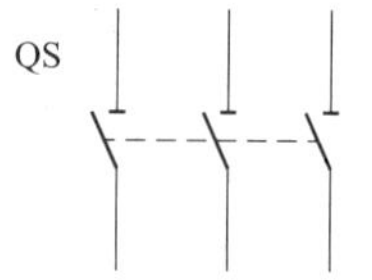

图 1-21　隔离开关图形及文字符号

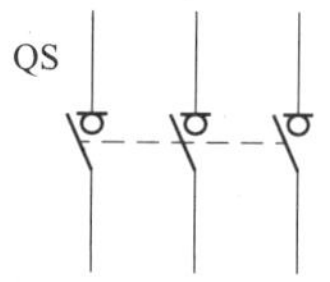

图 1-22　负荷开关图形及文字符号

2. 漏电保护器

漏电保护器，简称漏电开关，又叫漏电断路器，主要是用来在设备发生漏电故障时，以及对有致命危险的人身触电保护，具有过载和短路保护功能，可用来保护线路或电动机的过载和短路，也可在正常情况下作为线路的不频繁转换启动之用。图 1-23 所示为漏电保护器外观图，图 1-24 所示为漏电保护开关图形和文字符号。漏电断路器与普通低压断路器的区别在于前者侧重于对人的保护，后者侧重于对线路和设备的保护。

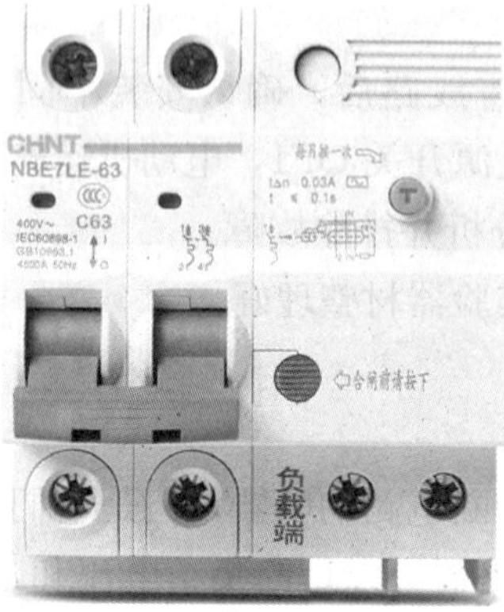

图 1-23　单相两极漏电保护器外观

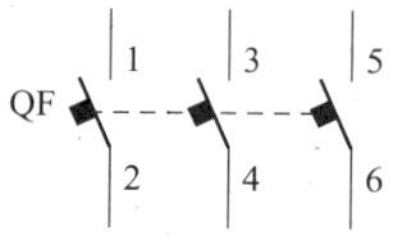

图 1-24　漏电保护开关文字图形符号

巩固练习

1. 简述低压电器的分类。
2. 简述低压断路器的保护功能，绘制其文字和图形符号。
3. 简述熔断器的保护功能，绘制其文字和图形符号。
4. 简述电气图的种类和用途。
5. 简述隔离开关、负荷开关和断路器的作用和区别。
6. 简述普通低压断路器和漏电保护器的作用和区别。

任务 3　三相异步电动机点动、长动混合运行控制

1.3.1　任务概述

有些生产要求电动机既可长动又可点动，如一般机床在正常加工时，电动机是连续转动的，即长动；而在调整试车时，则往往需要点动。电动机在连续运转过程中，如果长期负载过大，或频繁操作等都会引起电动机绕组过热，影响电动机的使用寿命，甚至会烧坏电动机，因此对电动机连续运行电路要采用过载保护。本任务的目的是实现三相异步电动机点动、长动的混合控制，同时要求电路有过载保护功能。

1.3.2　任务资讯

1.3.2.1　涉及的低压电器

1. 接触器

接触器是一种自动的电磁式开关，广泛应用于电力传动系统中，用来频繁地接通和分断带有负载的主电路或大容量的控制电路，并可实现远距离的自动控制。接触器主要应用于电动机的自动控制、电热设备的控制以及电容器组等设备的控制等。常用的接触器为电磁式接触器。

（1）交流接触器的结构。交流接触器主要由以下四部分组成：

1）电磁系统，包括线圈、上铁芯（又叫衔铁、动铁芯）和下铁芯（又叫静铁芯）。

2）触头系统，包括主触头、辅助触头。辅助常开触头和常闭触头是联动的，即常闭触头打开时常开触头闭合。常开触点即未动作时处于断开状态的触点，又称为动合触点。常闭触点则正好相反，即未动作时处于闭合状态的触点，又称为动断触点。

接触器的主触头的作用是接通和断开主电路，辅助触头一般接在控制电路中，完成电路的各种控制要求。

3）灭弧室，触头开关时产生很大电弧会烧坏主触头，为了迅速切断触头开关时的电弧，一般容量稍大些的交流接触器都有灭弧室。

4）其他部分，包括反作用弹簧、缓冲弹簧、触头压力弹簧片、传动机构、短路环、接线柱等。

（2）交流接触器工作原理。接触器的线圈和静铁芯固定不动。当线圈得电时，铁芯线圈产生电磁吸力，将动铁芯吸合，由于动触片与铁芯都是固定在同一根轴上的，因此，动铁芯就带动动触片向下运动，与静触片接触，使电路接通。当线圈断电时，吸力消失，动铁芯依靠反作用弹簧的作用而分离，动触头就断开，电路被切断。

图 1-25 所示为交流接触器的外观和结构，图 1-26 所示为交流接触器的图形及文字符号图。接触器上一般用 NO 表示辅助动合触点，用 NC 表示辅助动断触点。一般根据接触器的主触点极数、线圈额定电压、触点额定电流等技术参数来进行选型。

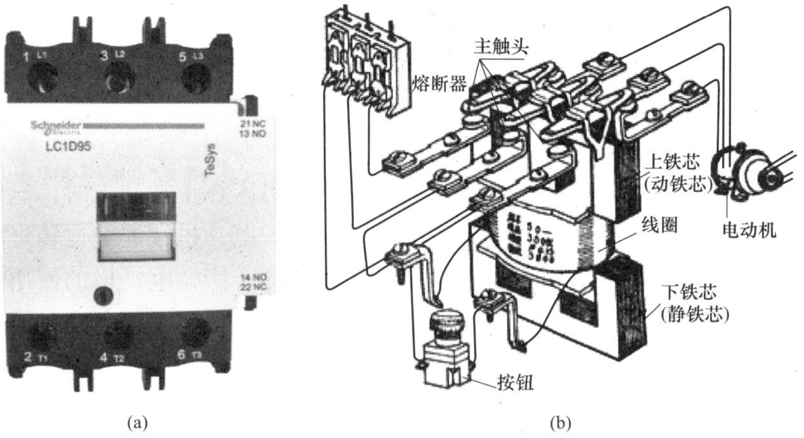

图 1-25　交流接触器的外观和结构

（a）外观；（b）结构

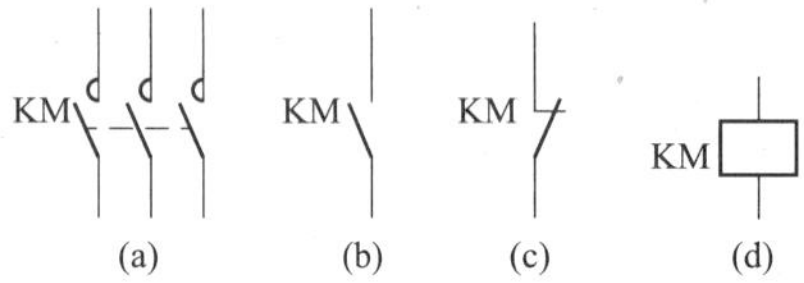

图 1-26　交流接触器图形及文字符号图

（a）主触点；（b）辅助动合触点；

（c）辅助动断触点；（d）线圈

2. 热继电器

电动机工作时，正常的温升是允许的，但是如果电动机在过载情况下工作，就会过度发热造成绝缘材料迅速老化，使电动机寿命大大缩短。为了防止上述情况产生，常采用热继电器作电动机的过载保护。热继电器是电流通过发热元件产生热量来使检测元件受热弯曲，推动执行机构动作的一种保护电器。主要用来保护电动机或其他负载免于过载以及作为三相电动机的断相保护等。图 1-27 所示为热继电器外观，图 1-28 所示为热继电器图形及文字符号图。

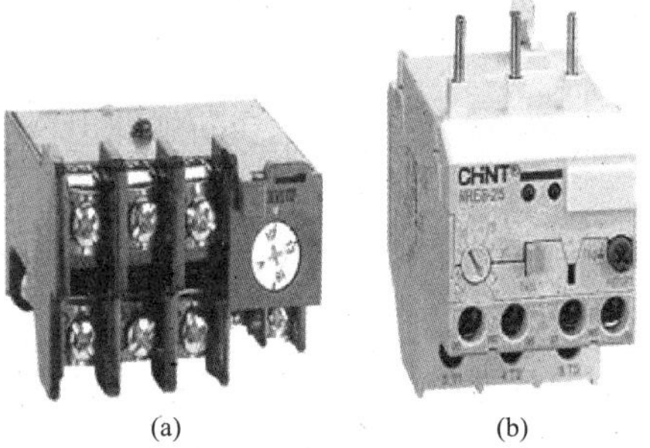

图 1-27　热继电器

（a）JR36 系列热继电器；

（b）NRE8 电子式热继电器

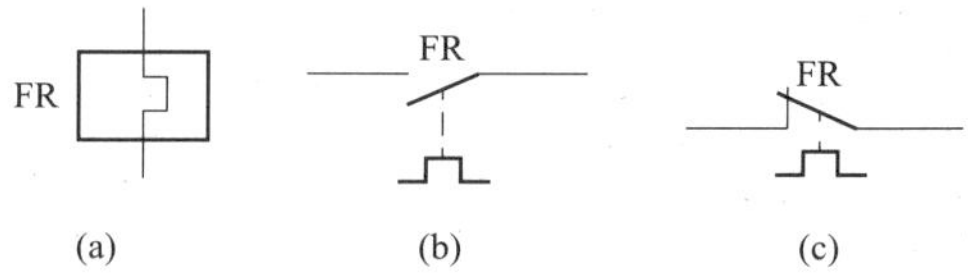

图 1-28　热继电器图形及文字符号

（a）热元件；（b）热继电器动合触点；

（c）热继电器动断触点

热继电器主要由感温元件（或称热元件）、触头系统、动作机构、复位按钮、电流调节装置、温度补偿元件等组成。感温元件由双金属片及绕在双金属片外面的电阻丝组成。双金属片是由两种膨胀系数不同的金属以机械碾压的方式而成为一体的。使用时将电阻丝串联在主电路中，触头串联在控制电路中。图 1-29 所示为热继电器结构原理图。

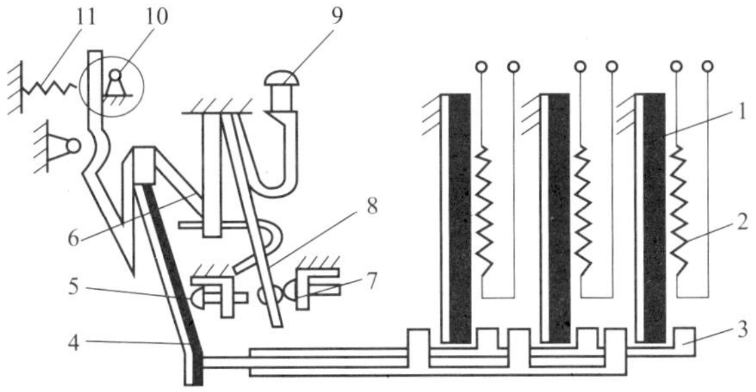

图 1-29　双金属片式热继电器结构原理图

1—主双金属片；2—电阻丝；3—导板；4—补偿双金属片；5—螺钉；6—推杆；7—静触头；8—动触头；9—复位按钮；10—调节凸轮；11—弹簧

当过载电流流过电阻丝时，双金属片受热膨胀，因为两片金属的膨胀系数不同，所以就弯向膨胀系数较小的一面，利用这种弯曲的位移动作，切断热继电器的触头，从而断开控制电路，使接触器线圈失电，接触器主触头断开，电动机便停止工作，起到了过载保护的作用。在过载故障排除后，要使电动机再次启动，一般需 2min 以后，待双金属片冷却，恢复原状后再按复位按钮，使热继电器的动断触头复位。

3. 控制按钮

控制按钮是一种低压控制电器，同时也是一种低压主令电器。控制按钮除动合触头或动断触头外，还具有动合触头和动断触头的复式按钮。其触头对数有 1 动合 1 动断、2 动合 2 动断、6 动合 6 动断等。对复式按钮来说，按下按钮时，它的动断触头先断开，经过很短时间后，它的动合触头再闭合。有些控制按钮内装有信号灯，除用于操作控制外，还可兼作信号指示。

控制按钮一般由按钮帽、复位弹簧、触头和外壳等部分组成。图 1-30 所示控制按钮外观、图形及文字符号。

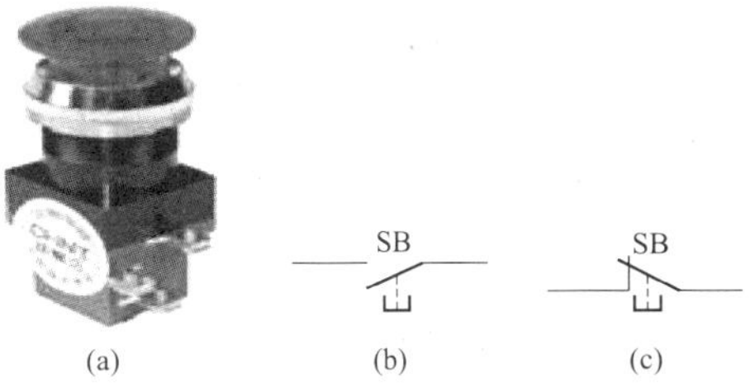

图 1-30　控制按钮外观、图形及文字符号

（a）外观；（b）动合触点；（c）动断触点

控制按钮可以做成很多型式以满足不同的控制或操作的需要，结构型式有以下几种：钥匙型，按钮上带有钥匙以防止误操作；旋转式（又叫钮子开关），以手柄旋转操作；紧急式，带蘑菇钮头突出于外，常作为急停用，一般采用红色；掀钮式，用手掀钮操作；保护式，能防止偶然触及带电部分。控制按钮的颜色可分为：红、黄、蓝、白、绿、黑等，操作人员可根据按钮的颜色进行辨别和操作。

1.3.2.2　点动与自锁

1. 点动控制电路

图 1-31 所示为点动控制电路，合上低压断路器 QF1 后，按下按钮 SB1，接触器 KM1 线圈得电，其主触点闭合，电动机 M1 就得电运转；松开按钮 SB1，KM1 失电，电动机就断电停转。

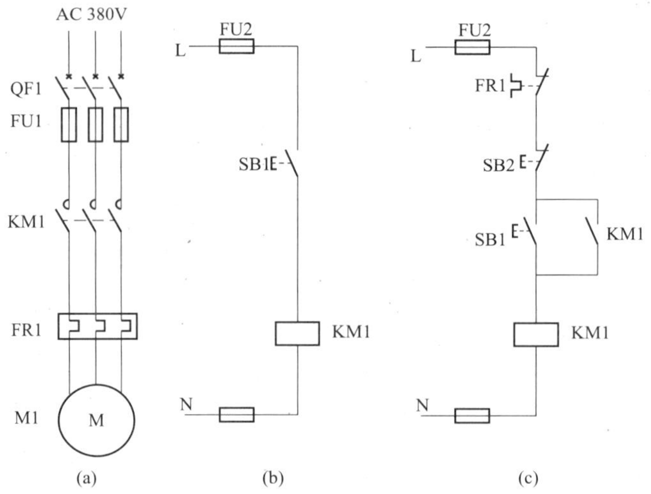

图 1-31　点动控制电路

(a) 主电路；(b) 点动控制电路；(c) 长动（自锁）控制电路

2. 自锁控制电路

图 1-31（c）所示为接触器控制笼型电动机长动电路。合上低压断路器 QF1，引入三相电源。按下启动按钮 SB2，KM1 线圈通电，其主触点闭合，电动机 M1 接通电源启动。同时，与启动按钮动合触点并联的 KM1 辅助动合触点也闭合。当松开 SB2 时，KM1 线圈通过其自身辅助动合触点的闭合继续保持通电状态，从而保证了电动机连续运转。当需要电动机停止运转时，可按下停止按钮 SB1，切断 KM1 线圈电源，KM1 主触点与辅助触点均断开，切断电动机主电路和控制电路，电动机停止运转。这种依靠接触器自身辅助触点保持线圈通电的电路，称为自锁电路或自保持电路，辅助动合触点称为自锁触点。

1.3.3　任务实施

1. 电路工作原理分析

图 1-32 所示即为电动机点动、长动混合控制电路，合上电源开关 QF1，需要长动时，按下启动按钮 SB2，线圈 KM1 通电，其主触头闭合，电动机开始旋转，当松开启动按钮时，电动机 M1 不会停转，因为接触器 KM1 的线圈可以通过并联在 SB2 两端已闭合的辅助触头，KM1 继续维持通电（此时 SB1 的动断触点是闭合的），这样主触头 KM1 就仍处在接通状态，电动机 M1 就不会失电，也就不会停转。当需要点动时，按下按钮 SB1，复合按钮 SB1 的动断触头断开，先切除了自锁环节，再通过它的动合触点，使 KM1 线圈通电，电动机在 KM1 主触点闭合时运转，当松开按钮 SB1 时，由于自锁线路已断开，所以电动机会立刻停止，实现点动控制。在长动时若要停止电动机，按下停止按钮 SB3，接触器 KM1 的线圈会失电，自锁消失，主触头断开，主电路被切断，电动机会停止运转。

2. 电路原理图

按图 1-33 的布置要求，在电气控制柜中安装相关低压电器元件。

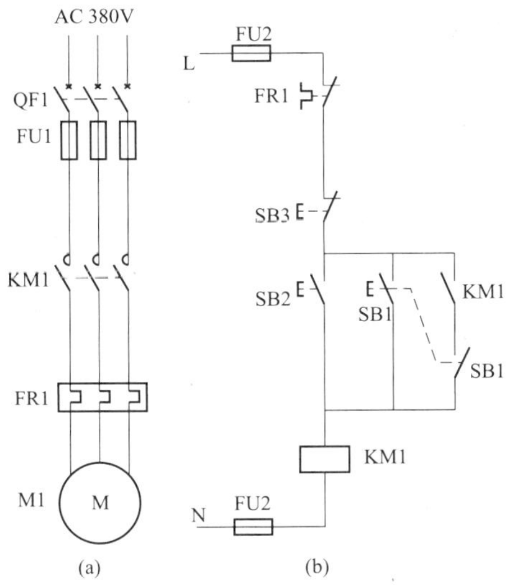

图1-32　点动长动混合控制电气原理图

（a）主电路；（b）电动控制电路

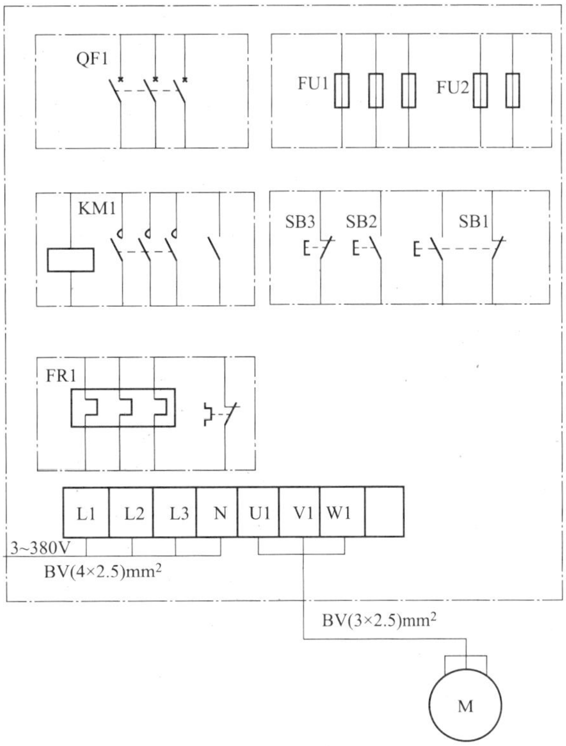

图1-33　点动长动混合控制元器件布置图

3. 线路安装与调试

（1）电路接线。

1）将电源开关QF1打至“OFF”位置。

2）按图1-33接线。接线次序应按自上而下、从左到右来接，接线尽可能整齐、清晰，能用短线的地方，就用短线连接，便于检查，接线要牢固可靠。

3）电动机采用星形接法。

（2）接线与测试。接线完毕后须经指导老师检查线路后，确认安装牢固接线无误后，方能接通电源，观察电动机转动情况。按下启动按钮后，电动机会连续运转，停止电路按停止按钮即可。若电动机不能连续运转则需要检查自锁回路，排除故障后方可继续调试。

（3）任务结束后，先切断电源，再拆线，并将实验器材整理好。

1.3.4　思考与拓展

1.3.4.1　中间继电器

1. 中间继电器的功能和符号

中间继电器通常用来传递信号和同时控制多个电路，也可用来直接控制小容量电动机或其他电气执行元件。中间继电器的结构和工作原理与交流接触器基本相同，与交流接触器的主要区别是触点数目多些，且触点容量小。其作用主要有以下几点：扩展信号数量、转换信号类型、实现电路隔离。

在选用中间继电器时，主要考虑电压等级和触点数目。现在常用的中间继电器一般为直插式的中间继电器，方便继电器的更换。图 1-34 所示为中间继电器的外观，图 1-35 所示为中间继电器的文字和图形符号。

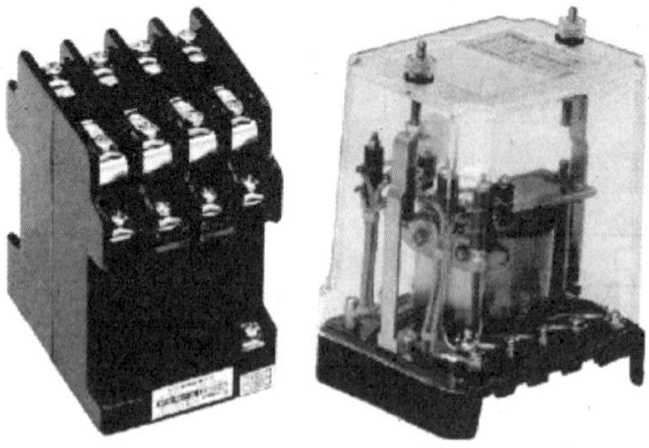

图 1-34 中间继电器外观

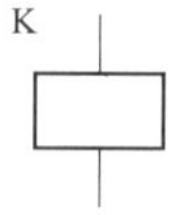

图 1-35 中间继电器图形和文字符号

2. 中间继电器的应用

图 1-36 所示为利用中间继电器实现的电动机点动、长动混合控制电路，合上 QF1，按下按钮 SB1，中间继电器 K1 得电自锁，其动合触点闭合使接触器 KM1 得电长动运行，按下按钮 SB2，电动机停止。按下按钮 SB3 时，因 K1 动合触点未闭合，所以电动机点动运行。

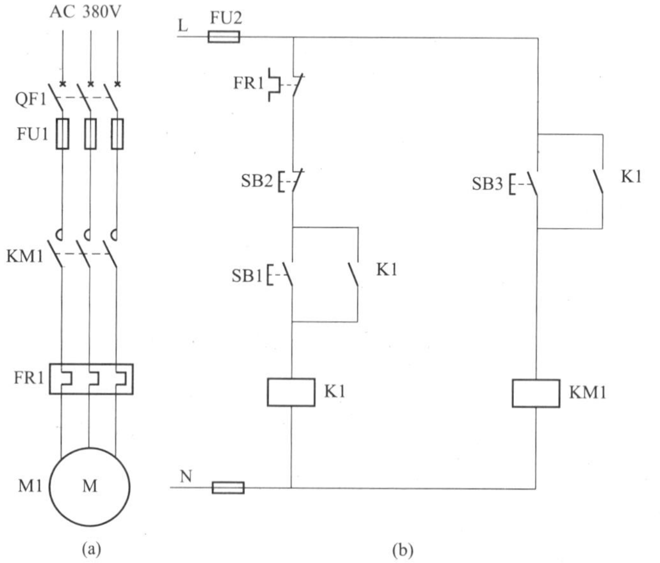

图 1-36 中间继电器实现的电动机点动长动混合控制电路

（a）主电路；（b）点动控制电路

1.3.4.2 常见低压电器故障及处理

1. 按钮控制开关的故障及维修

(1) 控制按钮选择或装配不当，或陈旧老化，触头松动，造成接触不良，控制失灵，应进行维修更换元件。

(2) 按钮控制开关使用后，密封性变差，灰尘、油液、乳化液等侵入，造成绝缘性能差或击穿，应保养检修或采取密封措施。

(3) 动触头弹簧力弱，造成接触不良，应更换弹簧进行维修。

(4) 使用环境温度太高，塑料变形老化。导致控制开关松动、相间短路、可用塑料套管隔离或更换合适型号。

(5) 带灯按钮控制开关，灯泡过热，使塑料灯罩变形，调换指示灯困难，应更换控制开关，或采用低压灯泡，可延长使用寿命。

(6) 按钮控制开关应经常清洁保养，可用酒精棉擦洗，触头接触面用砂条修磨平止，保证触头接触良好。

2. 接触器的故障及维护

(1) 动作不正常。故障原因如下：

1) 电磁线圈损坏，线圈短路应检修；

2) 电源断路，应检查连接头和焊接头；

3) 电源电压过低，测量供电电源；

4) 传动机构受卡或弹簧弹力过大，检查传动件变形情况，卡阻现象。

(2) 线圈通电后吸力过大或冒烟。故障原因如下：

1) 电源电压过高，超过额定电压的10%，应调整电压；

2) 线圈内部短路，应更换线圈。

(3) 接触器触头分不开。故障原因如下：

1) 传动部件卡死或铁芯接触脏物粘牢，应检查变形件和清除脏物等；

2) 剩磁严重，铁芯中柱无气隙，应保证毫米间隙，或用电容并接在线圈两端；

3) 弹簧失效或安装错误，更换弹簧或纠正装配错误；

4) 主触头熔焊，更换或检修触头。

(4) 吸合后噪声大。故障原因如下：

1) 电源电压低或极面有异物，调整电源电压或清理极面异物，保证良好接触；

2) 触头超行程过大或弹簧力过大，应减小超行程或调整、更换弹簧；

3) 短路环断裂，应更换。

(5) 触头温升过高或烧损。故障原因如下：

1) 触头接触压力不足或超行程过小、应调整到规定值；

2) 触头接触不良、磨损、开焊或连接松动，应修理触头接触面，磨损达一定厚度或开焊应更换并紧固连接松动部分；

3) 吸引线圈电压过低或使用参数不对，调整电压或调整开距、超程压力等参数。

（6）相间短路。故障原因如下：

1）相间绝缘损坏，胶木老化；

2）相间绝缘介质潮湿或存有导电物质，应进行清理或干燥处理。

巩固练习

1. 简述接触器的结构和原理。
2. 绘制接触器文字和图形符号。
3. 接触器的主触点和辅助触点的区别是什么？
4. 简述热继电器的作用，并绘制其文字和图形符号。
5. 简述电气自锁的原理。
6. 简述中间继电器的作用，并绘制其文字和图形符号。
7. 在电动机启动过程中，热继电器会不会动作？为什么？
8. 电动机主电路中已经装有熔断器，为什么还要装热继电器？它们的作用有什么不同？为什么在照明电路和电热设备中一般只装熔断器而不装热继电器？

任务4　三相异步电动机自动往复运动控制

1.4.1　任务概述

一些机床如铣床、龙门刨床等常常需要工作台的自动往返。这种利用运动部件的行程来实现的控制称为按行程原则的自动控制。本任务的目的是利用限位开关实现由三相异步电动机驱动的生产机械自动往复运动，同时要求线路中有互锁保护和过载保护。

1.4.2　任务资讯

1.4.2.1　行程开关

在电力拖动系统中，常常希望能按照被带动的生产机械的位置不同而改变电动机或传动动力部件的工作情况，例如，在某机床上的直线运动部件，当它们到达其边缘位置时，常要求能自动停止或反向运动。另外，在某些情况下，要求在生产机械行程中的个别位置上，能自动改变生产机械的运动速度。类似上述这些要求，我们可以利用行程开关来实现。

依据生产机械的行程发出命令，以控制其运动方向和行程长短的主令电器称为行程开关。若将行程开关安装于生产机械行程的终点处，用以限制其行程，则称为限位开关。

行程开关按其结构分为机械结构的接触式有触点行程开关和电气结构的非接触式接近开关。机械接触式行程开关分为直动式、滚动式和微动式三种。这类开关是利用生产设备某些运动部件的机械位移而碰撞行程开关，使其触头动作。图1-37所示为机械接触式行程开关图片，图1-38所示为行程开关图形及文字符号。

1.4.2.2　互锁控制

在实际工作中，生产机械常常需要运动部件可以相反方向的运动，这就要求电动机能够实现可逆运行。由三相异步电动机原理可知，改变通入三相交流电动机定子绕组三相电源的相序可改变电动机的旋转方向。因此，借助于接触器将三相电源任意两相对调即可。图 1-39 所示为三相异步电动机正、反转的主电路控制电路。

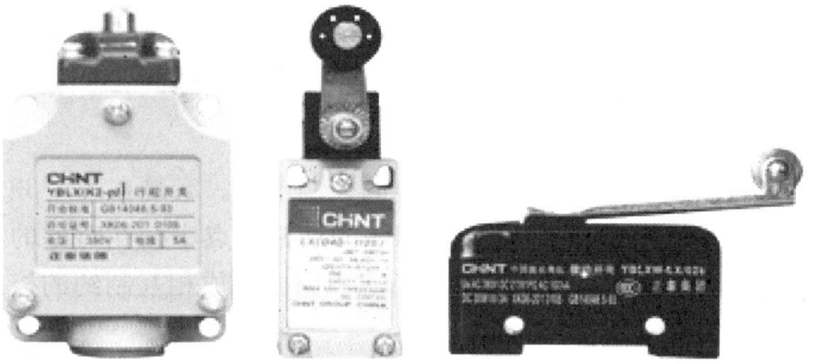

(a) (b) (c)

图 1-37 机械接触式行程开关

(a) 直动式行程开关；(b) 滚轮式行程开关；(c) 微动式行程开关

图 1-38 行程开关图形及文字符号

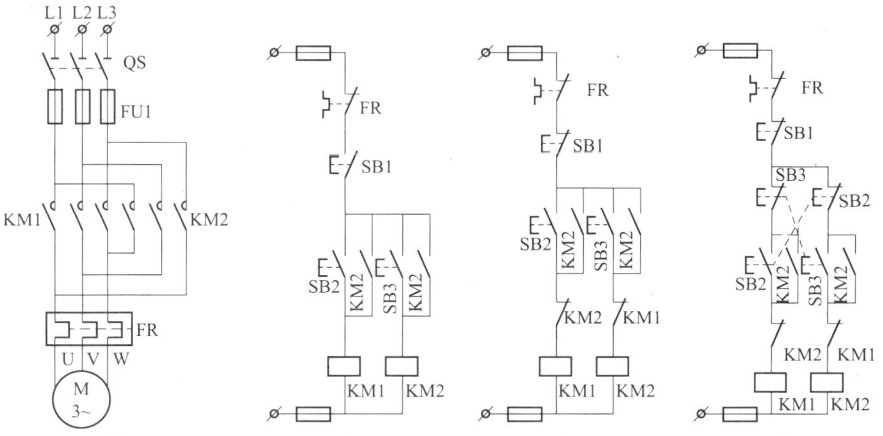

(a) (b) (c) (d)

图 1-39 三相异步电动机正、反转电路

(a) 主电路；(b)、(c)、(d) 控制电路

1. 无互锁正反转控制电路

图 1-39 (c) 中 SB1 为停止按钮、SB2 为正转启动按钮、SB3 为反转启动按钮，KM1 为正转接触器、KM2 为反转接触器。电路工作分析：

按下 SB2，正转接触器 KM1 线圈通电并自锁，KM1 主触点闭合，接通正序电源，电动机正转。按下停止按钮 SB1，KM1 线圈断电，电动机停止。再按下 SB3，反转接触器 KM2 线圈通电并自锁，KM2 主触点闭合，使电动机定子绕组电源相序与正转时相序相反，电动机反转运行。

从主电路分析可以看出，若 KM1、KM2 同时通电动作，将造成电源两相短路，即在工作中如果按下了 SB2、再按下 SB3，就会出现这一事故现象。

2. 接触器电气互锁正反转控制电路

在图 1-39（b）的基础上将 KM1、KM2 辅助动断触点分别串接在对方线圈电路中，如图 1-39（c）所示，形成相互制约的控制，称为电气互锁或者接触器互锁。当按下 SB2 的动合触点使 KM1 的线圈瞬时通电，其串接在 KM2 线圈电路中的 KM1 的动断辅助触点断开，锁住 KM2 的线圈不能通电，反之亦然。该电路欲使电动机由正向到反向，或由反向到正向必须先按下停止按钮，而后再反向启动。

3. 双重互锁正反转控制电路

对于要求正反转直接切换的情况，可采用图 1-39（d）的控制电路。它是在图 1-39（c）电路基础上，将正向启动按钮 SB2 和反向启动按钮 SB3 的动断触点串接在对方的动合触点电路中，利用按钮的动合、动断触点的机械连接，在电路中形成相互制约的控制。这种接法称为机械互锁或者按钮互锁。

这种具有电气、机械双重互锁的控制电路既可以实现正向—停止—反向—停止的控制，又可以实现正向—反向—停止的控制。

需要注意的是，正、反转电路中电气互锁（接触器互锁）是必不可少的保护，是不能用机械互锁（按钮互锁）来取代的，否则当发生接触器“熔焊”时进行正、反转切换将会造成两相短路。

1.4.3 任务实施

1. 自动往复运动控制电路分析

图 1-40 所示为工作台自动往复运动的示意图和电气原理图，电路采用两个接触器 KM1、KM2 分别控制电动机的正转和反转。行程开关 SQ1、SQ2 用来控制工作台的自动往返，SQ2 安装在正转的终点位置，SQ1 安装在反转的终点位置。行程开关 SQ3、SQ4 用作极限保护。这个电路还可实现按钮的直接切换，SB2 为正转按钮，SB3 为反转按钮。

合上电源开关 Q，按下正向启动按钮 SB2，接触器 KM1 通电并自锁，电动机正向启动运转并拖动运动部件前进，当运动部件前进到位，撞块 A 压下 SQ2，其动断触点断开，KM1 线圈断电，电动机停转；同时，SQ2 动合触点闭合，使 KM2 线圈通电并自锁，电动机反向启动运转并拖动运动部件后退；当后退到位时，撞块 B 压下 SQ1，使 KM2 线圈断电，同时使 KM1 线圈通电，电动机由反转变正转，拖动运动部件由后退变前进，如此周而复始地自动往复循环。当按下停止按钮 SB1 时，KM1、KM2 线圈都断电，电动机停止运转，运动部件停止。当行程开关 SQ1、SQ2 失灵，则由极限保护行程开关 SQ3、SQ4 实现保护，切断接触器线圈控制电路，避免运动部件因超出极限位置而发生事故。

2. 安装接线与调试

（1）电路接线。按图 1-41 所示的布置要求，在电气控制柜中安装熔断器、按钮、电源开关、接触器、热继电器及端子排 XT 等器件，行程开关安装在往返终端。

1）将电源开关打至“OFF”位置。

2）按图 1-41 接线。接线次序应按自上而下、从左到右，接线尽可能整齐、清晰，能用短线的地方，就用短线连接，便于检查，接线要牢固可靠。

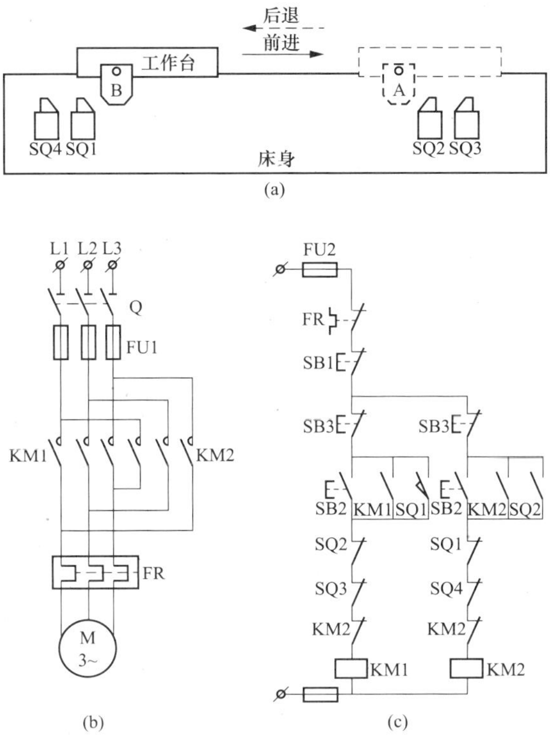

图 1-40　自动往复运动控制示意图及电路图

（a）往复运动控制示意图；（b）主电路；（c）控制电路

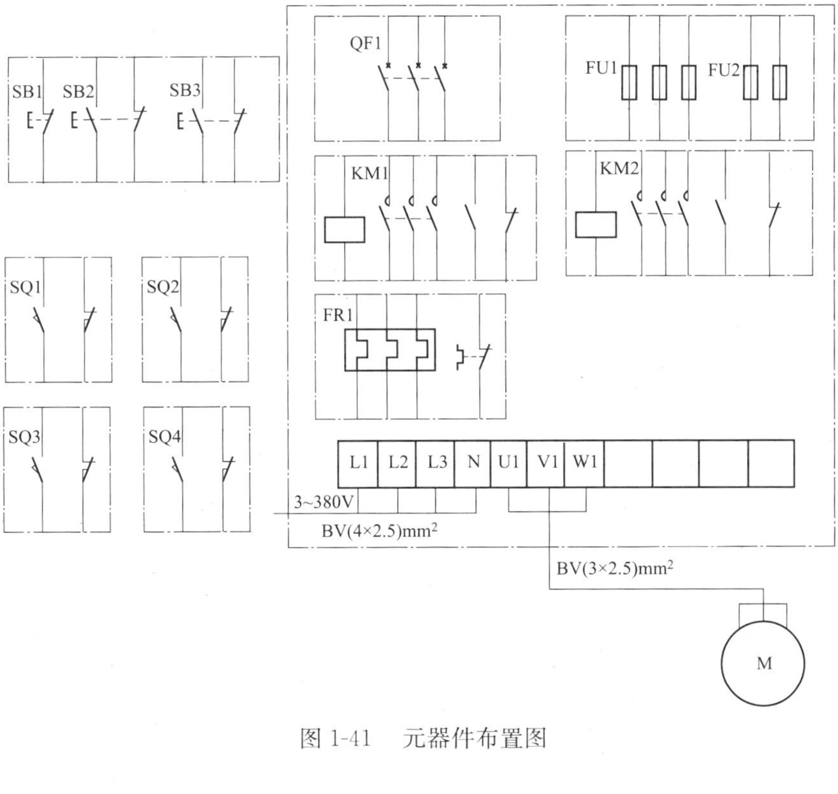

图 1-41　元器件布置图

3）电动机采用星形接法。

（2）检测与调试。接线完毕后需经指导老师检查线路后，确认安装牢固接线无误后，方能接通电源，观察电动机转动情况。合上电源开关 QS1，按下正转启动按钮 SB2，接触器 KM1 的线圈得电。KM1 的动合触头闭合自锁。KM1 的动断触头打开形成互锁，电动机正转。碰撞 SQ2，电动机可以反转。如电动机反转，碰撞 SQ1，电动机正转。如不能正常工作，则应分析并排除故障。

（3）实验结束后，先切断电源，再拆线，并将实验器材整理好。

1.4.4 思考与拓展

1. 接近开关

接近开关如图 1-42 所示，分为高频振荡型、感应型、电容型、光电型、永磁及磁敏元件型、超声波型等。这类开关不是靠挡块碰压开关发信号，而是在移动部件上装一金属片，在移动部件需要改变工作情况的地方装接近开关的感应头，其感应面正对金属片。当移动部件的金属片移动到感应头上面（不需接触）时，接近开关就输出一个信号，使控制电路改变工作情况。

接近开关广泛应用于机械、矿山、造纸、烟草、塑料、化工、冶金、轻工、汽车、电力、保安、铁路、航天等各个行业，运用于限位、检测、计数、测速、液面控制、自动保护等，也可连接计算机、可编程序控制器（PLC）等作传感头使用。特别是电容式接近开关还可适用于对多种非金属，如纸张、橡胶、烟草、塑料、液体、木材及人体进行检测，应用范围极广。图 1-43 所示为接近开关原理示意图。

图 1-42 接近开关

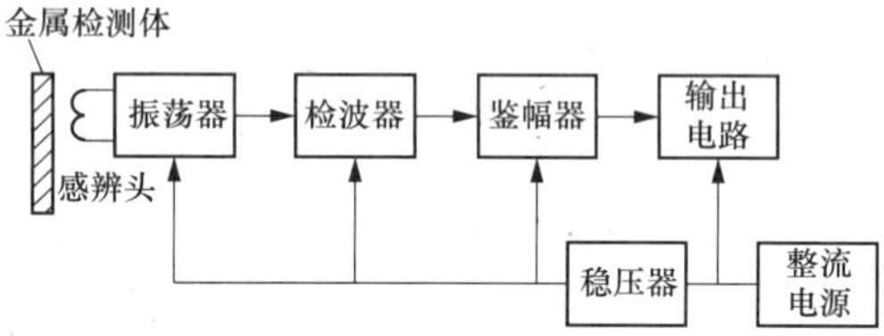

图 1-43 接近开关原理示意图

电感式接近开关由高频振荡器和放大器组成。振荡器的线圈在开关的作用表面产生一个交变磁场，当金属物体接近此作用表面时，金属中产生涡流而吸收了振荡器的能量，使振荡器减弱以至停振。振荡器的振荡及停振这两个信号由整形放大器转换成二进制的开关信号，从而起到“开”“关”的控制作用。

电容式接近开关由高频振荡器和放大器组成。包括一个传感器电极和一个屏蔽电极两个有效部分，这两部分组成了一个电容器。当被检测物体（金属或非金属物体）接近感应面时，电容器的电容值发生变化，如 RC 振荡电路的电容值随着被检测物体的接近而增大，此振荡电路被设置成当电容值增加时才开始振荡。当被检测物体接近时，RC 振荡器开始振荡，并将此信号送到信号触发器并由开关放大器输出开关信号。接近开关图形及文字符号如图 1-44 所示。

2. 多地点启停控制

在大型生产设备上，为使操作人员在不同方位都能进行控制操作，常常要求组成多地联锁控制电路，如图 1-45 所示。多地控制电路只需多用几个启动按钮和停止按钮，无须增加其他电器组件。启动按钮应并联，停止按钮应串联，分别装在几个地方。

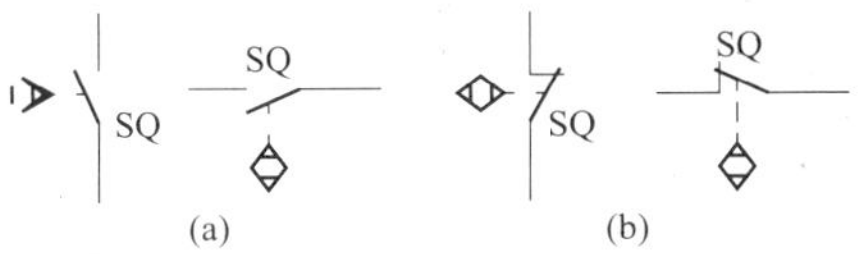

图 1-44　接近开关图形及文字符号

（a）接近开关动合触点；（b）接近开关动断触点

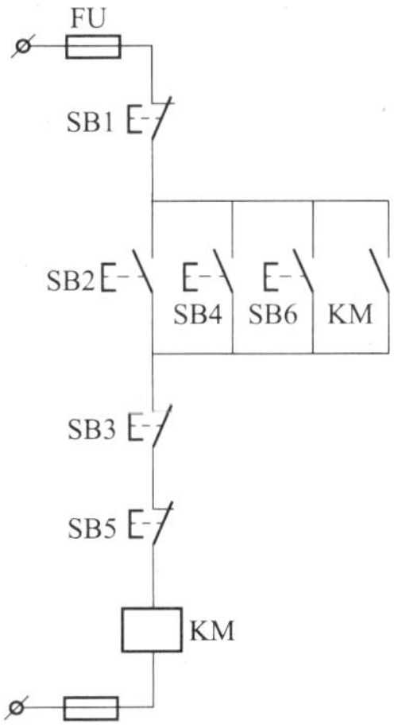

图 1-45　多地点控制电路

巩固练习

1. 简述行程开关的功能。
2. 绘制行程开关的文字和图形符号。
3. 接触器互锁和按钮互锁的区别是什么？
4. 简述接近开关的作用，并绘制其文字和图形符号。
5. 简述多地点启停的原理。
6. 有一升降台由笼型异步电动机拖动，控制要求如下：

（1）直接启动、制动有电磁抱闸。

（2）按下上升启动按钮，制动器松闸同时工作台升起，到达上终端，电动机停转，电磁抱闸抱紧。

（3）按下下降启动按钮，制动器松闸同时工作台下降，到达下终端，电动机停转，电磁抱闸抱紧。

（4）有必要的保护。

试设计主电路及控制电路。

任务 5　三相异步电动机顺序启停控制

1.5.1　任务概述

在机床控制电路中，经常要求电动机有顺序启动，例如，很多机床的主轴电动机必须在油泵电动机工作后才能启动。本任务的目的是利用时间继电器实现两台电动机的顺序启动和停止。

1.5.2 任务资讯

1. 时间继电器

在感受外界信号后，经过一段时间才能使执行部分动作的继电器，叫作时间继电器。对于电磁式时间继电器，当线圈通电或失电以后，其对应的触头使某一控制电路延时断开或闭合。时间继电器主要有空气阻尼式、电动式、晶体管式及直流电磁式等几大类。延时方式有通电延时和断电延时两种，图1-46所示为时间继电器图形及文字符号图。

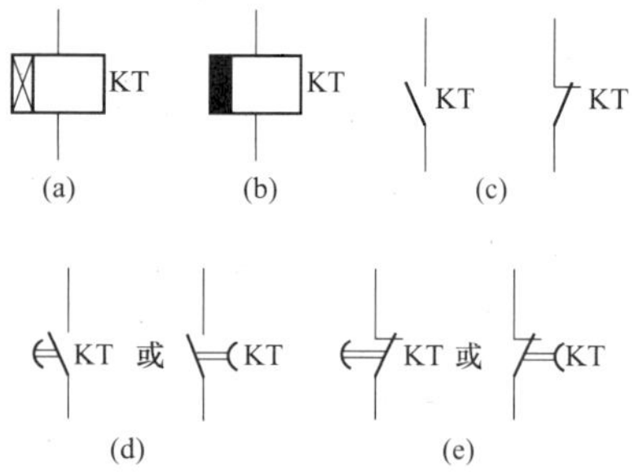

图1-46 时间继电器图形及文字符号图
(a) 通电延时时间继电器线圈；
(b) 断电延时时间继电器线圈；
(c) 瞬时动作的触点；(d) 延时闭合的动合触点；(e) 延时断开的动断触点

2. 通电延时时间继电器

其工作原理为线圈通电后，延时动合触头延时闭合，延时动断触头延时断开，瞬动动合触头马上闭合，瞬动动断触头马上断开；线圈失电后，延时动合触头马上断开，延时动断触头马上闭合，瞬动动合触头马上断开，瞬动动断触头马上闭合。简单地讲，就是“缓慢吸合，快速释放”。

3. 断电延时时间继电器

其工作原理为线圈通电后，延时动合触头马上闭合，延时动断触头马上断开，瞬动动合触头马上闭合，瞬动动断触头马上断开；线圈失电后，延时动合触头延时断开，延时动断触头延时闭合，瞬动动合触头马上断开，瞬动动断触头马上闭合。简单地讲，就是“快速吸合，缓慢释放”。

4. 顺序控制规律

在机床的控制电路中，常常要求电动机的启动和停止按照一定的顺序进行。如磨床要求先启动润滑油泵，然后再启动主轴电动机；铣床的主轴旋转后，工作台方可移动等。顺序工作控制电路有顺序启动、同时停止控制电路，有顺序启动、顺序停止控制电路，还有顺序启动、逆序停止控制电路。

图1-47所示为两台电动机顺序启动的控制电路。电路中，只有KM1线圈通电后，其串入KM2线圈控制电路中的动合触点KM1闭合，才能使KM2线圈存在通电的可能，以此制约了M2电动机的启动顺序。当按下SB1按钮时，接触器KM1线圈断电，其串接在KM2线圈控制电路中的动合辅助触点断开，保证了KM1和KM2线圈同时断电，其动合主触点断开，两台电动机M1、M2同时停止。

1.5.3 任务实施

1.5.3.1 时间原则的两台电动机顺序启动电路分析

图1-48所示为两台电动机顺序延时启动电路，按下按钮SB1，接触器KM1线圈通电，电动机M1启动运行，与此同时，时间继电器KT1线圈得电，延时一段时间后其延时闭合的动合触点闭合使KM2线圈通电，然后启动电动机M2。当按下停止按钮SB2时，接触器KM1和时间继电器KT1线圈都断电，KM2线圈同时断电，两台电动机M1、M2同时停止。

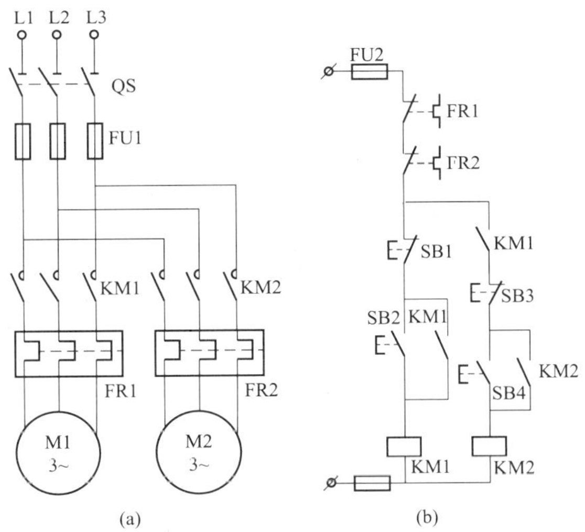

图 1-47　两台电动机顺序启动电路

（a）主电路；（b）控制电路

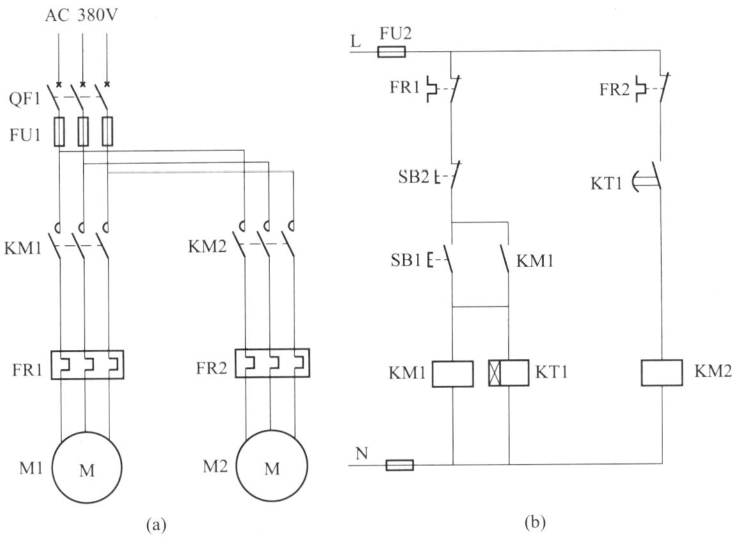

图 1-48　两台电动机顺序延时启动电路

（a）主电路；（b）控制电路

1.5.3.2　顺序启动电路安装与调试

1. 绘制电器元件布置图，安装电器元件

按图 1-49 的布置要求，在实训网板上安装熔断器 FU1、FU2、电源开关 QF1、接触器 KM1、KM2、时间继电器 T1、热继电器 FR1、FR2 及端子排 XT 等器件安装在实训网板上。

2. 电路接线

（1）将电源开关 QF1 打至“OFF”位置。

（2）按图 1-49 接线，接线次序应按自上而下、从左到右来接，接线尽可能整齐、

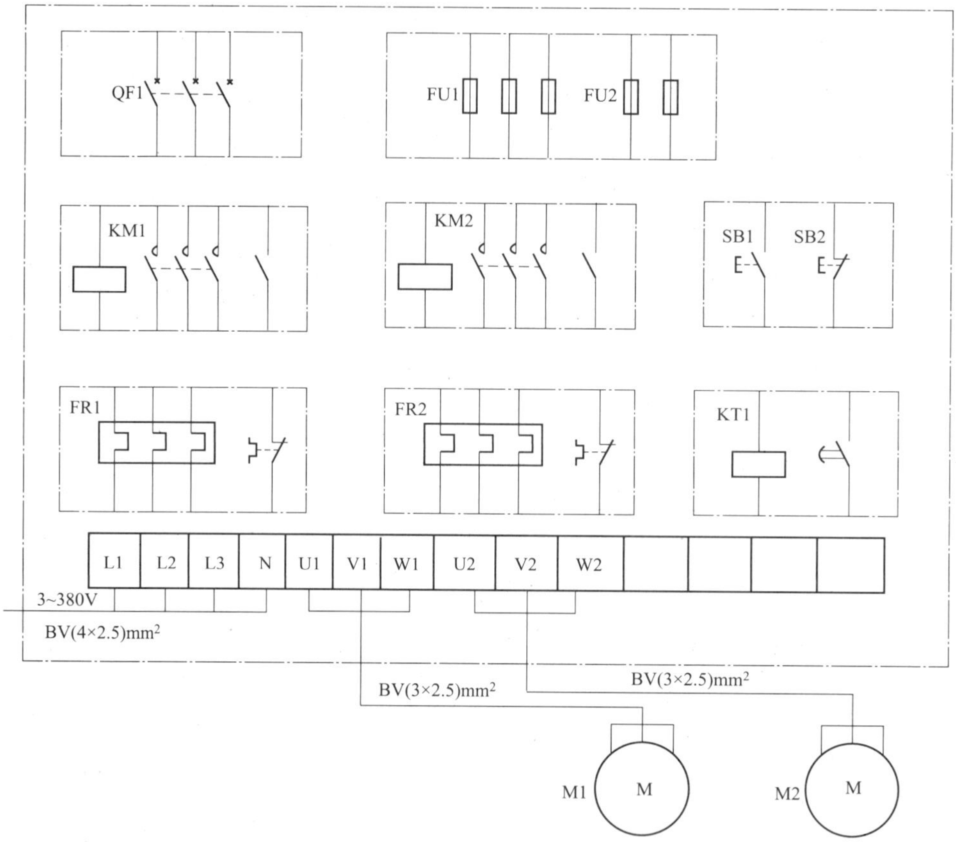

图 1-49 电器元件布置图

清晰，能用短线的地方，就用短线连接，便于检查。接线要牢固可靠。

（3）电动机采用星形接法。

3. 检测与调试

接线完毕后须经指导老师检查线路，确认安装牢固接线无误后，方能接通电源并观察电动机转动情况。

合上电源开关 QF1，按下启动按钮 SB1，接触器 KM1 的线圈得电，KM1 的动合触头闭合自锁，时间继电器 KT1 得电开始延时，电动机 M1 转动。一段时间后 KT1 动合触点闭合，接触器 KM2 的线圈得电，电动机 M2 转动。按下停止按钮 SB2 则两台电动机同时停止。如不能正常工作，则应分析并排除故障。

实验结束后，先切断电源，再拆线，并将实验器材整理好。

1.5.4 思考与拓展

1. 两台电动机顺序启动、逆序停止电路

图 1-50 所示为两台电动机顺序启动、逆序停止控制电路。其顺序启动工作不再分析，由读者自行分析。此控制电路停车时，必须先按下 SB3 按钮，切断 KM2 线圈的供电，电动机 M2 停止运转，其并联在按钮 SB1 下的动合辅助触点 KM2 断开，此时再按下 SB1，才能使 KM1 线圈断电，电动机 M1 停止运转。

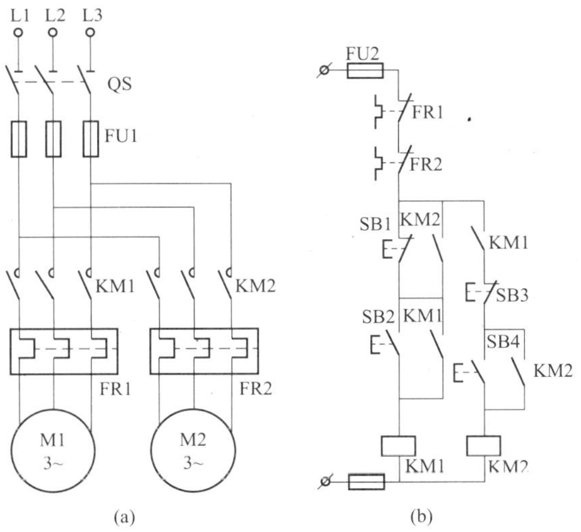

图 1-50　两台电动机顺序启动、逆序停止控制电路

（a）主电路；（b）控制电路

2. 两台电动机顺序延时启动、逆序停止电路

图 1-51 所示为利用时间继电器控制的顺序延时启动、逆序停止电路。按下启动按钮 SB1，接触器 KM1 和通电延时继电器 KT1 线圈得电，电动机 M1 启动运行，延时一段时间后 KT1 动合触点闭合，接触器 KM2 得电自锁后其动断触点切断 KT1 线圈，电动机 M2 运行。此时因为断电延时继电器 KT2 的动合触点已闭合，所以按下按钮 SB2 是无法直接切断 KM1 的，只能先按下按钮 SB3，将电动机 M2 断开后，延时一段时间 KT2 的动合触点断开后按下按钮 SB2 才能切断 KM1，从而实现逆序延时停止的功能。

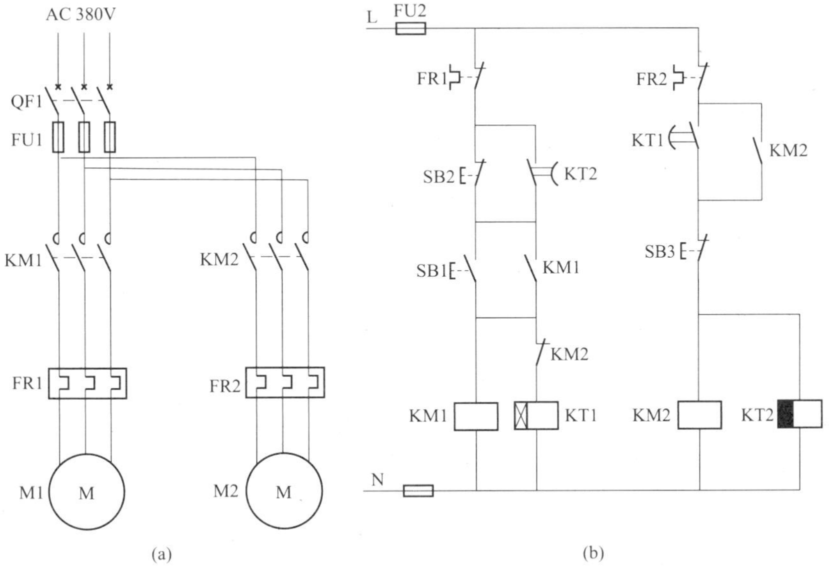

图 1-51　两台电动机顺序延时启停电路

（a）主电路；（b）控制电路

巩固练习

1. 简述时间继电器的类型和作用。
2. 绘制时间继电器的文字和图形符号。
3. 简述三相异步电动机顺序得电的实现方法。
4. 简述三相异步电动机顺序失电的实现方法。
5. 现有两台电动机 M1 和 M2，要求按下启动按钮后 M1 先启动，延时 3s 后 M2 自动启动；按下停止按钮后 M2 马上停止，延时 3s 后 M1 自动停止。画出其主电路（两台电动机均为直接启动）和控制电路图。

任务 6　三相异步电动机星—三角减压启动控制

1.6.1　任务概述

三相异步电动机直接启动时电流较大，为了降低启动电流，往往需要通过某种线路实现减压启动到全压运行的自动切换。本任务的目的是实现三相异步电动机的星—三角减压启动控制。

1.6.2　任务资讯

1.6.2.1　三相笼型电动机直接启动

直接启动也称全压启动，启动时，电动机定子绕组直接接入额定电压。这是最简单的一种启动方法，不需要复杂的启动设备，但是它的性能不能满足实际要求，这是因为：

1. *启动电流大*

对于普通三相笼型异步电动机，启动电流可达额定电流的 4～7 倍，过大的启动电流会造成电网电压显著下降，直接影响在同一电网工作的其他电动机。

2. *启动转矩不一定大*

启动时转子功率因数很低（一般只有 0.3 左右），因此启动时虽然启动电流大，但其有功分量并不大，所以启动转矩不一定大。

故直接启动电动机的容量受到一定限制，一般容量小于 10kW 的电动机常用直接启动方式。对于容量较大的异步电动机一般采用降压启动。

1.6.2.2　三相笼型异步电动机减压启动

减压启动的目的是限制启动电流，通过启动设备使定子绕组承受的电压小于额定电压，减小启动电流，待电动机转速达到某一数值时，再使定子绕组承受额定电压，使电动机在额定电压下稳定工作。

笼型电动机减压启动常见的方法主要有定子串电阻或电抗器减压启动、星—三角减压启动和自耦变压器减压启动等。其中，星—三角减压启动是较为常见的一种减压启动方式。

（1）定子串电阻或电抗器减压启动：启动时定子绕组串电阻或电抗器减压启动，延迟一段时间后再切除电阻或电抗器进入全压运行状态。

（2）星—三角减压启动：启动时定子绕组结成星形减压启动，延迟一段时间后定子绕组再切换成三角形进入全压运行状态。

（3）自耦变压器减压启动：启动时通过自耦变压器降低定子绕组电压，延迟一段时间后切除自耦变压器进入全压运行状态。

以上减压启动方式中星—三角减压启动是最常见的减压启动方式。

1.6.3 任务实施

1.6.3.1 星—三角减压启动控制线路原理

图1-52所示为三相笼型异步电动机星—三角减压启动电路，该电路由接触器KM1、KM2、KM3，热继电器FR，时间继电器KT，按钮SB1、SB2等组件组成，并具有短路保护、超载保护和失压保护等功能。

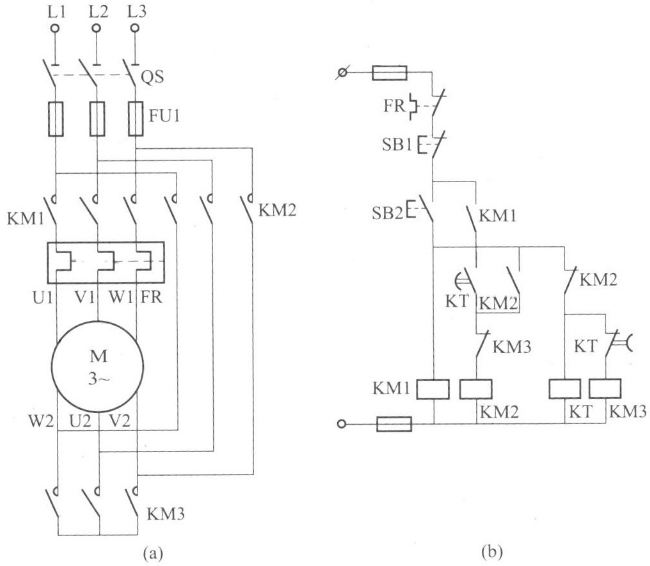

图1-52 三相笼型异步电动机星—三角启动控制电路

（a）主电路；（b）控制电路

电路工作分析：合上电源开关QS，按下启动按钮SB2，KM1、KT、KM3线圈同时通电并自锁，电动机三相定子绕组连接成星形，接入三相交流电源进行减压启动；当电动机转速接近额定转速时，通电延时型时间继电器动作，KT动断触点断开，KM3线圈断电释放，同时KT动合触点闭合，KM2线圈通电吸合并自锁，电动机绕组连接成三角形，开始全压运行。当KM2通电吸合后，KM2动断触点断开，使KT线圈断电，避免时间继电器长期工作。KM2、KM3触点为互锁触点，以防止同时接成星形和三角形造成电源短路。

1.6.3.2 星—三角电路安装与调试

1. 绘制电器元件布置图，安装电器元件

按图1-53所示的布置要求，在实训网板上安装熔断器FU1、FU2，电源开关QF1，接触器KM1、KM2、KM3，热继电器FR，按钮及端子排XT等器件安装在实训网板上。

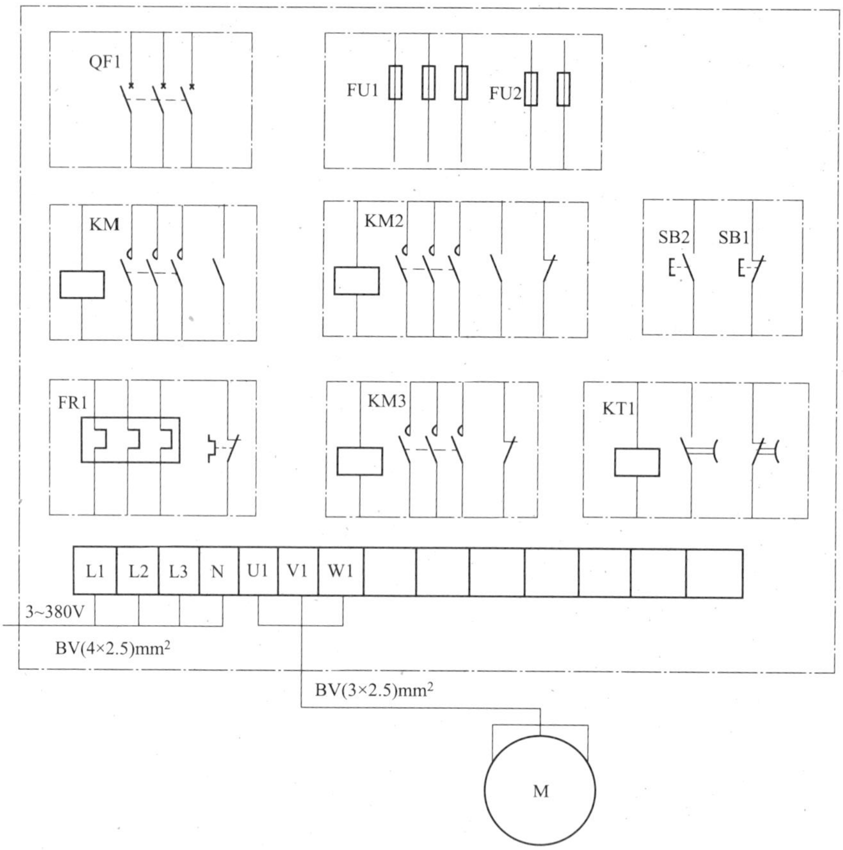

图 1-53 电器元件布置图

2. 电路接线

(1) 将电源开关 QF1 打至“OFF”位置。

(2) 按图 1-53 接线，接线次序应按自上而下、从左到右来接，接线尽可能整齐、清晰，能用短线的地方，就用短线连接，便于检查。接线要牢固可靠。

3. 检测与调试

当电动机启动时，接触器 KM3 是得电的，KM2 是失电的。KT1 延时时间到，转入正常运行后，KM2 得电，KM3 和 KT1 都被切断。如不能正常工作，则应分析并排除故障。

实验结束后，先切断电源，再拆线，并将实验器材整理好。

1.6.4 思考与拓展

1. 三相笼型异步电动机自耦变压器减压启动电路

电动机自耦变压器减压启动是将自耦变压器一次侧接在电网上，启动时定子绕组接在自耦变压器二次侧上。启动时定子绕组得到的电压是自耦变压器的二次侧电压，待电动机转速接近额定转速时，切断自耦变压器电路，把额定电压直接加在电动机的定子绕组上，电动机进入全压正常运行。

图 1-54 所示为 XJ01 系列自耦减压启动电路图。电路工作分析：合上主电路与控制

电路电源开关 Q，HL1 灯亮，表示电源电压正常。按下启动按钮 SB2，KM1、KT 线圈同时通电并自锁，将自耦变压器接入主电路，电动机由自耦变压器供电作减压启动，同时指示灯 HL1 灭，HL2 亮，显示电动机正进行减压启动。当电动机转速接近额定转速时，时间继电器 KT 通电延时动断触点闭合，使 KA 线圈通电并自锁，其动断触点断开 KM1 线圈供电控制电路，KM1 线圈断电释放，将自耦变压器从主电路切除；KA 的另一对动断触点断开，HL2 指示灯灭；KA 的动合触点闭合，接触器 KM2 线圈通电吸合，电源电压全部加在电动机定子上，电动机在额定电压下正常运转，同时，KM2 动合触点闭合，HL3 指示灯亮，表示电动机减压启动结束。由于自耦变压器星形连接部分的电流为自耦变压器一、二次电流之差，所以用 KM2 辅助触点来连接。

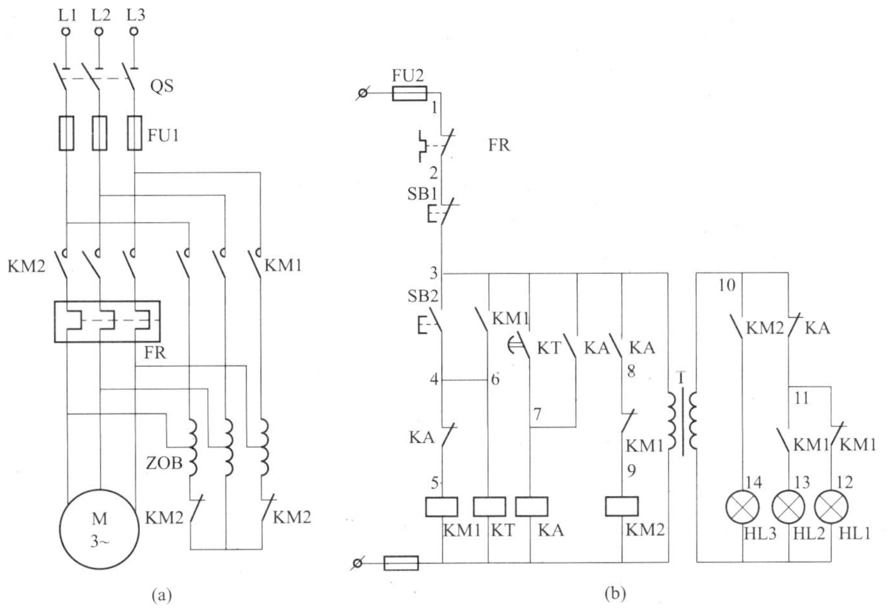

图 1-54　笼型电动机自耦变压器降压启动

（a）主电路；（b）控制电路

自耦变压器绕组一般具有多个抽头以获得不同的变化，自耦变压器减压启动比星—三角减压启动获得的启动转矩要大得多，所以自耦变压器又称为启动补偿器，是三相笼型异步电动机最常用的一种减压启动装置。

2. 绕线式异步电动机减压启动电路

三相绕线型异步电动机转子中绕有三相绕组，通过滑环可以串接外加电阻，从而减小启动电流和提高转子电路功率因数和启动转矩。

按绕线型转子启动过程中串接装置不同分串电阻启动和串频敏变阻器启动电路；按控制原则又分为电流原则和时间原则控制两种。下面主要以按时间原则控制转子电路串电阻启动控制电路为主进行分析。

图 1-55 所示为按时间原则控制转子串电阻启动电路。图 1-55 中 KM1 为主电路接触器，KM2、KM3、KM4 为三个加速接触器，KT1、KT2、KT3 为短接转子电阻时间

继电器。该电路最大特点为在确保转子全部电阻串入情况下启动，且当电动机进入正常运行时，只有 KM1、KM4 两个接触器处于长期工作状态，而 KT1、KT2、KT3 和 KM2、KM3 线圈通电时间均压缩到最低限度，既节省电能，延长电器使用寿命，又能够减少电路故障，保证电路安全可靠地工作。此电路工作原理请读者自行分析。

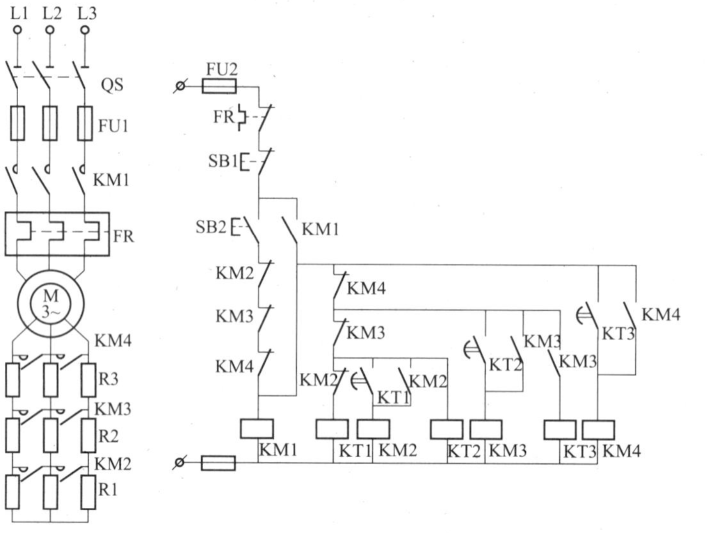

图 1-55 按时间原则控制转子串电阻启动电路

（a）主电路；（b）控制电路

绕线型异步电动机转子串电阻启动，使用电器较多，控制电路复杂，启动电阻体积较大，在启动过程中逐级切除电阻，电流与转矩突然加大，会产生机械冲击。

巩固练习

1. 三相笼型电动机减压启动主要有哪几种方法？绕线式异步电动机启动主要有哪几种方法？

2. 一台三相笼型异步电动机的铭牌上标明：定子绕组接法为Y/△，额定电压为 380/220V，则当三相交流电源为 380V 时，能否进行Y/△减压启动？为什么？

3. 绕线式异步电动机在转子回路中串电阻启动时，为什么既能降低启动电流，又能增大启动转矩？

4. 一台定子绕组为星形接法的三相笼型异步电动机，带轻载运行时，若一相引出线断开，电动机还能否继续运行？停下来后能否重新启动？为什么？

5. 根据图 1-56 回答下列问题：

（1）图中哪种电器起短路保护作用？哪种电器起过载保护作用？这两种电器能否相互替换？为什么？

（2）星形启动时，工作的接触器是哪些？三角形运行时工作的接触器又为哪些？

（3）图中，KM1 辅助动合触点以及 KM2 和 KM3 辅助动断触点分别起什么作用？可以去掉吗？

（4）为什么电动机控制线路中已装有接触器，还要装一只电源开关？

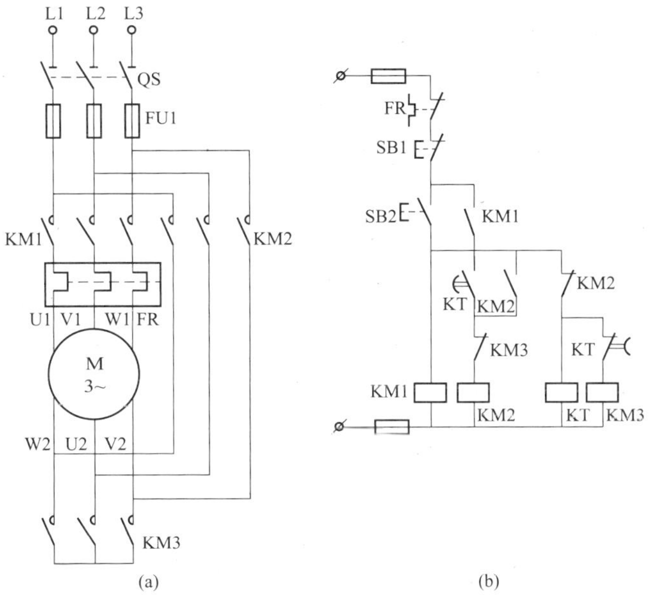

图 1-56　题 5 图

任务 7　双速电动机变极调速控制

1.7.1　任务概述

电动机拖动生产机械运行时经常需要调节电动机的速度以适应不同的工作需求，本任务的目的是利用双速电动机实现变极调速，通过改变电动机定子绕组的接法来获得不同的转速，同时要求有过载和短路保护。

1.7.2　任务资讯

1.7.2.1　电气调速

为使生产机械获得更大的调速范围，除采用机械变速外，还可采用电气控制方法实现电动机的多速运行。

感应电动机的转速 $n=60f_1(1-s)/p$，因此电动机转速与定子绕组的极对数、转差率及电源频率有关。三相异步电动机调速方法有变极对数、变转差率和变频调速三种。

1. 变极调速

由于电动机转速和极对数成反比，所以通过改变电动机绕组接法可以改变电动机的极对数，从而实现调速，这种调速方式属于有级调速，一般只能得到 2～3 级不同的转速，适用于只需要高速、低速或者高、中、低三速等场合。

2. 变转差率调速

改变转差率 s 可以调节转速。笼型电动机常见的变转差调速方式有电磁滑差离合器调速和涡流制动器调速，绕线式电动机常见的变转差调速方式主要是转子串电阻调速。

3. 变频调速

改变电动机定子电源频率可以实现平滑调速。随着现代电力电子技术的发展，变频器已经广泛应用于笼型电动机的电气调速，其调速性能可与直流电动机电气调速相媲美，同时由于笼型电动机结构简单和稳固，相比直流电动机更易维护，所以交流变频调速已经成为当今电气调速的主流。

1.7.2.2 双速电动机

实际生产中的机械设备常有多种速度输出的要求，如立轴圆台磨床工作台的旋转需要高低速进行磨削加工；玻璃生产线中，成品玻璃的传输根据玻璃厚度的不同采用不同的速度以提高生产效率。采用异步电动机配机械变速系统有时可以满足调速要求，但传动系统结构复杂、体积大，实际中常采用多速电动机进行大范围的调速，或者采用变频调速，但由于变频调速电路复杂，造价较高，对于中小型设备应用较多的还是多速电动机。多速电动机绕组与一般异步电动机有所不同，一般采用控制电路实现对其高低速的启动及运行中的高低速转换。变极调速是通过接触器触点来改变电动机绕组的接线方式，以获得不同的极对数来达到调速目的。变极电动机一般有双速、三速、四速之分。双速电动机定子装有一套绕组，而三速、四速电动机则为两套绕组，图 1-57 所示为双速电动机三相绕组接线图。

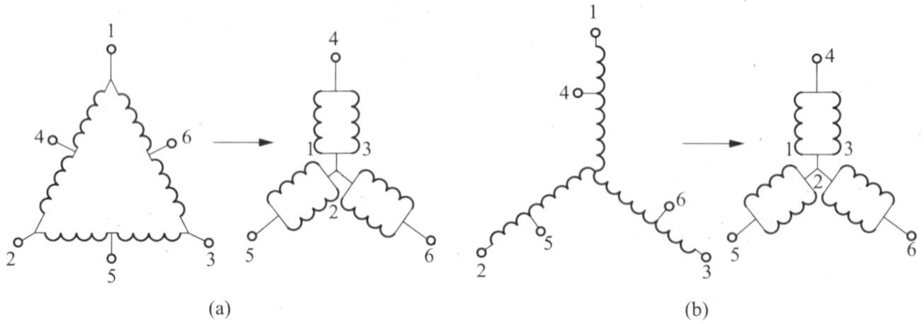

图 1-57 双速电动机三相绕组接线图

（a）三角形（四极，低速）与双星形（两极，高速）接法；

（b）星形（四极，低速）与双星形（两极，高速）接法

1.7.3 任务实施

1.7.3.1 双速电动机电路原理分析

图 1-58 所示为双速电动机变极调速原理图。图 1-58 中 KM1 为电动机三角形连接接触器，KM2、KM3 为电动机双星形连接接触器，KT 为电动机低速换高速时间继电器，SA 为高、低速选择开关，其有三个位置："左"位为低速，"右"位为高速，"中间"位为停止。

电路简要分析：当 SA 打到低速位置时，KM1 得电，KM2、KM3 不能得电，电动机绕组接成三角形低速运行；当 SA 打到高速位置时，时间继电器 KT 得电，开始延时，因此一开始 KM1 通过 KT 的瞬动动合触点和延时断开的动断触点得电，KM2、KM3 还是不能得电，电动机绕组接成三角形低速运行，当 KT 延时时间到了，KT 的延

时断开的动断触点断开使 KM1 失电，KM1 辅助动断触点闭合复位且 KT 的延时闭合的动合触点闭合，KM2、KM3 得电，电动机绕组接成双星形高速运行。

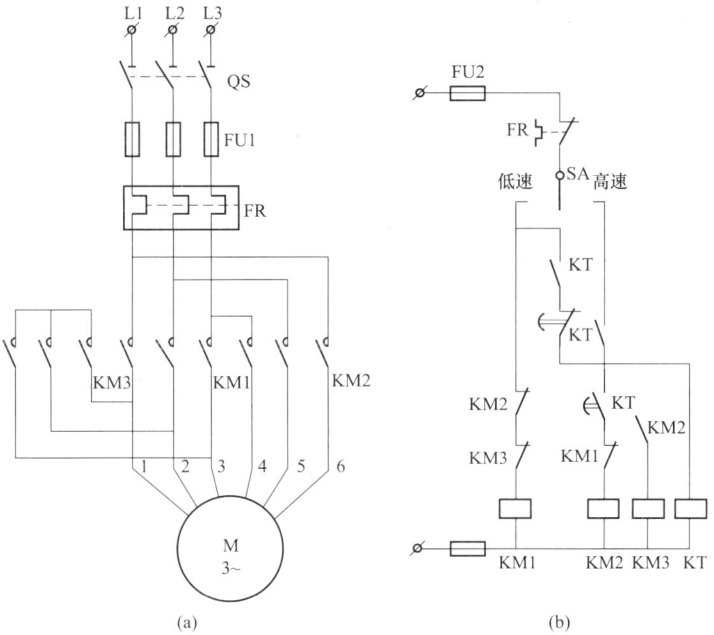

图 1-58　双速电动机电气原理图

（a）主电路；（b）控制电路

1.7.3.2　电路安装与调试

1. 绘制电器元件布置图，安装电器元件

按图 1-59 的布置要求，在实训网板上安装熔断器 FU1、FU2，电源开关 QF1，接触器 KM1、KM2、KM3，时间继电器 KT1，热继电器 FR1，按钮 SB1、SB2 及端子排 XT 等器件。

2. 电路接线

（1）将电源开关 QF1 打至“OFF”位置。

（2）按图 1-59 接线，接线次序应按自上而下、从左到右来接，接线尽可能整齐、清晰，能用短线的地方，就用短线连接，便于检查。接线要牢固可靠。

3. 检测与调试

接线完毕后需经指导老师检查线路后，确认安装牢固接线无误后，方能接通电源，并观察电动机转动情况。合上电源开关 QF1，将转换开关 SA1 打到低速位置，KM1 得电，KM2、KM3 不能得电，电动机绕组接成三角形低速运行；当 SA1 打到高速位置时，时间继电器 KT1 得电，开始延时，因此一开始 KM1 通过 KT1 的瞬动动合触点和延时断开的动断触点得电，KM2、KM3 还是不能得电，电动机绕组接成三角形低速运行，当 KT1 延时时间到了，KT1 的延时断开的动断触点断开使 KM1 失电，KM1 辅助动断触点闭合复位且 KT1 的延时闭合的动合触点闭合，KM2、KM3 得电，电动机绕组接成双星形高速运行。如不能正常工作，则应分析并排除故障。

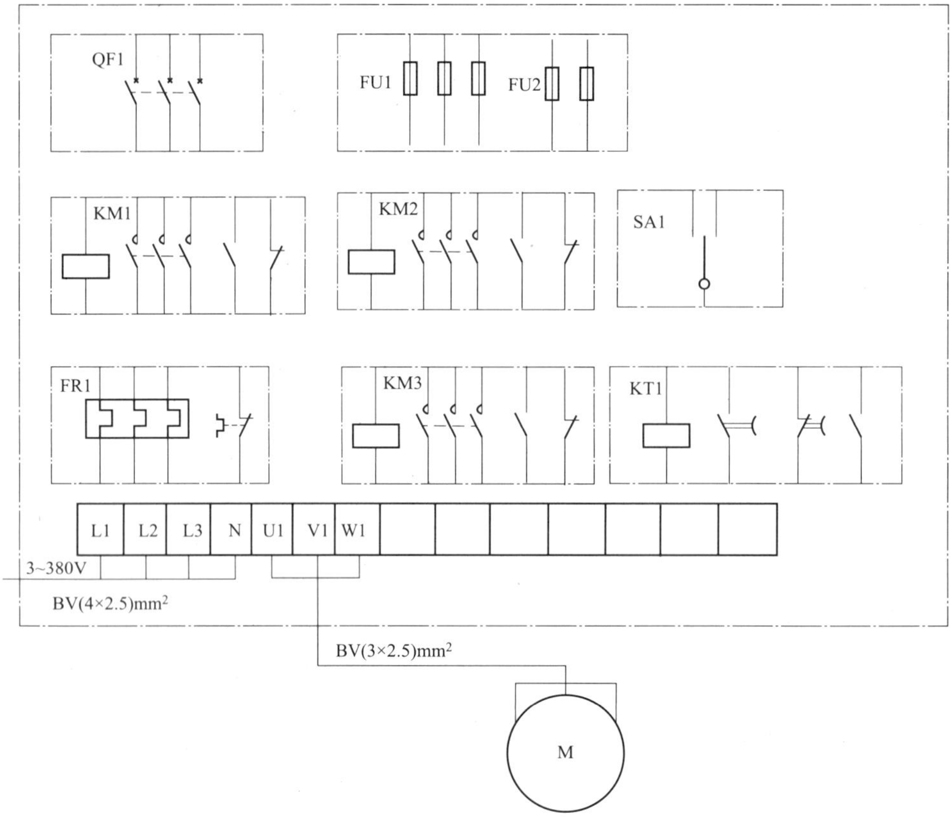

图 1-59　电器元件布置图

实验结束后，先切断电源，再拆线，并将实验器材整理好。

1.7.4　思考与拓展

1.7.4.1　变频调速

1. 变频调速概述

根据三相异步电动机转速公式可知，通过改变定子电源频率，可以调节电动机转速，但是需要有专门的变频装置。变频装置一般是先将交流电整流为直流电，然后通过逆变电路将直流电逆变为幅值、频率可变的交流电，很明显，其中的关键就是“逆变”环节。然而，组成逆变电路的开关器件必须满足三个条件：

（1）能够承受足够大的电压和电流；

（2）允许长时间频繁地接通和关断；

（3）接通和关断的控制必须十分方便。

变频器的出现使得三相笼型异步电动机的调速性能可以媲美直流电动机调速，同时笼型电动机还具备坚固耐用、容易维护等优点，已经成为当今电气调速的主流方式。

2. 交—直—交变频器的结构和原理

变频器是把工频电源（50Hz 或 60Hz）变换成各种频率的交流电源，以实现电动机的变速运行的设备。变频器根据结构可以分为交—交变频器和交—直—交变频器，港口起重机械上的变频器一般为后者。图 1-60 所示为变频器使用简图。

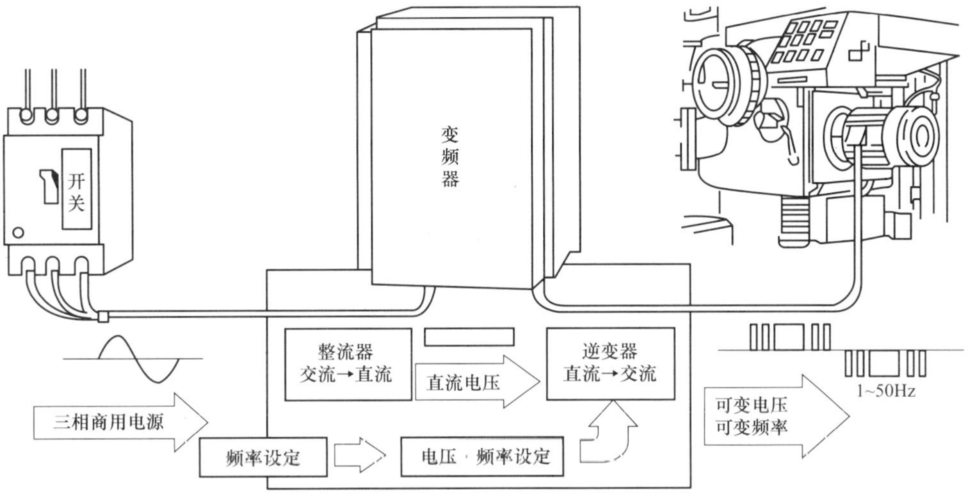

图 1-60　变频器使用简图

在交—直—交变频器中，驱动控制电路完成对主电路的控制，整流电路将交流电变换成直流电，直流中间电路（直流母线）对整流电路的输出进行平滑滤波，逆变电路将直流电再逆变成频率和电压可调的交流电输出给笼型电动机定子绕组，从而实现交流变频调速。

1.7.4.2　绕线式异步电动机转子串电阻调速控制线路

为满足起重运输机械对拖动电动机启动转矩大，速度可以调节的要求，常使用三相绕线转子电动机转子串电阻，用控制器来接通接触器线圈，再用相应接触器的主触点来实现电动机的正反转与短接转子电阻来实现电动机调速的目的。

图 1-61 所示为凸轮控制器控制电动机调速电路。图 1-61 中 KM 为线路接触器，KA 为过电流继电器，SQ1、SQ2 分别为向前、向后限位开关，SA 为凸轮控制器。

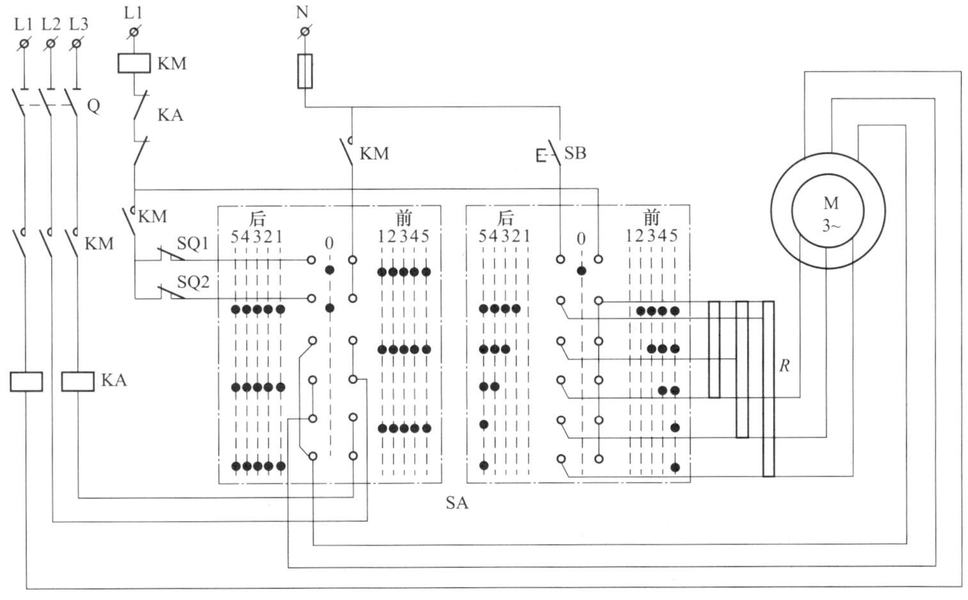

图 1-61　凸轮控制器控制电动机调速电路

凸轮控制器左右各有5个工作位置，中间为零位，其上共有9对动合主触点，3对动断触点，其中4对动合主触点接于电动机定子电路进行换相控制，以实现电动机正反转；另5对动合主触点接于电动机转子电路，实现转子电阻的接入和切除以获得不同的转速，转子电阻采用不对称接法。其余3对动断触点，其中1对用以实现零位保护，即控制器手柄必须置于“0”位，才可启动电动机。另2对动断触点与SQ1和SQ2限位开关串联实现限位保护。

巩固练习

1. 三相异步电动机电气调速主要有哪几种方法？
2. 三相异步电动机常见的变转差调速方式有哪些？
3. 双速电动机如何实现变极调速？
4. 变频调速的原理是什么？

任务8　三相异步电动机单向反接制动控制

1.8.1　任务概述

在生产过程中，许多生产机械（如机床、起重机等）都要求能迅速停车和准确定位，这就要求必须对拖动电动机采取有效的制动措施。本任务的目的是实现三相异步电动机的单向反接制动控制。

1.8.2　任务资讯

1.8.2.1　制动原理

制动控制的方法有两大类：机械制动和电气制动。

1. 机械制动

机械制动是采用机械装置产生机械力来强迫电动机迅速停车，如使用电力液压推杆制动器或电磁制动器进行机械抱闸制动。

2. 电气制动

电气制动是使电动机产生与实际旋转方向相反的电磁转矩从而起到制动作用，电气制动主要有能耗制动、反接制动、回馈制动三种形式。

（1）能耗制动。能耗制动的原理就是在电动机脱离三相交流电源之后，向定子绕组内通入直流电流，建立静止磁场，利用转子感应电流与静止磁场的作用产生制动的电磁转矩，达到制动目的。能耗制动的优点是制动效果准确稳定，但是需要直流电源。

（2）反接制动。反接制动的原理是使旋转磁场的方向与电动机实际转速方向相反，可以分成电源反接制动和倒拉反接制动两种情况。

1）电源反接制动。改变定子绕组中三相电源的相序，产生一个与转子惯性转动方向相反的电磁转矩，使电动机迅速停下来，制动到接近零转速时，再将反相序电源切除。电动机采用电源反接制动时，转子与旋转磁场的相对速度接近于两倍的同步转速，所以定子绕组流过的反接制动电流相当于全压启动电流的两倍，因此反接制动的制动转矩大，制动迅速，但冲击大，通常适用于10kW及以下的小容量电动机。为防止绕组过热、减小冲击电流，通常在笼型异步电动机定子电路中串入反接制动电阻。另外，采用反接制动，当电动机转速降至接近零速时，要及时将反接电源切断，防止电动机反向再启动，通常控制电路是用速度继电器来检测电动机转速并控制电动机反接电源的断开。

2）倒拉反接制动。这种反接制动适用于绕线式异步电动机拖动位能性负载的情况，它能使重物获得稳定的下放速度。主要方法是在制动时将足够大的电阻串入绕线式异步电动机转子绕组，使其机械特性变软，位能性负载机械特性曲线和电动机机械特性曲线相交于第四象限，此时旋转磁场方向和电动机实际转速方向相反，电磁转矩为制动性质。

（3）回馈制动（又称为再生制动）。当三相异步电动机在电动状态运行时，若由于某种原因使电动机的实际转速超过同步转速，这时电动机便处于回馈制动状态。常见的回馈制动有以下两种情况：

1）下放重物时的回馈制动。下放重物时在位能性负载的作用下，电动机实际转速加速至超过同步转速时，电动机处于回馈制动状态。

2）变极或变频调速过程中的回馈制动。当增加极数（变极调速）或降低频率（变频调速）时，旋转磁场的转速即同步转速降低，但实际转速不能突变，就会发生电动机实际转速大于同步转速的情况，此时电动机处于回馈制动状态。

1.8.2.2 速度继电器

速度继电器是利用转轴的一定转速来切换电路的自动电器。它常用于电动机的反接制动的控制电路中，当反接制动的转速下降到接近零时，它能利用触点自动切断电路。它由转子、定子和触头三部分组成。速度继电器与电动机同轴，触头串接在控制电路中。图1-62所示为速度继电器的外观、安装、原理和图形及文字符号图。

速度继电器的工作原理：转子是一块永久磁铁，与电动机或机械转轴相连在一起。当轴转动时永久磁铁也一起转动，这样相当于形成一个旋转磁场。定子外环装有笼型绕组，因切割磁力线而产生感应电动势和感应电流，该电流在转子磁场作用下产生电磁转矩，使定子外环跟随转动一个角度。于是定子柄随轴的转动方向动作，使得触头动作，改变状态。当电动机的转速较低（如小于100r/min）时，触头复位。需要注意的是，速度继电器的动作值和复位值一般不同，前者一般稍大于后者。常用的速度继电器有JY1、JFZ0等系列。

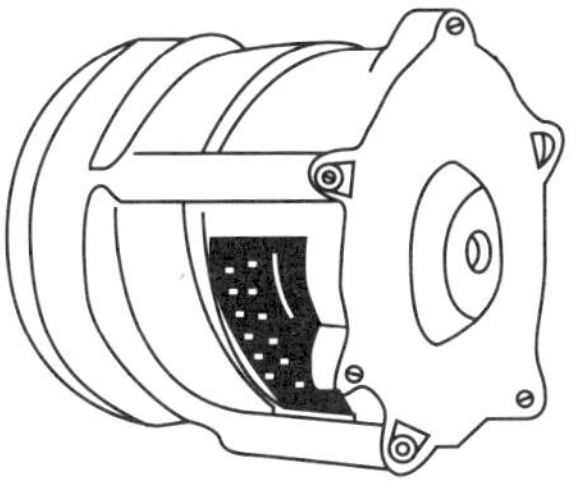

(a)

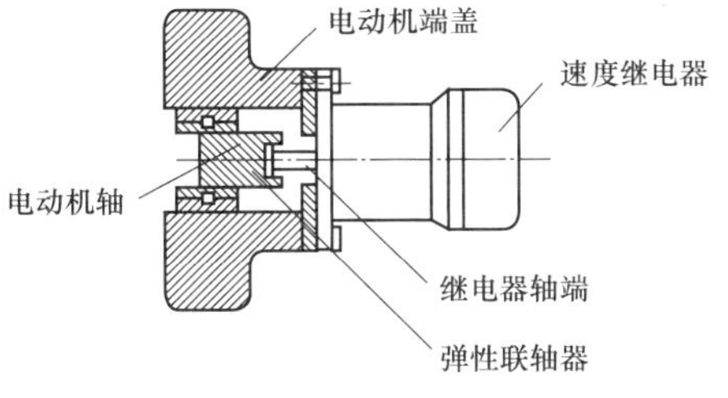

(b)

图1-62　速度继电器的外观、安装、原理和图形及文字符号图（一）

（a）外观图；（b）安装图

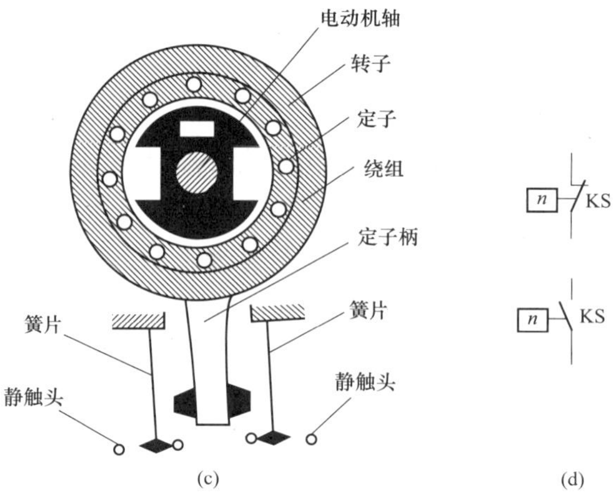

图 1-62　速度继电器的外观、安装、原理和图形及文字符号图（二）
（c）原理图；（d）图形及文字符号

1.8.3　任务实施

1.8.3.1　三相异步电动机单向反接制动电路原理分析

图 1-63 所示为笼型电动机单向反接制动控制，电路中 KM1 为电动机单向运行接触器，KM2 为反接制动接触器，KS 为速度继电器，*R* 为反接制动电阻。

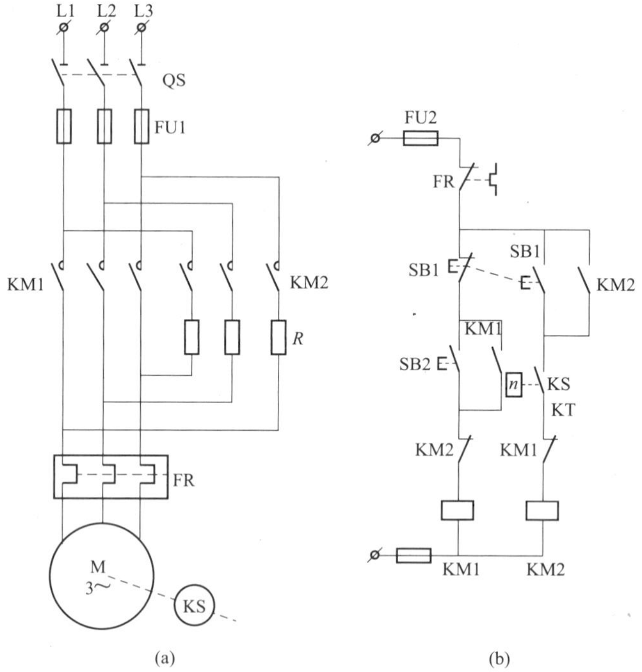

图 1-63　单向反接制动控制电路
（a）主电路；（b）控制电路

电路工作分析如下：

（1）单向启动及运行，合上电源开关 Q，按下按钮 SB2，KM1 通电并自锁，电动机全压启动并正常运行，与电动机有机械连接的速度继电器 KS 转速超过其动作值时，其动合触点闭合，为反接制动作做准备。

（2）反接制动，停车时，按下按钮 SB1，其动断触点断开，KM1 线圈断电释放，KM1 动合主触点和动合辅助触点同时断开，切断电动机原相序三相电源，电动机惯性运转。当 SB1 按到底时，其动合触点闭合，使 KM2 线圈通电并自锁，KM2 动断辅助触点断开，切断 KM1 线圈控制电路。同时其动合主触点闭合，电动机串三相对称电阻接入反相序三相电源进行反接制动，电动机转速迅速下降。当转速下降到速度继电器 KS 的复位值时，其动合触点复位断开，切断 KM2 线圈控制电路，KM2 线圈断电释放，其动合主触点断开，切断电动机反相序三相交流电源，反接制动结束，电动机自然停车。

1.8.3.2 电路安装与调试

1. 绘制电器元件布置图，安装电器元件

按图 1-64 的布置要求，在实训网板上安装熔断器 FU1、FU2，电源开关 QF1，接触器 KM1、KM2，热继电器 FR1，按钮 SB1、SB2 及端子排 XT 等器件。

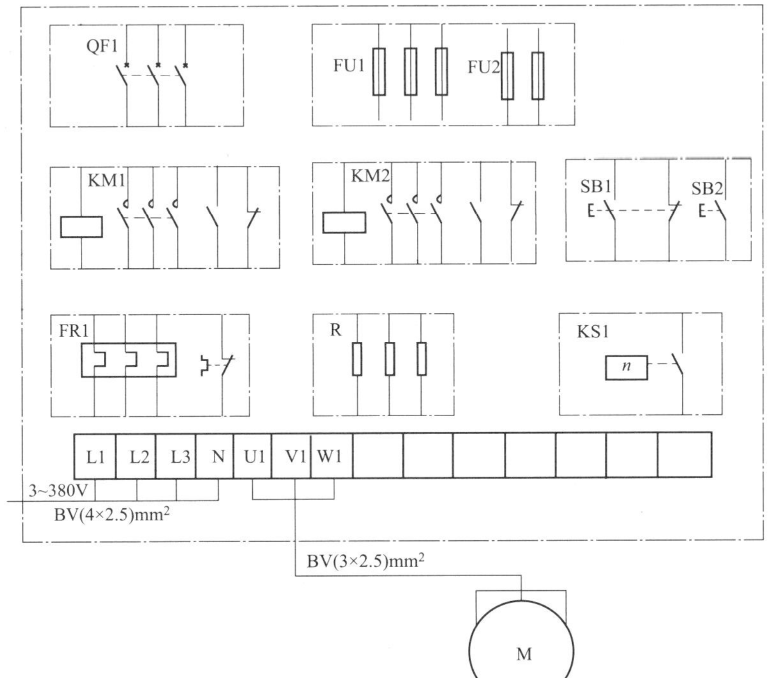

图 1-64　安装元器件布置图

2. 电路接线

（1）将电源开关打至“OFF”位置。

（2）按图 1-64 接线，接线次序应按自上而下、从左到右来接，接线尽可能整齐、清晰，能用短线的地方，就用短线连接，便于检查，接线要牢固可靠。

（3）电动机采用星形接法。

3. 检测与调试

当电动机正常运转时，KS1 触头是闭合的，但由于 SB1、KM1 两触头是断开的，所以 KM2 线圈未得电。按下启动按钮，电动机启动运转。当按下停止按钮 SB1 时，其动断触头 SB1 断开使 KM1 断电，其动合触头 SB1 闭合使 KM2 得电自锁，电动机串接电阻反接制动。当制动到电动机转子转速小于 120r/min 时，KS1 触头断开，KM2 断电，使电动机脱离电源，制动过程结束。如不能正常工作，则应分析并排除故障。

实验结束后，先切断电源，再拆线，并将实验器材整理好。

1.8.4 思考与拓展

1. 三相笼型异步电动机可逆能耗制动电路

图 1-65 所示为速度原则控制的可逆能耗制动电路，其中 KM1、KM2 为电动机正、反向接触器，KM3 为能耗制动接触器，KS 为速度继电器。

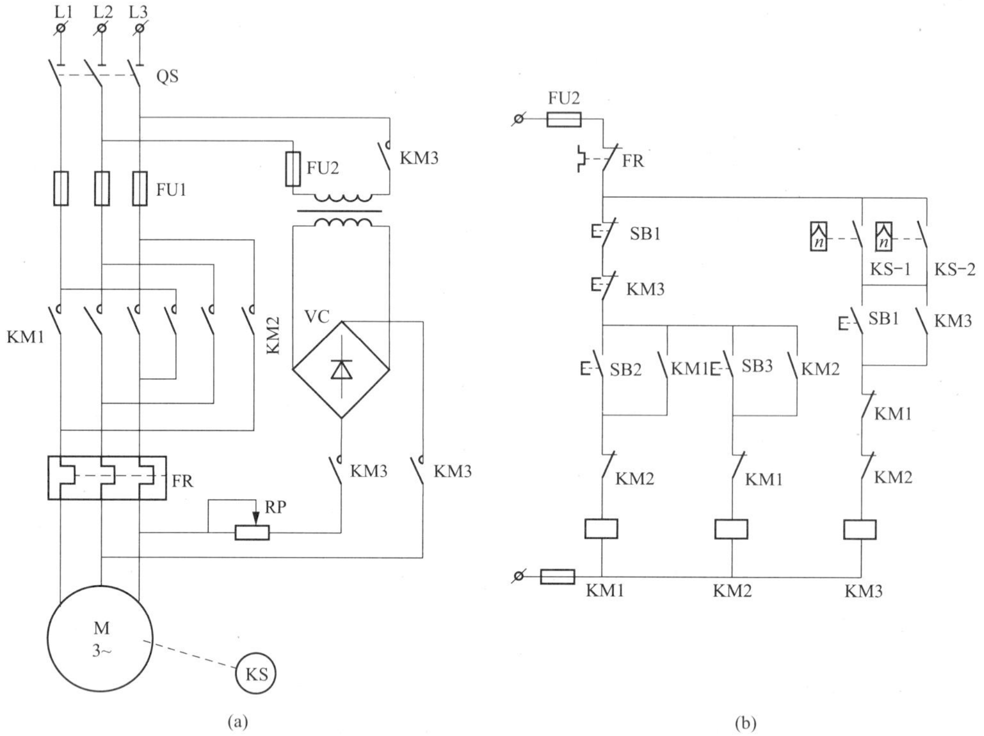

图 1-65 速度原则控制的可逆能耗制动电路

(a) 主电路；(b) 控制电路

下面以正向运行然后进行能耗制动为例分析电路工作原理。

合上电源开关 Q，按下正转或启动按钮 SB2，接触器 KM1 通电并自锁，电动机开始正向运转，当转速增加到速度继电器的动作值时，速度继电器触点 KS-1 闭合，为实现能耗制动做准备。

停车时，按下停止按钮 SB1，接触器 KM1 失电，定子绕组脱离三相交流电源，同时 KM3 通电，电动机定子接入直流电源进行能耗制动，转速迅速下降，当转速降至速度继电器的复位值时，触点 KS-1 复位断开，KM3 断电，能耗制动结束，电动机自然停车。

反向运行原理相同，不再赘述。

2. 可逆反接制动控制线路

图 1-66 所示为速度原则控制的可逆反接制动控制电路，其中 KM1、KM2 为电动机正．反向控制接触器，KM3 为短接电阻接触器，KA1、KA2、KA3、KA4 为中间继电器，KS 为速度继电器，其中 KS-1 为正向动合触点，KS-2 为反向动合触点，R 为限流电阻，具有限制启动电流和制动电流的双重作用。

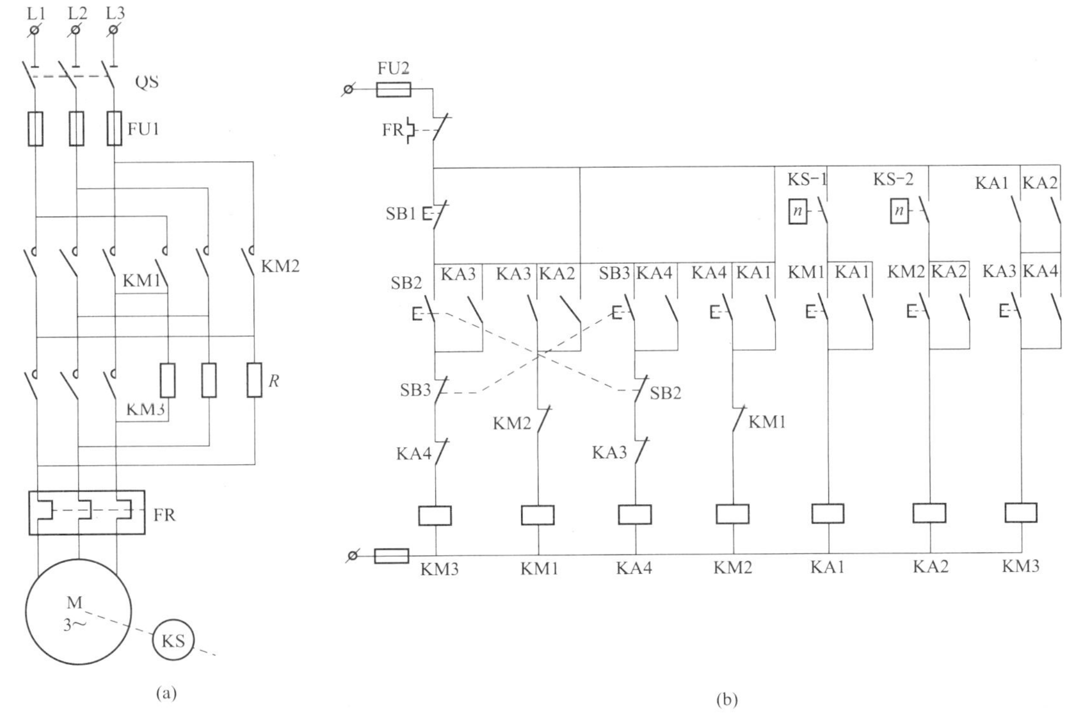

图 1-66　速度原则控制的可逆反接制动控制电路

（a）主电路；（b）控制电路

下面以正向减压启动、全压运行及反接制动为例分析电路工作原理。

（1）正向减压启动。合上电源开关 Q，按下 SB2，正向中间继电器 KA3 线圈通电并自锁，其动断触点断开互锁了反向中间继电器 KA4 的线圈控制电路；KA3 动合触点闭合，使 KM1 线圈控制电路通电，KM1 主触点闭合使电动机定子绕组串电阻 R 接通正相序三相交流电源，电动机减压启动。同时 KM1 动断触点断开互锁了反向接触器 KM2，其动合触点闭合为 KA1 线圈通电做准备。

（2）全压运行。当电动机转速上升至一定值时，速度继电器 KS 正转动合触点 KS-1 闭合，KA1 线圈通电并自锁。此时 KA1、KA3 的动合触点均闭合，接触器 KM3 线圈通电，其动合主触点闭合短接限流电阻 R，电动机全压运行。

（3）反接制动。需停车时，按下按钮 SB1，KA3、KM1、KM3 线圈相继断电释放，KM1 主触点断开，电动机惯性高速旋转，使 KS-1 维持闭合状态，同时 KM3 主触点断开，定子绕组串电阻 R。由于 KS-1 维持闭合状态，使得中间继电器 KA1 仍处于吸合状态，KM1 动断触点复位后，反向接触器 KM2 线圈通电，其动合主触点闭合，使电动机定子绕组串电阻 R 获得反相序三相交流电源，对电动机进行反接制动，电动机转速迅速下降。同时，KM2 动断触点断开互锁正向接触器 KM1 线圈控制电路。当电动机转速低于速度继电器复位值时，速度继电器动合触点 KS-1 复位断开，KA1 线圈断电释放，其动合触点断开，切断接触器 KM2 线圈控制电路，KM2 线圈断电释放，其动合主触点断开，反接制动过程结束。

电动机反向启动和反接制动停车控制电路工作情况与上述相似，所不同的是速度继电器起作用的是反向触点 KS-2，中间继电器 KA2 替代了 KA1，可自行分析，不再赘述。

巩固练习

1. 试述三相异步电动机制动的方法和种类。
2. 简述三相异步电动机能耗制动的原理。
3. 简述三相异步电动机电源反接制动的原理。
4. 简述三相异步电动机倒拉反接制动的原理。
5. 简述三相异步电动机回馈制动的原理。
6. 一小车由笼型异步电动机拖动，控制要求如下：

（1）直接启动、制动有电磁抱闸。

（2）按下启动按钮，制动器松闸同时小车前进，到终端后，电动机停转，电磁抱闸抱紧。

（3）有短路、过载、失压等必要的保护。

试设计主电路及控制电路。

项目 2

机床继电器控制系统分析

任务 1 C650-2 型卧式车床电路分析

2.1.1 任务概述

卧式车床是机械加工中广泛使用的一种机床，可以用来加工各种回转表面、螺纹和端面，如图 2-1 所示。本任务的目的是了解 C650-2 型卧式车床的基本结构，能够根据电气原理图分析其工作原理。

图 2-1 普通卧式车床外观

2.1.2 任务资讯

卧式车床通常由一台主电动机拖动，经由机械传动链，实现切削主运动和刀具进给运动的输出，其运动速度由变速齿轮箱通过手柄操作进行切换。刀具的快速移动、冷却泵和液压泵等，常采用单独电动机驱动。不同型号的卧式车床，其主电动机的工作要求不同，因而由不同的控制电路构成，但是由于卧式车床运动变速是由机械系统完成的，且机床运动形式比较简单，相应的控制电路也比较简单。

C650-2 型卧式车床型号的含义如图 2-2 所示。

1. 车床结构及运动形式

C650-2 卧式车床属于中型车床，卧式车床结构示意图如图 2-3 所示，图 2-4 所示为车床的加工示意图。

车床加工时，安装在床身上的主轴箱中的主轴转动，带动夹在其端头的工件转动；刀具安装在刀架上，与滑板一起随溜板箱沿主轴轴线方向实现进给移动。

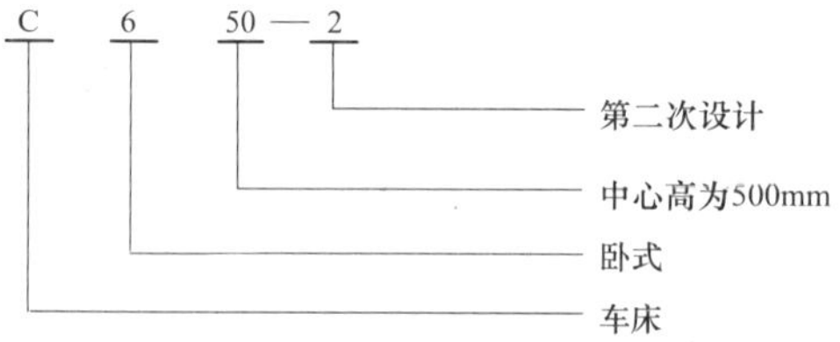

图 2-2 C650-2 型卧式车床型号含义

车床的主运动为主轴通过卡盘带动工件的旋转运动；进给运动是溜板带动刀架的纵向和横向直线运动，其中纵向运动是指相对操作者向左或向右的运动，横向运动是指相对于操作者向前或向后的运动；辅助运动包括刀架的快速移动、工件的夹紧与松开等。

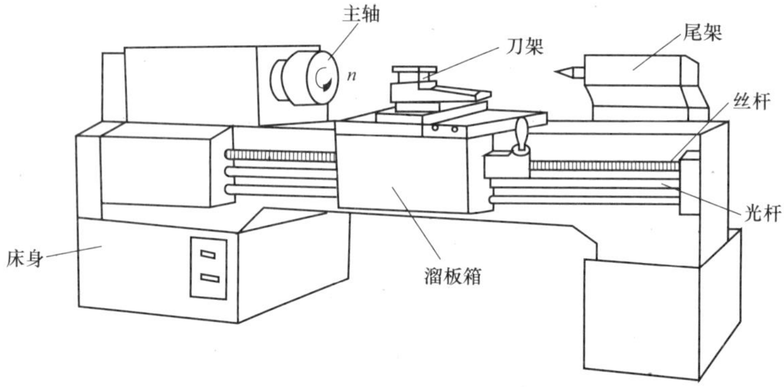

图 2-3 卧式车床结构示意图

2. 电力拖动及控制要求

（1）正常加工时一般不需反转，但加工螺纹时需反转退刀，且工件旋转速度与刀具的进给速度要保持严格的比例关系，为此主轴的转动和溜板箱的移动由同一台电动机拖动。主电动机 M1（功率为 20kW），电动机采用直接启动的方式，可正、反两个方向旋转，为加工调整方便，还具有点动功能。由于加工的工件比较大，加工时其转动惯量也比较大，需停车时不易立即停止转动，必须有停车制动的功能，C650-2 车床的正、反向停车采用速度继电器控制的电源反接制动。

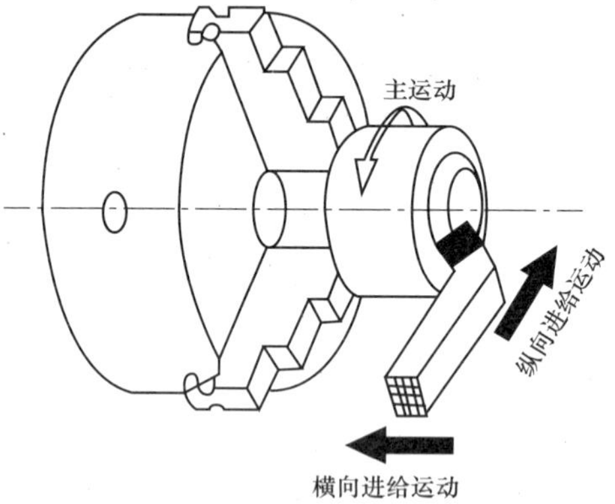

图 2-4 车床的加工示意图

（2）电动机 M2 拖动冷却泵。车削加工时，刀具与工件的温度较高，需设一冷却泵电动机，实现刀具与工件的冷却。冷却泵电动机 M2 单向旋转，采用直接启动、停止方式，且与主电动机有必要的联锁保护。

（3）快速移动电动机 M3。为减轻工人的劳动强度和节省辅助工作时间，利用 M3 带动刀架和溜板箱快速移动。电动机可根据使用需要，随时手动控制启停。

（4）采用电流表检测电动机负载情况。

（5）车削加工时，因被加工的工件材料、性质、形状、大小及工艺要求不同，且刀具种类也不同，所以要求切削速度也不同，这就要求主轴有较大的调速范围。车床大多采用机械方法调速，变换主轴箱外的手柄位置，可以改变主轴的转速。

2.1.3 任务实施

C650-2 型普通车床的电气控制系统电路如图 2-5 所示。

2.1.3.1 主电路分析

图 2-5 所示的主电路中有三台电动机，隔离开关 QS 将三相电源引入，电动机 M1 电路接线分为三部分。第一部分由正转控制交流接触器 KM1 和反转控制交流接触器 KM2 的两组主触点构成电动机的正、反转接线；第二部分为一电流表 A 经电流互感器 TA 接在主电动机 M1 的动力回路上，以监视电动机绕组工作时的电流变化，为防止电流表被启动电流冲击损坏，利用一时间继电器的延时动断触点，在启动的短时间内将电流表暂时短接；第三部分为一串联电阻限流控制部分，交流接触器 KM3 的主触点控制限流电阻 R 的接入和切除，在进行点动调整时，为防止连续的启动电流造成电动机过载，串入限流电阻 R，保证电路设备正常工作。速度继电器 KV 的速度检测部分与电动机的主轴同轴相连，在停车制动过程中，当主电动机转速接近零时，其动合触点可将控制电路中反接制动相应电路切断，完成停车制动。

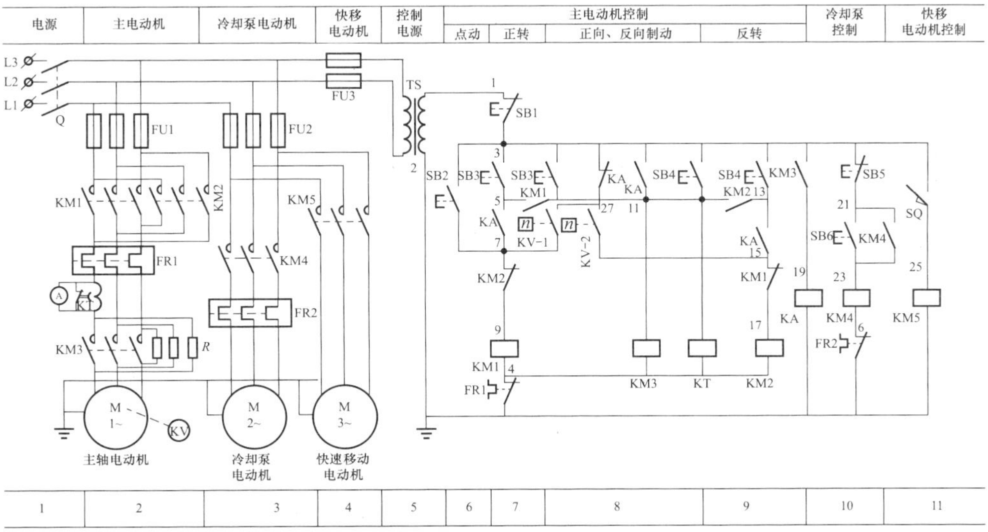

图 2-5 C650-2 型卧式车床电气原理图

电动机 M2 由交流接触器 KM4 的主触点控制其电源的接通与断开，电动机 M3 由交流接触器 KM5 控制。

为保证主电路的正常运行，主电路采用熔断器实现短路保护、采用热继电器对电动机进行过载保护。

2.1.3.2 控制电路分析

1. 主电动机 M1 的点动调整控制

调整车床时，要求主电动机点动控制。线路中 KM1 为 M1 电动机的正转接触器，KM2 为反转接触器，KA 为中间继电器。工作过程如下：按下 SB2→KM1 线圈通电→主触点闭合，电动机经限流电阻接通电源，在低速下启动，松开 SB2→KM1 断电，电动机断开电源，停车。

2. 主电动机 M1 的正、反转控制

（1）正转。按下启动按钮 SB3→KM3 和 KT 线圈通电→KM3 主触点动作使电阻被短接 KM3 动合辅助触点闭合使 KA 通电→KA 动合辅助触点闭合（5-7）使接触器 KM1 通电，电动机在全压下启动。KM1 辅助动合触点（5-11）闭合 . KA 的动合触点闭合（3-11. 5-7）使 KM1 自锁。

（2）反转。启动按钮为 SB4，控制过程与正转类似。KM1 和 KM2 的动断辅助触点分别串在对方的接触器线圈的回路中，起正反转的互锁作用

3. 主电动机 M1 的反接制动控制

C650-2 车床采用速度继电器实现主电动机停车的反接制动。下面以正转为例分析反接制动的过程。

设主电动机原为正转运行，停车时按下停止按钮 SB1→接触器 KM3 断电→KM3 主触点断开，限流电阻 *R* 串入主回路→KA 断电（3-11、5-7）断开→KM1 断电，电动机断开正相序电源→KA 动断触点（3-27）闭合，由于此时电动机转速较高，KV-2 为闭合状态，故 KM2 通电，实现对电动机的电源反接制动→当电动机转速接近零时，KV-2 动合触点断开，KM2 断电，电动机断开电源，制动结束。

电动机反转时的制动与正转相似。

4. 刀架的快速移动与冷却泵控制

转动刀架快速移动手柄→压动限位开关 SQ→接触器 KM5 通电，KM5 主触点闭合，M3 接通电源启动。

M2 为冷却泵电动机，它的启动和停止通过按钮 SB5 和 SB6 来控制。

5. 其他辅助环节

监视主回路负载的电流表通过电流互感器接入。为防止电动机启动、点动和制动电流对电流表的冲击，电流表与时间继电器的延时动断触点并联。如启动时，KT 线圈通电，KT 的延时动断触点未动作，电流表被短接。启动后，KT 延时断开的动断触点打开，此时电流表接入互感器的二次回路对主回路的电流进行监视。

控制电路的电源通过控制变压器 TS 供电，使之更安全。此外，为便于工作，设置了工作照明灯。照明灯的电压为安全电压 36V（图中未画出）。

2.1.4 思考与拓展

2.1.4.1 C650-2 型卧式车床常见电气故障的诊断与检修

1. 主轴电动机不能启动

（1）M1 主电路熔断器 FU1 和控制电路熔断器 FU3 熔体熔断，应更换。

（2）热继电器FR1已动作过，动断触点未复位。要判断故障所在位置，还要查明引起热继电器动作的原因，并排除。可能有的原因：长期过载；继电器的整定电流太小；热继电器选择不当。按原因排除故障后，将热继电器复位即可。

（3）控制电路接触器线圈松动或烧坏，接触器的主触点及辅助触点接触不良，应修复或更换接触器。

（4）启动按钮或停止按钮内的触点接触不良，应修复或更换按钮。

（5）各连接导线虚接或断线。

（6）主轴电动机损坏，应修复或更换。

2. 主轴电动机断相运行

按下启动按钮，电动机发出嗡嗡声不能正常启动，这是电动机断相造成的，此时应立即切断电源，否则易烧坏电动机。可能的原因是：

（1）电源断相。

（2）熔断器有一相熔体熔断，应更换。

（3）接触器有一对主触点没接触好，应修复。

3. 主轴电动机启动后不能自锁

故障原因是控制电路中自锁触点接触不良或自锁电路接线松开，修复即可。

4. 按下停止按钮主轴电动机不停止

（1）接触器主触点熔焊，应修复或更换接触器。

（2）停止按钮动断触点被卡住，不能断开，应更换停止按钮。

5. 冷却泵电动机不能启动

（1）按钮SB6触点不能闭合，应更换。

（2）熔断器FU2熔体熔断，应更换。

（3）热继电器FR2已动作过，未复位。

（4）接触器KM4线圈或触点已损坏，应修复或更换。

（5）冷却泵电动机已损坏，应修复或更换。

6. 快速移动电动机不能启动

（1）行程开关SQ已损坏，应修复或更换。

（2）接触器KM5线圈或触点已损坏，应修复或更换。

（3）快速移动电动机已损坏，应修复或更换。

2.1.4.2 车床的类型

（1）普通车床：加工对象广，主轴转速和进给量的调整范围大，能加工工件的内外表面、端面和内外螺纹。这种车床主要由工人手工操作，生产效率低，适用于单件、小批生产和修配车间。

（2）转塔和回转车床：具有能装多把刀具的转塔刀架或回轮刀架，能在工件的一次装夹中由工人依次使用不同刀具完成多种工序，适用于成批生产。

（3）自动车床：按一定程序自动完成中小型工件的多工序加工，能自动上下料，重复加工一批同样的工件，适用于大批量生产。

（4）多刀半自动车床：有单轴、多轴、卧式和立式之分。单轴卧式的布局形式与普通车床相似，但两组刀架分别装在主轴的前后或上下，用于加工盘、环和轴类工件，其生产率比普通车床提高3～5倍。

（5）仿形车床：能仿照样板或样件的形状尺寸，自动完成工件的加工循环（见仿形机床），适用于形状较复杂的工件的小批量生产，生产率比普通车床高10～15倍，有多刀架、多轴、卡盘式、立式等类型。

（6）立式车床：主轴垂直于水平面，工件装夹在水平的回转工作台上，刀架在横梁或立柱上移动。适用于加工较大、较重，难于在普通车床上安装的工件，分单柱和双柱两大类。

（7）铲齿车床：在车削的同时，刀架周期地作径向往复运动，用于铲车铣刀、滚刀等的成形齿面。通常带有铲磨附件，由单独电动机驱动的小砂轮铲磨齿面。

（8）专门化车床：加工某类工件的特定表面的车床，如曲轴车床、凸轮轴车床、车轮车床、车轴车床、轧辊车床和钢锭车床等。

（9）联合车床：主要用于车削加工，但附加一些特殊部件和附件后还可进行镗、铣、钻、插、磨等加工，具有“一机多能”的特点，适用于工程车、船舶或移动修理站上的修配工作。

（10）马鞍车床：车床的外形为两头高，中间低，形似马鞍，所以称为马鞍车床。马鞍车床在车头箱处的左端床身为下沉状，能够容纳直径大的零件。马鞍车床适合加工径向尺寸大，轴向尺寸小的零件，适于车削工件外圆、内孔、端面、切槽和公制、英制、模数、经节螺纹，还可进行钻孔、镗孔、铰孔等工艺，特别适于单件、成批生产企业使用。马鞍车床在马鞍槽内可加工较大直径工件。机床导轨经淬硬并精磨，操作方便可靠。车床具有功率大、转速高、刚性强、精度高、噪声低等特点。

巩固练习

1. 简述C650-2型车床的结构和运动形式。
2. 金属切削机床的机械运动分为哪几类？分别为什么运动？
3. 在各机床控制电路中，为什么冷却泵电动机一般都受主电动机的联锁控制，在主电动机启动后才能启动，一旦主电动机停转，冷却泵电动机也同步停转？
4. 试述C650-2型车床主轴电动机的控制特点及时间继电器KT的作用。
5. 在C650-2型车床电路中，将KA与SA2的动合触点并联（接线端编号6-8），其作用是什么？

任务2　Z3040型摇臂钻床电路分析

2.2.1　任务概述

钻床是一种用途广泛的孔加工机床，它主要是用钻头钻削精度要求不太高的孔，另外还可用来扩孔、铰孔、镗孔，以及刮平面、攻螺纹等。本任务的主要目的是了解Z3040摇臂钻床的结构和运动形式，能够根据电气原理图分析其工作原理。

2.2.2 任务资讯

钻床的结构形式很多，有立式钻床、卧式钻床、深孔钻床及多轴钻床等。摇臂钻床是一种立式钻床，它适用于单件或批量生产中带有多孔的大型零件的孔加工。图2-6所示为Z3040型摇臂钻床的外观和含义。

(a)

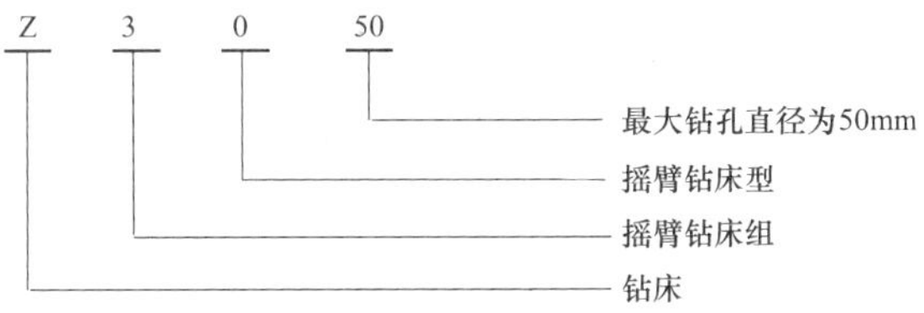

(b)

图2-6 Z3040型摇臂钻床的外观和含义
(a) 外观；(b) 含义

1. 主要结构及运动形式

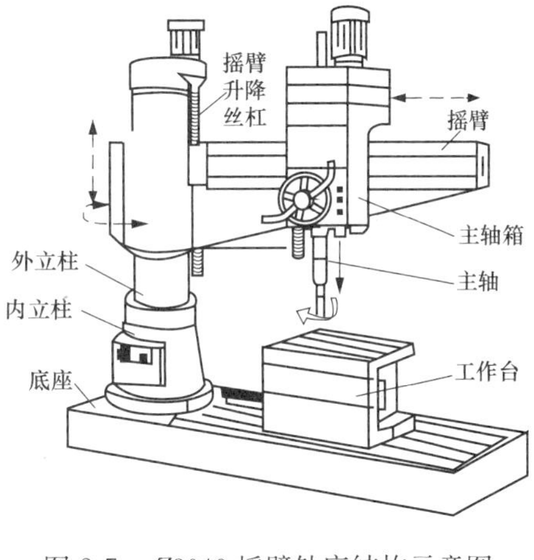

图2-7 Z3040摇臂钻床结构示意图

图2-7所示是Z3040摇臂钻床的外形图。Z3040摇臂钻床主要由底座、内立柱、外立柱、摇臂、主轴箱、工作台等组成。内立柱固定在底座上，在它外面套着空心的外立柱，外立柱可绕着内立柱回转一周，摇臂一端的套筒部分与外立柱滑动配合，借助于丝杆，摇臂可沿着外立柱上下移动，但两者不能做相对转动，所以摇臂将与外立柱一起相对内立柱回转。主轴箱是一个复合的部件，它具有主轴及主轴旋转部件和主轴进给的全部变速和操纵机构。主轴箱可沿着摇臂上的水平导轨做径向移动。当进行加工时，可利用特殊的夹紧机构将外立柱紧固在内立柱上，摇臂紧固在外立柱上，主轴箱紧固在摇臂导轨上，然后进行钻削加工。

钻削加工时，主运动为主轴的旋转运动，进给运动为主轴的垂直移动，辅助运动为摇臂在外立柱上的升降运动、摇臂与外立柱一起沿内立柱的转动及主轴箱在摇臂上的水平移动。

2. 摇臂钻床的电力拖动及控制要求

(1) 由于摇臂钻床的运动部件较多，为简化传动装置，需使用多台电动机拖动，主轴电动机承担主钻削及进给任务，摇臂升降、夹紧放松和冷却泵各用一台电动机拖动。

（2）为了适应多种加工方式的要求，主轴及进给应在较大范围内调速。但这些调速都是机械调速，用手柄操作变速箱调速，对电动机无任何调速要求。主轴变速机构与进给变速机构在一个变速箱内，由主轴电动机拖动。

（3）加工螺纹时要求主轴能正反转。摇臂钻床的正反转一般用机械方法实现，电动机只需单方向旋转。

（4）摇臂升降由单独的一台电动机拖动，要求能实现正反转。

（5）摇臂的夹紧与放松以及立柱的夹紧与放松由一台异步电动机配合液压装置来完成，要求这台电动机能正反转。摇臂的回转和主轴箱的径向移动在中小型摇臂钻床上都采用手动。

（6）钻削加工时，为对刀具及工件进行冷却，需要一台冷却泵电动机拖动冷却泵输送冷却液。

（7）各部分电路之间有必要的保护和联锁。

2.2.3 任务实施

图 2-8 所示是 Z3040 型摇臂钻床的电气控制线路的主电路和控制电路图。

2.2.3.1 主电路分析

Z3040 型摇臂钻床共有四台电动机，除冷却泵电动机采用开关直接启动外，其余三台异步电动机均采用接触器直接启动。

M1 是主轴电动机，由交流接触器 KM1 控制，只要求单方向旋转，主铀的正反转由机械手柄操作。M1 装在主轴箱顶部，带动主轴及进给传动系统，热继电器 FR1 是过载保护元件。

M2 是摇臂升降电动机，装于主轴顶部，用接触器 KM2 和 KM3 控制正反转。因为该电动机短时间工作，故不设过载保护电器。

M3 是液压油泵电动机，可以做正向转动和反向转动。正向旋转和反向旋转的启动与停止由接触器 KM4 和 KM5 控制。热继电器 FR2 是液压油泵电动机的过载保护电器。该电动机的主要作用是供给夹紧装置压力油、实现摇臂和立柱的夹紧与松开。

M4 是冷却泵电动机，功率很小，由开关直接启动和停止。

2.2.3.2 控制电路分析

1. 主轴电动机 M1 的控制

按启动按钮 SB2，则接触器 KM1 吸合并自锁，使主电动机 M1 启动运行，同时指示灯 HL3 亮。按停止按钮 SB1，则接触器 KM1 释放，使主电动机 M1 停止旋转，同时指示灯 HL3 熄灭。

2. 摇臂升降控制

（1）摇臂上升。Z3040 型摇臂钻床摇臂的升降由 M2 拖动，SB3 和 SB4 分别为摇臂升、降的点动按钮（装在主轴箱的面板上，其安装位置见图 2-2），由 SB3、SB4 和 KM2、KM3 组成具有双重互锁的 M2 正反转点动控制电路。因为摇臂平时是夹紧在外立柱上的，所以在摇臂升降之前，先要把摇臂松开，再由 M2 驱动升降；摇臂升降到位

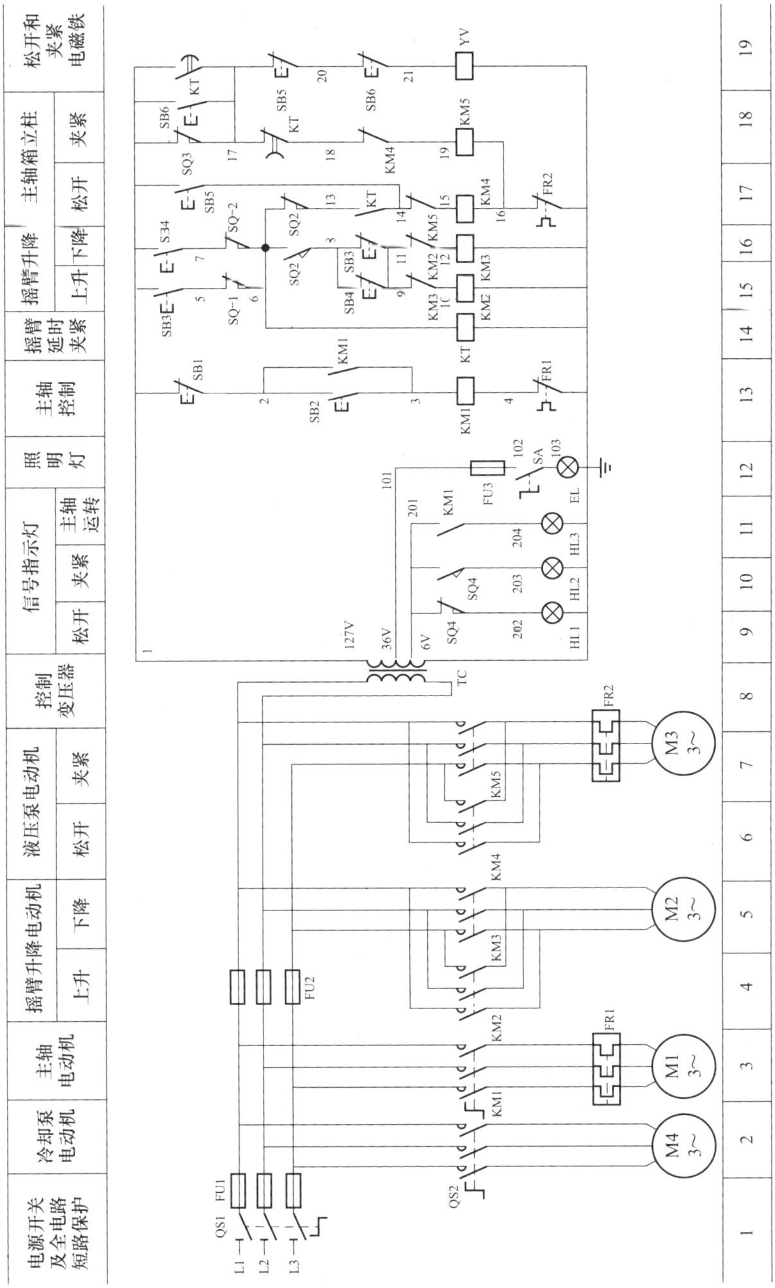

图2-8　Z3040摇臂钻床主电路和控制电路图

后，再重新将它夹紧。而摇臂的松、紧是由液压系统完成的。在电磁阀 YV 线圈通电吸合的条件下，液压泵电动机 M3 正转，正向供出压力油进入摇臂的松开油腔，推动松开机构使摇臂松开，摇臂松开后，行程开关 SQ2 动作 . SQ3 复位；若 M3 反转，则反向供出压力油进入摇臂的夹紧油腔，推动夹紧机构使摇臂夹紧，摇臂夹紧后，行程开关 SQ3 动作 . SQ2 复位。由此可见，摇臂升降的电气控制是与松紧机构液压一机械系统（M3 与 YV）的控制配合进行的。下面以摇臂的上升为例，分析控制的全过程：

按住摇臂上升按钮 SB3→SB3 动断触点断开，切断 KM3 线圈支路；SB3 动合触点闭合（1-5）→时间继电器 KT 线圈通电→KT 动合触点闭合（13-14），KM4 线圈通电，M3 正转；延时动合触点（1-17）闭合，电磁阀线圈 YV 通电，摇臂松开→行程开关 SQ2 动作→SQ2 动断触点（6-13）断开，KM4 线圈断电，M3 停转；SQ2 动合触点（6-8）闭合，KM2 线圈通电，M2 正转，摇臂上升→摇臂上升到位后松开 SB3→KM2 线圈断电，M2 停转；KT 线圈断电→延时 1～3S，KT 动合触点（1-17）断开，YV 线圈通过 SQ3（1-17）→仍然

通电；KT 动断触点（17-18）闭合，KM5 线圈通电，M3 反转，摇臂夹紧→摇臂夹紧后，压下行程开关 SQ3，SQ3 动断触点（1-17）断开，YV 线圈断电；KM5 线圈断电，M3 停转。

摇臂的下降由 SB4 控制 KM3→M2 反转来实现，其过程可自行分析。时间继电器 KT 的作用是在摇臂升降到位 . M2 停转后，延时 1～3s 再启动 M3 将摇臂夹紧，其延时时间视从 M2 停转到摇臂静止的时间长短而定。KT 为断电延时类型，在进行电路分析时应注意。

如上所述，摇臂松开由行程开关 SQ2 发出信号，而摇臂夹紧后由行程开关 SQ3 发出信号。

如果夹紧机构的液压系统出现故障，摇臂夹不紧；或者因 SQ3 的位置安装不当，在摇臂已夹紧后 SQ3 仍不能动作，则 SQ3 的动断触点（1-17）长时间不能断开，使液压泵电动机 M3 出现长期过载，因此 M3 须由热继电器 FR2 进行过载保护。

摇臂升降的限位保护由行程开关 SQ1 实现，SQ1 有两对动断触点：SQ1-1（5-6）实现上限位保护，SQ1-2（7-6）实现下限位保护。

（2）主轴箱和立柱松、紧的控制。

主轴箱和立柱的松、紧是同时进行的，SB5 和 SB6 分别为松开与夹紧控制按钮，由它们点动控制 KM4、KM5→控制 M3 的正、反转，由于 SB5、SB6 的动断触点（17-20-21）串联在 YV 线圈支路中。所以在操作 SB5、SB6 使 M3 点动作的过程中，电磁阀 YV 线圈不吸合，液压泵供出的压力油进入主轴箱和立柱的松开、夹紧油腔，推动松、紧机构实现主轴箱和立柱的松开、夹紧。同时由行程开关 SQ4 控制指示灯发出信号：主轴箱和立柱夹紧时，SQ4 的动断触点（201-202）断开而动合触点（201-203）闭合，指示灯 HL1 灭 HL2 亮；反之，在松开时 SQ4 复位，HL1 亮而 HL2 灭。

2.2.3.3 辅助电路

包括照明和信号指示电路。照明电路的工作电压为安全电压 36V，信号指示灯的工

作电压为6V，均由控制变压器TC提供。

2.2.4 思考与拓展

2.2.4.1 Z3040型摇臂钻床常见电气故障及维修方法

Z3040型摇臂钻床控制电路的独特之处，在于其摇臂升降及摇臂、立柱和主轴箱松开与夹紧的电路部分，下面主要分析这部分电路的常见故障：

1. 摇臂不能松开

摇臂作升降运动的前提是摇臂必须完全松开。摇臂和主轴箱、立柱的松、紧都是通过液压泵电动机M3的正、反转来实现的，因此先检查一下主轴箱和立柱的松、紧是否正常。如果正常，则说明故障不在两者的公共电路中，而在摇臂松开的专用电路上。如时间继电器KT的线圈有无断线，其动合触点（1-17）、（13-14）在闭合时是否接触良好，限位开关SQ1的触点SQ1-1（5-6）、SQ1-2（7-6）有无接触不良等。

如果主轴箱和立柱的松开也不正常，则故障多发生在接触器KM4和液压泵电动机M3这部分电路上。如KM4线圈断线、主触点接触不良，KM5的动断互锁触点（14—15）接触不良等。如果是M3或FR2出现故障，则摇臂、立柱和主轴箱既不能松开，也不能夹紧。

2. 摇臂不能升降

除前述摇臂不能松开的原因之外，可能的原因还有：

（1）行程开关SQ2的动作不正常，这是导致摇臂不能升降最常见的故障。如SQ2的安装位置移动，使得摇臂松开后，SQ2不能动作，或者是液压系统的故障导致摇臂放松不够，SQ2也不会动作，摇臂就无法升降。SQ2的位置应结合机械、液压系统进行调整，然后紧固。

（2）摇臂升降电动机M2、控制其正反转的接触器KM2、KM3以及相关电路发生故障，也会造成摇臂不能升降。在排除了其他故障之后，应对此进行检查。

（3）如果摇臂是上升正常而不能下降，或是下降正常而不能上升，则应单独检查相关的电路及电器部件（如按钮开关、接触器、限位开关的有关触点等）。

3. 摇臂上升或下降到极限位置时，限位保护失灵

检查限位保护开关SQ1，通常是SQ1损坏或是其安装位置移动。

4. 摇臂升降到位后夹不紧

如果摇臂升降到位后夹不紧（而不是不能夹紧），通常是行程开关SQ3的故障造成的。如果SQ3移位或安装位置不当，使SQ3在夹紧动作未完全结束就提前吸合，M3提前停转，从而造成夹不紧。

5. 摇臂的松紧动作正常，但主轴箱和立柱的松、紧动作不正常

应重点检查：

（1）控制按钮SB5、SB6，其触点有无接触不良，或接线松动。

（2）液压系统出现故障。

2.2.4.2 摇臂钻床操作规程

（1）工作前必须全面检查各部操作机构是否正常，将摇臂导轨用细棉纱擦拭干净并

按润滑油牌号注油。

(2) 摇臂和主轴箱各部锁紧后，方能进行操作。

(3) 摇臂回转范围内不得有障碍物。

(4) 开钻前，钻床的工作台、工件、夹具、刃具，必须找正，紧固。

(5) 正确选用主轴转速、进刀量，不得超载使用。

(6) 超出工作台进行钻孔，工件必须平稳。

(7) 机床在运转及自动进刀时，不许变紧固换速度，若变速只能待主轴完全停止，才能进行。

(8) 装卸刃具及测量工件，必须在停机中进行，不许直接用手拿工件钻削．不得戴手套操作。

(9) 工作中发现有不正常的响声，必须立即停车检查排除故障。

巩固练习

1. 简述 Z3040 摇臂钻床的结构和运动形式。

2. Z3040 摇臂钻床的摇臂升降电动机 M2、冷却泵电动机 M4 都不需要用热继电器进行过载保护，分别是由于 M2（　　），M4（　　）。

A. 容量太小　　B. 不会过载　　C. 是短时工作制

3. Z3040 型摇臂钻床的摇臂上升、下降动作相反，试由电气控制电路分析其故障的原因。

任务 3　M7130 型平面磨床电路分析

2.3.1　任务概述

磨床是用磨具和磨料（如砂轮、砂带、油石、研磨剂等）对工件的表面进行磨削加工的一种机床，它可以加工各种表面，如平面、内外圆柱面、圆锥面和螺旋面等。通过磨削加工，使工件的形状及表面的精度、光洁度达到预期的要求；同时，它还可以进行切断加工。根据用途和采用的工艺方法不同，磨床可以分为平面磨床、外圆磨床、内圆磨床、工具磨床和各种专用磨床（如螺纹磨床、齿轮磨床、球面磨床、导轨磨床等），其中以平面磨床使用最多。平面磨床又分为卧轴和立轴、矩台和圆台四种类型。本任务的主要目的是了解 M7130 型平面磨床的结构和运动形式，能够根据电气原理图分析其工作原理。

2.3.2　任务资讯

图 2-9 为 M7130 型平面磨床的外观和含义。

1. 平面磨床的主要结构和运动形式

M7130 型平面磨床的主要结构包括床身、立柱、滑座、砂轮箱、工作台和电磁吸盘，如图 2-10 所示。磨床的工作台表面有 T 型槽，可以用螺钉和压板将工件直接固定在工作台上，也可以在工作台上装上电磁吸盘，用来吸持铁磁性的工件。平面磨床进行磨削加工的示意图如图 2-11 所示，砂轮与砂轮电动机均装在砂轮箱内，砂轮直接由砂轮电动机带动旋转；砂轮箱装在滑座上，而滑座装在立柱上。

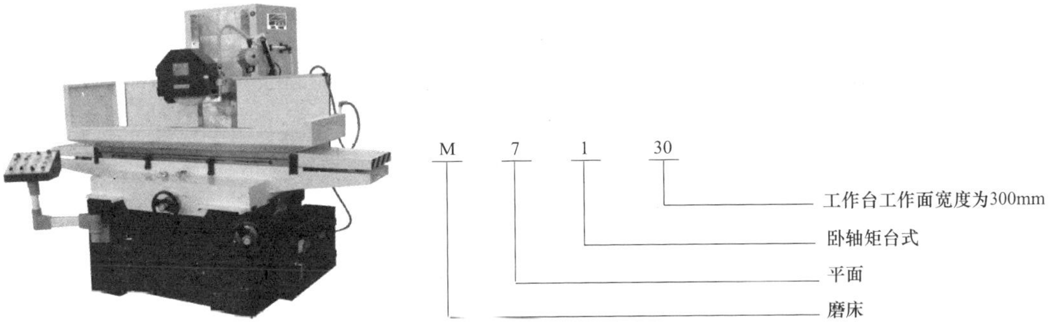

(a) (b)

图 2-9 M7130 型平面磨床

(a) 外观；(b) 含义

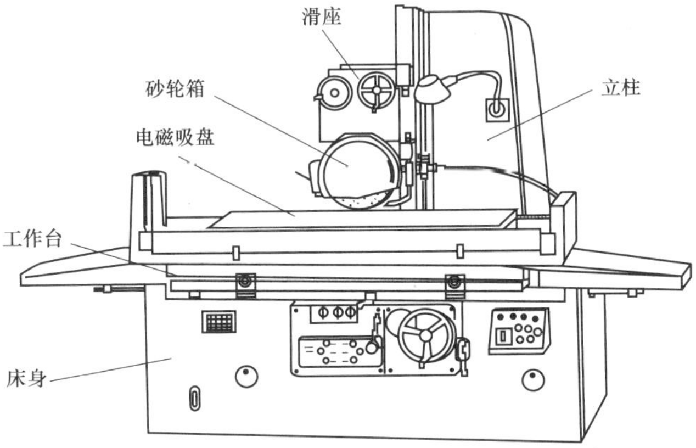

图 2-10 M7130 卧轴矩台平面磨床结构示意图

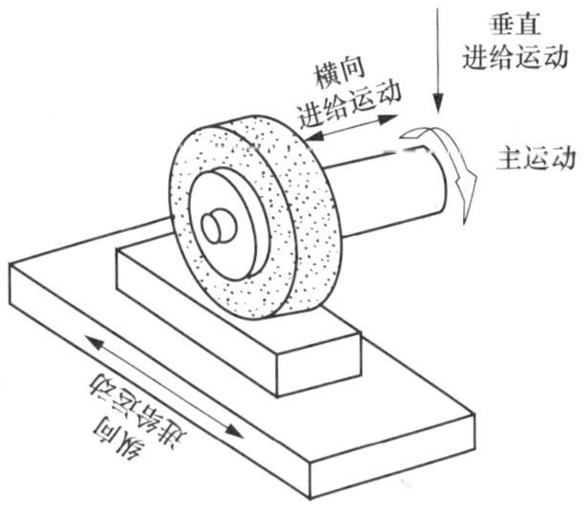

图 2-11 磨床的主运动和进给运动示意图

磨床的主运动是砂轮的旋转运动，而进给运动则分为以下三种运动。

（1）工作台（带动电磁吸盘和工件）作纵向往复运动。

（2）砂轮箱沿滑座上的燕尾槽作横向进给运动。

（3）砂轮箱和滑座一起沿立柱上的导轨作垂直进给运动。

2. 平面磨床的电力拖动形式和控制要求

M7130 型平面磨床采用多台电动机拖动，其电力拖动和电气控制、保护的要求如下：

（1）砂轮由一台笼型异步电动机拖动，因为砂轮的转速一般不需要调节，所以对砂轮电动机没有电气调速的要求，也不需要反转，可直接启动。

（2）平面磨床的纵向和横向进给运动一般采用液压传动，所以需要由一台液压泵电动机驱动液压泵，对液压泵电动机也没有电气调速、反转和降、启动的要求。

（3）同车床一样，也需要一台冷却泵电动机提供冷却液，冷却泵电动机与砂轮电动机也具有联锁关系，即要求砂轮电动机启动后才能开动冷却泵电动机。

（4）平面磨床往往采用电磁吸盘来吸持工件。电磁吸盘要有退磁电路，同时，为防止在磨削加工时因电磁吸盘吸力不足而造成工件飞出，还要求有弱磁保护环节。

（5）具有各种常规的电气保护环节（如短路保护和电动机的过载保护），具有安全的局部照明装置。

2.3.3 任务实施

M7130 型平面磨床的电气原理图如图 2-12 所示。

1. 主电路

三相交流电源由电源开关 QS 引入，由 FU1 做全电路的短路保护。砂轮电动机 M1 和液压电动机 M3 分别由接触器 KM1、KM2 控制，并分别由热继电器 FR1、FR2 作过载保护。由于磨床的冷却泵箱是与床身分开安装的，所以冷却泵电动机 M2 由插头插座 X1 接通电源，在需要提供冷却液时才插上。M2 受 M1 启动和停转的控制。由于 M2 的容量较小，因此不需要过载保护。三台电动机均直接启动，单向旋转。

2. 控制电路

控制电路采用 380V 电源，由 FU2 作短路保护。SB1、SB2 和 SB3、SB4 分别为 M1 和 M3 的启动、停止按钮，通过 KM1、KM2 控制 M1 和 M3 的启动、停止。

3. 电磁吸盘电路

电磁吸盘结构与工作原理示意图如图 2-13 所示。其线圈通电后产生电磁吸力，以吸持铁磁性材料的工件进行磨削加工。与机械夹具相比较，电磁吸盘具有操作简便、不损伤工件的优点，特别适合于同时加工多个小工件；采用电磁吸盘的另一优点是工件在磨削时发热能够自由伸缩，不至于变形。但是电磁吸盘不能吸持非铁磁性材料的工件，而且其线圈还必须使用直流电。

如图 2-12 所示，变压器 T1 将 220V 交流电降压至 127V 后，经桥式整流器 VC 变成 110V 直流电压供给电磁吸盘线圈 YH。SA2 是电磁吸盘的控制开关，待加工时，将 SA2 扳至右边的“吸合”位置，触点（301-303）、（302-304）接通，电磁吸盘线圈通电，产生电磁吸力将工件牢牢吸持。加工结束后，将 SA2 扳至中间的“放松”位置，电磁吸盘线圈断电，可将工件取下。如果工件有剩磁难以取下，可将 SA2 扳至左边的“退磁”位置，触点（301-305）、（302-303）接通，可见此时线圈通以反向电流产生反向磁场，对工件进行退磁，注意这时要控制退磁的时间，否则工件会因反向充磁而更难取下。R2 用于调节退磁的电流。采用电磁吸盘的磨床还配有专用的交流退磁器，如图 2-14 所示，如果退磁不够彻底，可以使用退磁器退去剩磁，X2 是退磁器的电源插座。

4. 电气保护环节

除常规的电路短路保护和电动机的过载保护之外，电磁吸盘电路还专门设有一些保护环节。

（1）电磁吸盘的弱磁保护。采用电磁吸盘来吸持工件有许多好处，但在进行磨削加

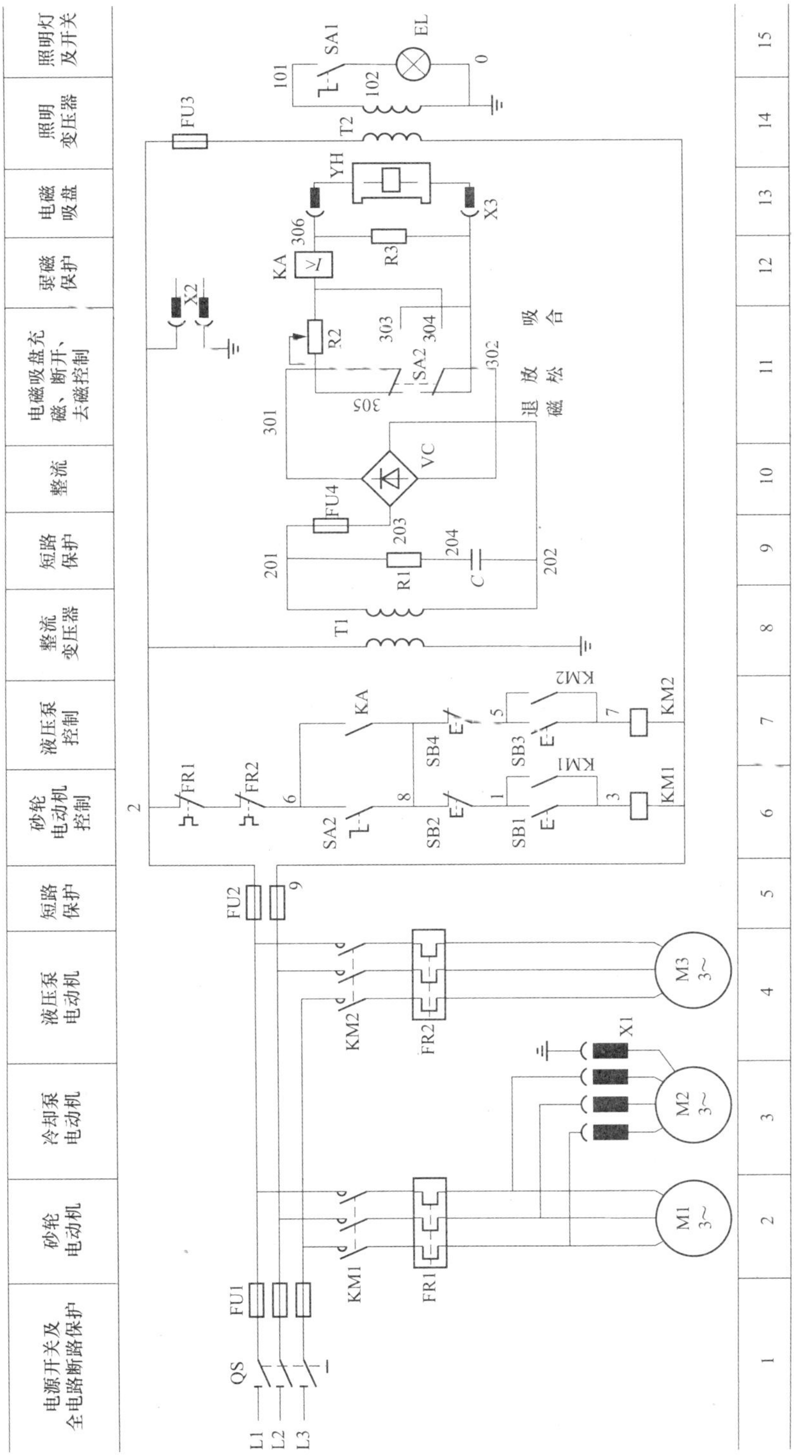

图2-12 M7130型平面磨床的电气控制原理图

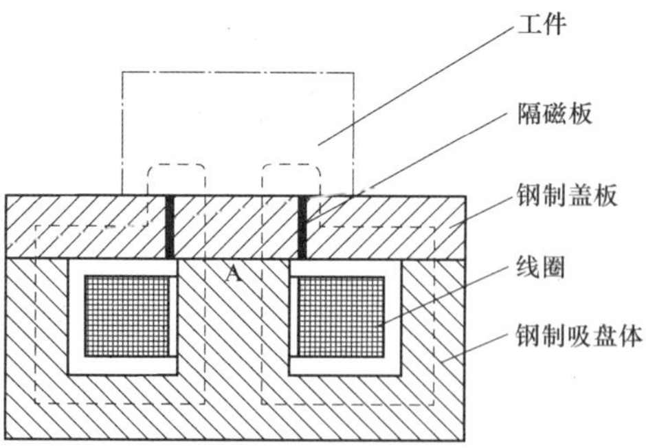

图 2-13　电磁吸盘结构与原理示意图

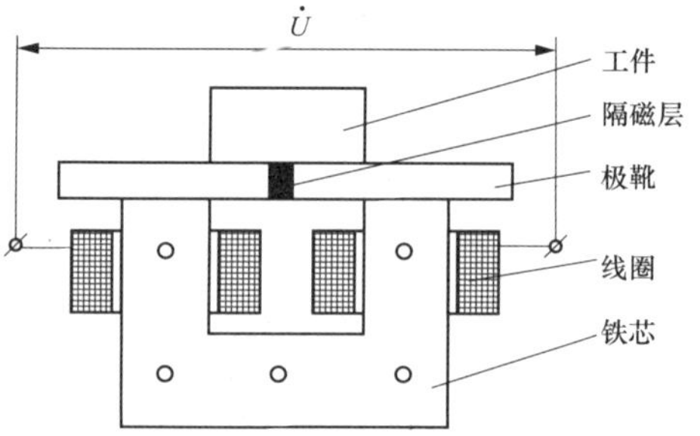

图 2-14　交流去磁器结构原理图

工时一旦电磁吸力不足，就会造成工件飞出事故。因此在电磁吸盘线圈电路中串入欠电流继电器 KA 的线圈，KA 的动合触点与 SA2 的一对动合触点并联，串接在控制砂轮电动机 M1 的接触器 KM1 线圈支路中，SA2 的动合触点（6-8）只有在“退磁”档才接通，而在“吸合”档是断开的，这就保证了电磁吸盘在吸持工件时必须保证有足够的充磁电流，才能启动砂轮电动机 M1；在加工过程中一旦电流不足，欠电流继电器 KA 动作，能够及时地切断 KM1 线圈电路，使砂轮电动机 M1 停转，避免事故发生。如果不使用电磁吸盘，可以将其插头从插座 X3 上拔出，将 SA2 扳至“退磁”档，此时 SA2 的触点（6-8）接通，不影响对各台电动机的操作。

（2）电磁吸盘线圈的过电压保护。电磁吸盘线圈的电感量较大，当 SA2 在各挡间转换时，线圈会产生很大的自感电动势，使线圈的绝缘和电器的触点损坏。因此在电磁吸盘线圈两端并联电阻器 R_3 作为放电回路。

（3）整流器的过电压保护。在整流变压器 TI 的二次侧并联由 R_1、C 组成的阻容吸收电路，用以吸收交流电路产生的过电压和在直流侧电路通断时产生的浪涌电压，对整流器进行过电压保护。

5. 照明电路

照明变压器 T2 将 380V 交流电压降至 36V 安全电压供给照明灯 EL，EL 的一端接地，SAl 为灯开关，由 FU3 提供照明电路的短路保护。

2.3.4　思考与拓展

1. M7130 型平面磨床电气故障和维护方法

M7130 型平面磨床电路与其他机床电路的主要不同是电磁吸盘电路，在此主要分析电磁吸盘电路的故障。

（1）电磁吸盘没有吸力或吸力不足。如果电磁吸盘没有吸力，首先应检查电源，从整流变压器 T1 的一次侧到二次侧，再检查到整流器 VC 输出的直流电压是否正常；检查熔断器 FU1、FU2、FU4；检查 SA2 的触点、插头插座 X3 是否接触良好；检查欠电流继电器 KA 的线圈有无断路；一直检查到电磁吸盘线圈 YH 两端有无 110V 直流电压。如果电压正常，电磁吸盘仍无吸力，则需要检查 YH 有无断线。如果是电磁吸盘的吸力不足，则多半是工作电压低于额定值，如桥式整流电路的某一桥臂出现故障，使全波整流变成半波整流，VC 输出的直流电压下降了一半；也可能是 YH 线圈局部短路，使空载时 VC 输出电压正常，而接上 YH 后电压低于正常值 110V。

（2）电磁吸盘退磁效果差。应检查退磁回路有无断开或元件损坏。如果退磁的电压过高也会影响退磁效果，应调节 $R2$ 使退磁电压一般为 5～10V。此外，还应考虑是否有退磁操作不当的原因，如退磁时间过长。

（3）控制电路接点（6-8）的电器故障。平面磨床电路较容易产生的故障还有控制电路中由 SA2 和 KA 的动合触点并联的部分。如果 SA2 和 KA 的触点接触不良，使接点（6-8）间不能接通，则会造成 M1 和 M2 无法正常启动，平时应特别注意检查。

2. 平面磨床节能应用

标准机械加工所使用磨床，砂轮电动机均按传统启动电路运行。电动机启动后按照额定转速运转，由于电网电压有一定波动，砂轮工件摩擦负载不断变化，都会影响电动机转速误差，标准砂轮电动机启动电路一般只有一种加工速度，难以适应不同工件大小要求不同加工相对线速度，以至于所加工工件加工精密度很难保证。因此从提高加工质量加工效率，节约能源等方面考虑，将变频调速技术应用于磨床，可以收到满意效果。机械加工行业所加工产品种类繁多，工件大小尺寸不同，要求加工精度各异。相对要求砂轮转速于主轴线速度不同，单纯调整主轴转速来满足工件加工线速度很难调整到理想状态。又由于轴杆类加工过程所产生应力弯曲，磨削过程会产生砂轮进给力矩不同，这样就带来砂轮输出转速/力矩不同变化，相应会产生振刀纹/烧糊纹等，磨削精度很难保证，由此造成生产效率低，精品率低等。随着电力电子技术发展，变频调速技术越来越普及，机械加工行业变频器应用收到很好效果。其中，以变频器无级调速，软启动，恒转矩输出极大满足了机械加工设备对恒速度/恒转矩要求。

巩固练习

1. 磨床采用电磁吸盘来夹持工件有什么好处？M7130 型平面磨床控制电路具有哪些保护环节？

2. M7130 型平面磨床控制电路中电阻器 R_1、R_2、R_3 的作用分别是什么？

3. 磨床的电磁吸盘可以使用直流电，也可以使用交流电，这种说法对吗？

4. M7130 型平面磨床的电磁吸盘没有吸力或吸力不足，试分析可能的原因。

5. 试设计一台机床的电气控制电路，该机床共有三台三相笼型异步电动机：主轴电动机 M1、润滑泵电动机 M2、冷却泵电动机 M3。设计要求如下：

（1）M1 直接启动，单向旋转，不需要电气调速，采用能耗制动，并可点动试车。

（2）M1 必须在 M2 工作 3min 之后才能启动。

（3）M2、M3 共用一只接触器控制，如不需要 M3 工作，可用转换开关 SA 切断。

（4）具有必要的保护环节。

（5）装有机床工作照明灯一盏，电压为 36V，电网电压及控制电路电压均为 380V。

项目 3

PLC的认识

任务 1　三菱 FX 系列 PLC 的认识

3.1.1　任务概述

可编程控制器（PLC）是一种基于计算机技术的工业控制器，在当今工业控制中应用极为广泛，PLC 应用技术是电气行业从业人员必须掌握的一门技术。本任务的主要目的是掌握 PLC 的结构组成和工作原理，对三菱 FX 系列 PLC 的外观、型号含义、安装方法和编程语言等有一个基本的认识。如图 3-1 所示为三菱 FX 系列整体式 PLC。

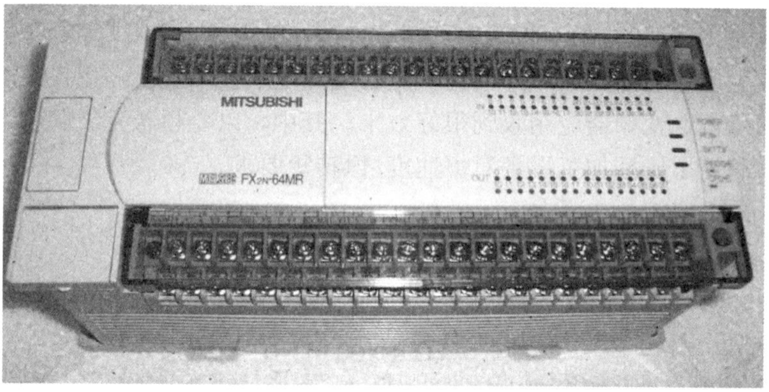

图 3-1　三菱 FX 系列整体式 PLC

3.1.2　任务资讯

1. PLC 的产生和发展

在可编程控制器出现前，在工业电气控制领域中，继电器控制占主导地位，应用广泛。但是继电器控制系统存在查找和排除故障困难、功能不易拓展等缺点，特别是其接线复杂、不易更改，对生产工艺变化的适应性差。

1968 年美国通用汽车公司为了适应汽车型号的不断更新，生产工艺不断变化的需要，实现小批量、多品种生产，希望能有一种新型工业控制器，它能做到尽可能减少重新设计和更换电器控制系统及接线，以降低成本，缩短周期。于是就设想将计算机功能强大、灵活、通用性好等优点与电器控制系统简单易懂、价格便宜等优点结合起来，制成一种通用控制装置，而且这种装置采用面向控制过程、面向问题的“自然语言”进行编程，使不熟悉计算机的人也能很快掌握使用。

1969年美国数字设备公司（DEC）根据美国通用汽车公司的这种要求，研制成功了世界上第一台可编程控制器，并在通用汽车公司的自动装配线上试用，取得很好的效果。从此这项技术迅速发展起来。

早期的可编程控制器仅有逻辑运算、定时、计数等顺序控制功能，只是用来取代传统的继电器控制，通常称为可编程逻辑控制器（Programmable Logic Controller）。随着微电子技术和计算机技术的发展，20世纪70年代中期微处理器技术应用到PLC中，使PLC不仅具有逻辑控制功能，还增加了算术运算、数据传送和数据处理等功能。

20世纪80年代以后，随着大规模、超大规模集成电路等微电子技术的迅速发展，16位和32位微处理器应用于PLC中，使PLC得到迅速发展。PLC不仅控制功能增强，同时可靠性提高，功耗、体积减小，成本降低，编程和故障检测更加灵活方便，而且具有通信和联网、数据处理和图像显示等功能，使PLC真正成为具有逻辑控制、过程控制、运动控制、数据处理、联网通信等功能的名副其实的多功能控制器。

自从第一台PLC出现以后，日本、德国、法国等也相继开始研制PLC，并得到了迅速的发展。目前，世界上有200多家PLC厂商，400多品种的PLC产品。著名的PLC生产厂家主要有美国的A-B（Allen-Bradly）公司、GE（General Electric）公司，日本的三菱电机（Mitsubishi Electric）公司、欧姆龙（OMRON）公司，德国的AEG公司、西门子（Siemens）公司，法国的TE（Telemecanique）公司等。

我国的PLC研制、生产和应用也发展很快，尤其在应用方面更为突出。在20世纪70年代末和80年代初，我国随国外成套设备、专用设备引进了不少国外的PLC。此后，在传统设备改造和新设备设计中，PLC的应用逐年增多，并取得显著的经济效益，PLC在我国的应用越来越广泛，对提高我国工业自动化水平起到了巨大的作用。

从近年的统计数据看，在世界范围内PLC产品的产量、销量、用量高居工业控制装置榜首，而且市场需求量一直以每年15%的比率上升。PLC已成为工业自动化控制领域中占主导地位的通用工业控制装置。

2. PLC的结构组成

PLC是计算机技术与继电器常规控制概念相结合的产物，是一种工业控制用的专用计算机。作为一种以微处理器为核心的用作数字控制的特殊计算机，它的硬件基本组成与一般微机装置类似，主要由中央处理单元（CPU）、存储器、输入/输出接口、电源和其他各种接口组成，如图3-2所示。

（1）中央处理器（CPU）。CPU是PLC的控制核心，由它实现逻辑运算，协调控制系统内部各部分的工作。它的运行是以循环扫描的方式采集现场各输入装置的状态信号，执行用户控制程序，并将运算结果传送到相应的输出装置，驱动外部负载工作。CPU芯片性能关系到PLC处理控制信号的能力与速度，CPU位数越高，运算速度越快，系统处理的信息量就越大，系统的性能越好。

（2）存储器。存储器是存放程序及数据的地方。

1）PLC的存储器按照用途可以分为三类：

系统程序存储器：系统程序是由生产PLC的厂家事先编写并固化好的，它关系到

PLC 的性能，不能由用户直接存取和修改，其内容主要为监控程序、模块化应用功能子程序，能进行命令解释和功能子程序的调用，管理程序和各种系统参数等。

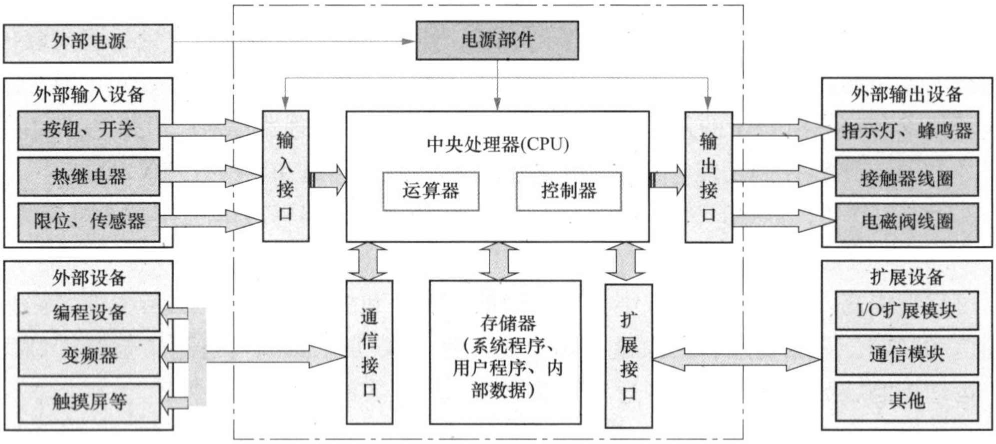

图 3-2 PLC 的基本硬件组成

用户程序存储器：用户程序是根据具体的生产设备控制要求编写的程序，PLC 说明书中提到的 PLC 存储器容量一般指的就是用户程序存储器的容量。

内部数据存储器：主要用来存储 PLC 编程软元件的映像值以及程序运算时的一些相关数据。

2）PLC 的存储器按照存储介质可以分为两大类：

只读存储器（ROM），在失电状态下可以长时间保存数据，可以用来保存系统程序或用户程序，部分类型的只读存储器也是可以多次写入数据的，例如，EPROM、E^2PROM 等。

随机存储器（RAM），在失电状态下不能保存数据，但是数据读写速度较快，可以用来保存内部数据或用户程序。

（3）输入/输出接口。输入/输出接口是 PLC 与外部控制现场相联系的桥梁，通过输入接口电路，PLC 能够得到生产过程的各种参数；通过输出接口电路，PLC 能够把运算处理的结果送至工业过程现场的执行机构实现控制。

实际生产中的信号电平多种多样，外部执行机构所需电流也是多种多样，而 PLC 的 CPU 所处理的只能是标准电平，同时由于输入/输出接口与工业过程现场的各种信号直接相连，这就要求它有很好的信号适应能力和抗干扰性能。因此，在输入/输出接口电路中，一般均配有电平变换、光耦合器和阻容滤波等电路，以实现外部现场的各种信号与系统内部统一信号的匹配和信号的正确传递，PLC 正是通过这种接口实现了信号电平的转换。

为适应工业过程现场不同输入输出信号的匹配要求，PLC 配置了各种类型的输入/输出接口，主要分为开关量输入/输出接口和模拟量输入/输出接口两大类。

（4）电源部件。PLC 除了输入输出回路需要电源外还必须要给 PLC 提供一个工作电源，通常使用交流 220V 或直流 24V 工作电源，它的电源部件可以将外部工作电源转化为 DC 5V、DC 12V、DC 24V 等各种 PLC 内部器件需要的电源。

PLC 的 CPU 模块或其他模块的工作电源有的是直接将电源连接到该模块的电源端子上，如三菱 FX 系列和西门子 S7-200 SMART 系列；也有的是连到专门的电源模块上，然后通过电源总线供电，如西门子 S7-300 PLC。

（5）扩展接口和通信接口。PLC 通过扩展接口可以实现功能的拓展，例如，可以连接 I/O 扩展模块来扩展 PLC 能够连接的外部输入输出设备的数量，连接通信模块来实现各种通信功能，连接高速计数模块来实现高速计数功能等。

PLC 通过通信接口可以与一些外部设备通信，例如，计算机、变频器、触摸屏等。

3. PLC 的工作原理

（1）编程“软”元件。PLC 作为计算机技术与继电器常规控制概念相结合的产物，其内部存在由 PLC 存储器等效出来的各种功能的编程“软”元件，也就是虚拟元件。例如，存储器的一个二进制位，因为其不是 0 就是 1，就可以等效成一个“软”继电器。当这个位是“0”时，相当于这个“软”继电器处于失电状态；当这个位是“1”时，相当于这个“软”继电器处于得电状态。

如图 3-3 所示，“软”继电器和真实继电器的相同之处是线圈得电时动合触点闭合、动断触点断开，线圈失电时动合触点断开、动断触点闭合。不同之处是“软”继电器是由 PLC 内部电路等效出来的，并没有真正的线圈和机械触点，并且在编程时“软”继电器的动合触点和动断触点使用次数没有限制，而真实继电器的触点是有限的。

PLC 的编程“软”元件根据功能可以分为输入元件、输出元件、辅助元件等，它们在 PLC 存储器中存放的地方分别称为输入映像寄存器、输出映像寄存器等。

（2）顺序循环扫描工作机制。PLC 的工作方式与传统的继电器控制系统不同，如图 3-4 所示。继电器控制系统采用硬逻辑并行运行的方式，即如果一个继电器的线圈通

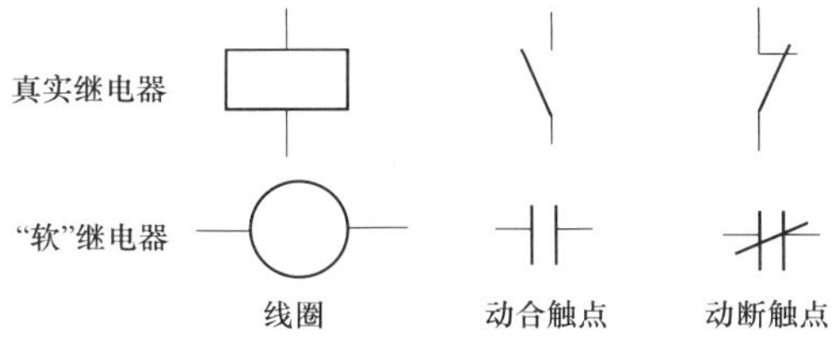

图 3-3　真实继电器和“软”继电器对比

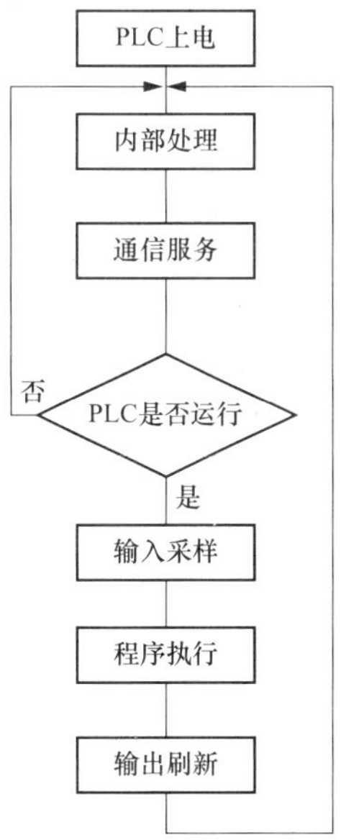

图 3-4　PLC 工作原理

电或断电，该继电器的所有触点（包括它的动合触点或动断触点）不论在继电器线路的哪个位置上，都会立即同时动作。

PLC采用的是顺序循环扫描的工作机制，PLC上电后首先进行内部处理和通信服务，然后判断PLC是否处于运行模式，若PLC处于停止模式则周而复始的进行内部处理和通信服务；若PLC处于运行模式，则再顺序进行输入采样、程序执行和输出刷新三个阶段，然后周而复始循环。

1）内部处理阶段。在此阶段，PLC检查CPU模块的硬件是否正常，复位监视定时器，以及完成一些其他内部工作。

2）通信服务阶段。在此阶段，PLC与一些智能模块通信、响应编程器键入的命令，更新编程器的显示内容等，当PLC处于停状态时，只进行内部处理和通信服务等内容。

3）输入采样阶段。输入采样也叫输入刷新，在此阶段顺序读取所有输入端子的通断状态，并将所读取的信息存到输入映象寄存器中，此时输入映像寄存器被刷新。

4）程序执行阶段。

按先上后下，先左后右的顺序，对梯形图程序进行逐句扫描并根据采样到输入映像寄存器中的结果进行逻辑运算，运算结果再存入有关映像寄存器中。但遇到程序跳转指令，则根据跳转条件是否满足来决定程序的跳转地址。

5）输出刷新阶段。程序处理完毕后，将所有输出映象寄存器中各点的状态，转存到输出锁存器中，再通过输出端驱动外部负载。

PLC完成一次循环所用的时间称为一个扫描周期，PLC的扫描周期很短，一般只有十几毫秒左右。

4. 三菱FX系列PLC简介

FX系列PLC是由三菱公司推出的高性能小型可编程控制器，主要包括FX0S、FX1S、FX0N、FX1N、FX2N、FX2NC等子系列的PLC，每种子系列PLC均有不同型号规格的基本单元、扩展单元、扩展模块和特殊功能模块供用户选择。基本单元一般采用整体式结构，可以单独使用，如有需要也可以连接扩展单元、扩展模块和特殊功能模块扩展其功能。

（1）基本单元。基本单元即CPU模块，内有CPU、存储器、I/O模块、通信接口和扩展接口等，可以独立使用。

（2）扩展单元和扩展模块。当基本单元的I/O点数不足时，可以通过扁平电缆连接扩展单元或者扩展模块来扩展I/O点数。扩展单元和扩展模块内部没有CPU，因此不能单独使用，必须与基本单元一起使用。

（3）特殊功能模块。FX系列PLC提供了多种特殊功能模块，可实现网络通信、过程控制、位置控制高速计数以及较为复杂的数据处理。特殊功能模块也不能单独使用，必须与基本单元一起使用。

3.1.3 任务实施

1. 三菱FX系列PLC基本单元认识

如图3-5所示为三菱FX2N-48MR基本单元的面板。

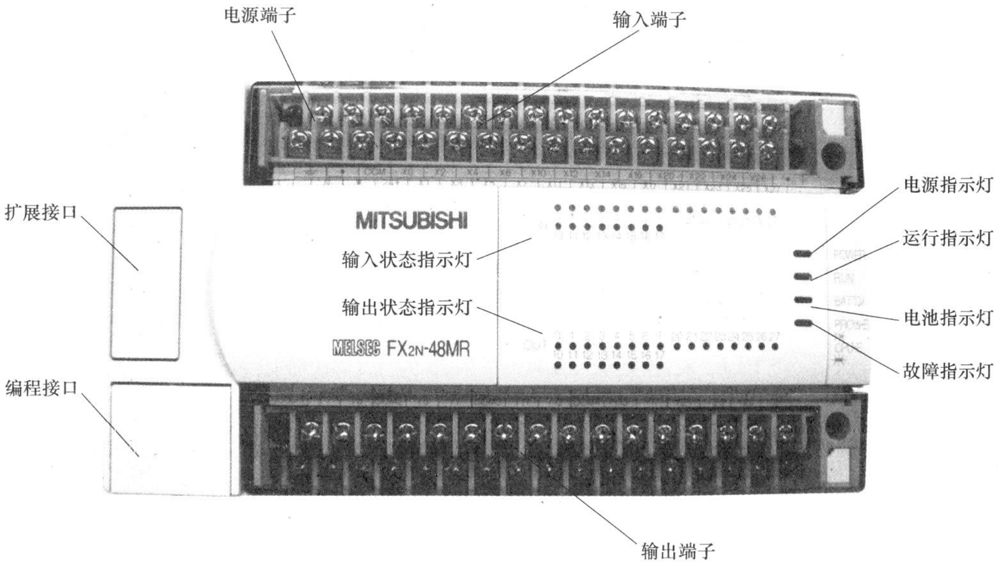

图 3-5　三菱 FX2N-48MR

（1）电源端子：主要包括 L、N 和接地端，用于引入 PLC 工作电源。

（2）输入端子：连接外部输入设备（按钮、开关、限位等）形成 PLC 输入回路。

（3）输出端子：连接外部输出设备（指示灯、线圈等）形成 PLC 输出回路。

（4）公共端（COM 端）：输入回路或输出回路的公共端子，不同回路的公共端不能随意混接。

（5）输入状态指示灯：用于指示每一条输入回路的通断状态。

（6）输出状态指示灯：用于指示每一条输出回路的通断状态。

（7）电源指示灯 POWER：用于指示 PLC 工作电源是否已接通。

（8）运行指示灯 RUN：用于指示 PLC 是否处于运行状态。

（9）电池指示灯 BATT：用于指示 PLC 的 RAM 存储器后备电池是否电压过低。

（10）故障指示灯 PROG-E. CPU-E：用于指示程序或 CPU 是否出现故障。

（11）扩展接口：用于连接扩展单元（模块）或其他特殊功能模块。

（12）编程接口：用于连接编程设备，如手持编程器、计算机等。

2. 三菱 FX 系列 PLC 型号识别

三菱 FX 系列 PLC 的型号的含义如下：

□—□ □ □—□

①　②　③　④　⑤

① 为型号子系列。

② 为输入输出总点数。

③ 为单元类型。如 M 表示基本单元，E 表示输入输出混合扩展单元，EX 表示扩展输入模块，EY 表示扩展输出模块。

④ 为输出方式。如 R 表示继电器输出，S 表示晶闸管输出，T 表示晶体管输出。

⑤ 为特殊品种。如 C 表示接插口输入/输出方式，D 表示 DC 电源、DC 输出等。如果特殊品种一项无符号，为 AC 电源、DC 输入、横式端子排、标准输出。

例如，FX2N-32MR 表示 FX2N 系列，输入/输出总点数为 32 点的基本单元，采用继电器输出形式，使用交流电源，同时 PLC 内部为输入回路提供 24V 直流电源。

3. 三菱 FX 系列 PLC 安装及扩展方式认识

（1）三菱 FX 系列 PLC 外部接线认识。三菱 FX 系列 PLC 的外部接线主要分成 3 个部分：PLC 工作电源回路、PLC 输入回路和 PLC 输出回路。图 3-6 所示为 PLC 控制笼型电动机正、反转的外部线路，主电路和传统继电器控制一样，区别在于控制回路。图 3-6 中三菱 FX 系列 PLC 采用交流 220V 电源作为工作电源以及输出回路的电源，输入回路的直流 24V 电源由 PLC 内部提供。

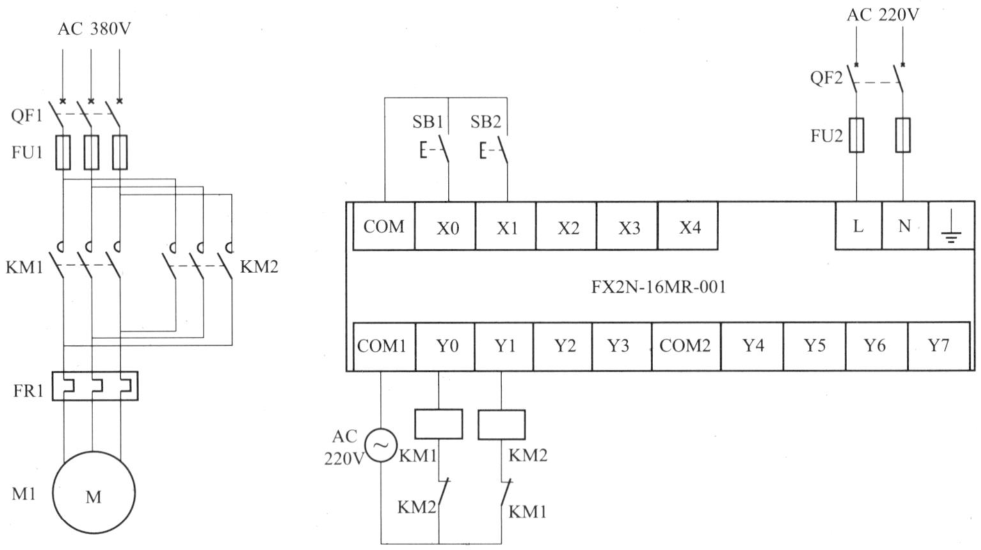

图 3-6　FX 系列 PLC 外部接线示例

（2）三菱 FX 系列 PLC 扩展方式认识。当 FX 系列 PLC 的基本单元因为输入/输出点数不足或其他方面满足不了控制要求时，可以连接扩展单元、扩展模块以及各种特殊功能模块，它们的高度和厚度相同、长度不同，可以安装在标准 35mm DIN 导轨上，彼此间通过扁平扩展电缆连接。

图 3-7 所示为 FX 系列 PLC 系统扩展方式示例，其中基本单元型号为 FX1N-60MR，它连接了一个型号为 FX0N-232ADP 的特殊功能模块（通信模块）、一个型号为 FX0N-40ER 的 I/O 扩展单元、一个型号为 FX0N-16EX 的输入扩展模块和一个型号为 FX0N-8EYR 的输出扩展单元。

4. 三菱 FX 系列 PLC 的编程软件和编程语言认识

（1）编程设备和编程软件认识。PLC 编程器是实现人与 PLC 联系和对话的重要外部设备，用户不仅可以利用编程器进行编程调试，而且还可以对 PLC 的工作状态进行监控、诊断和参数设定等。三菱 FX 系列 PLC 编程设备主要有两种，一种是 FX-20P-E

型手持式编程器，现已基本淘汰不用；另一种是计算机（安装编程软件），如图 3-8 所示。

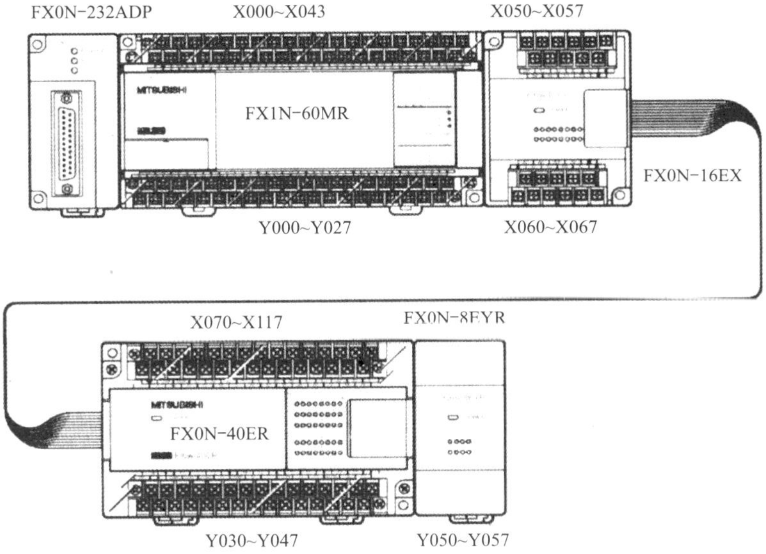

图 3-7　FX 系列 PLC 系统扩展方式示例

(a)　(b)　(c)

图 3-8　FX 系列 PLC 编程设备和软件

（a）手持编程器；（b）GPP 编程软件；（c）FXGP-WIN/C 编程软件

（2）编程语言认识。PLC 编程语言常见的主要有梯形图、指令表和顺序功能图三种，如图 3-9 所示。另外还有逻辑块图语言和结构文本等编程语言，但应用相对较少。

3.1.4　思考与拓展

1. PLC 的特点

（1）功能完善，性价比高。一台小型 PLC 内有成百上千个可供用户使用的编程元件，有很强的功能，可以实现非常复杂的控制功能。与相同功能的继电器相比，具有很高的性能价格比。可编程序控制器可以通过通信联网，实现分散控制，集中管理。

（2）硬件配套齐全，用户使用方便，适应性强。可编程序控制器产品已经标准化、系列化、模块化，配备有品种齐全的各种硬件装置供用户选用。用户能灵活方便地进行系统配置，组成不同功能、不同规模的系统。可编程序控制器的安装接线也很方便，一般用接线端子连接外部设备。

```
0 LD X0
1 OR Y0
2 ANI X2
3 ANI X1
4 ANI Y1
5 OUT Y0
```

(a)

(b)

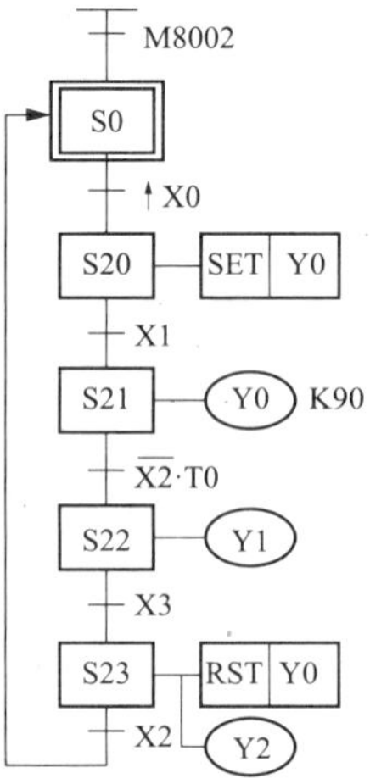

(c)

图 3-9 编程语言

(a) 指令表语言；(b) 梯形图语言；(c) 顺序功能图语言

（3）可靠性高，抗干扰能力强。传统的继电器控制系统中使用了大量的中间继电器、时间继电器。由于触点接触不良，容易出现故障，PLC 用软件代替大量的中间继电器和时间继电器，仅剩下与输入和输出有关的少量硬件，接线可减少为继电器控制系统的 1/100～1/10，因触点接触不良造成的故障大为减少。

PLC 采取了一系列硬件和软件抗干扰措施，具有很强的抗干扰能力，平均无故障时间达到数万小时以上，可以直接用于有强烈干扰的工业生产现场，PLC 已被广大用户公认为最可靠的工业控制设备之一。

（4）编程方便，易于掌握。梯形图是使用最多的编程语言，其电路符号和表达方式与继电器电路原理图相似，梯形图语言形象直观、易学易懂，熟悉继电器电路图的电气技术人员可以很快熟悉梯形图语言，并用来编制用户程序。

梯形图语言实际上是一种面向用户的一种高级语言，可编程序控制器在执行梯形图的程序时，用解释程序将它“翻译”成汇编语言后再去执行。

（5）系统的设计、安装、调试工作量少。PLC 用软件功能取代了继电器控制系统中大量的中间继电器、时间继电器、计数器等器件，使控制柜的设计、安装、接线工作量大大减少。

PLC 的梯形图程序一般采用顺序控制设计方法。这种编程方法很有规律，很容易掌握。对于复杂的控制系统，梯形图的设计时间比设计继电器系统电路图的时间要少得多。

PLC 的用户程序可以在实验室模拟调试，输入信号用小开关来模拟，通过 PLC 上的发光二极管可观察输出信号的状态。完成了系统的安装和接线后，在现场的统调过程中发现的问题一般通过修改程序就可以解决，系统的调试时间比继电器系统少得多。

（6）接口简单，维修方便。可编程控制器可直接与现场强电设备相连接，接口电路模块化。可以构成网路，减少继电器接点。

PLC的故障率很低，且有完善的自诊断和显示功能。PLC或外部的输入装置和执行机构发生故障时，可以根据PLC上的发光二极管或编程器提供的信息迅速地查明故障的原因，用更换模块的方法可以迅速地排除故障。

（7）体积小，能耗低。对于复杂的控制系统，使用PLC后，可以减少大量的中间继电器和时间继电器，小型PLC的体积相当于几个继电器大小，因此可将开关柜的体积缩小到原来的1/10～1/2。

PLC的配线比继电器控制系统的配线要少得多，故可以省下大量的配线和附件，减少大量的安装接线工时，可以减少大量费用。

2. PLC的分类

PLC的I/O接口所能接受的输入信号个数和输出信号个数称为PLC输入/输出（I/O）点数，PLC根据输入/输出点数的多少可以分为超小型、小型、中型、大型、超大型PLC五类；根据结构可以分为整体式和模块式两类。整体式PLC的电源部件、CPU、存储器、输入/输出接口、扩展接口、外设接口等整合在一起；模块式PLC的电源模块、CPU模块、输入或输出模块可以根据被控对象灵活配置，CPU模块上有通信端口与编程设备等进行通信，也可用专门的通信模块，如图3-10所示。

(a)　　(b)

图3-10　整体式和模块式PLC

（a）整体式PLC；（b）模块式PLC

3. PLC的应用范围

可编程控制器自问世以来发展极为迅速。在工业控制方面正逐步取代传统的继电器控制系统，成为现代工业自动化生产的三大支柱之一。

（1）顺序逻辑控制。顺序逻辑控制是PLC最基本、最广泛的应用领域，它正逐步取代传统的继电器控制。

（2）运动控制。PLC和计算机数控（CNC）设备集成在一起，可以完成机床的运动控制。

（3）定时和计数控制。定时和计数精度高，设置灵活，且高精度的时钟脉冲可用于准确的实时控制。

（4）模拟量控制。PLC能完成数模转换或者模数转换，控制大量的物理参数，例如，温度、压力、速度和流量等。

（5）数据处理。PLC 具备数据运算，逻辑运算、比较传送及转换等数据处理功能。

（6）通信和联网。PLC 与 PLC 之间、PLC 与上级计算机之间、PLC 与人机界面之间或 PLC 与智能装置之间通过信道连接起来，实现通信，以构成功能更强、性能更好，信息流畅的控制系统。因此，PLC 有很强的通信和联网功能。

巩固练习

一、选择题

1.（　　）不属于 PLC 的外部输入设备。

A. 按钮　　B. 限位开关　　C. 指示灯

2.（　　）不属于 PLC 的外部输出设备。

A. 指示灯　　B. 接触器线圈　　C. 继电器触点

3. PLC 说明书中提到的 PLC 存储器容量一般指的就是（　　）存储器的容量。

A. 系统程序　　B. 用户程序

4.（　　）只能驱动直流负载。

A. FX2N-48MR-001　　B. FX2N-32MS　　C. FX2N-48MT

二、判断题

1. PLC 的 RAM 存储器在失电状态下可以保存数据。（　　）
2. 三菱 FX 系列 PLC 的扩展单元内部也有 CPU。（　　）
3. 三菱 FX 系列 PLC 属于整体式 PLC。（　　）
4. PLC 的软继电器是由存储器的“0”“1”二进制位等效出来的。（　　）
5. PLC 在每个扫描周期的程序执行阶段可以改写输入映像寄存器的值。（　　）

三、简答题

1. PLC 主要包括哪几部分，各部分的作用是什么？
2. PLC 的“软”继电器和实际的继电器有什么区别？
3. PLC 的工作方式是什么？
4. PLC 按照结构形式可以分为哪两类，有什么区别？
5. 说明下列 PLC 的型号含义：FX2N-32MR、FX2N-32ER、FX1N-40MT、FX2N-8EYR。
6. 三菱 FX 系列 PLC 外部接线主要包括哪几部分？
7. FX 系列 PLC 的扩展单元和扩展模块有什么区别和相同点？
8. FX 系列 PLC 有哪几种常用的编程语言？

任务 2　指示灯的 PLC 控制

3.2.1　任务概述

用开关 SA1 和 SA2 控制三个指示灯 HL1、HL2 和 HL3，用三菱 FX 系列 PLC 实现以下控制要求：

（1）开关 SA1 和 SA2 都闭合时，指示灯 HL1 才点亮。

（2）开关 SA1 闭合且 SA2 断开时，指示灯 HL2 才点亮。

（3）开关 SA1 和 SA2 只要有一个闭合，指示灯 HL3 就点亮。

3.2.2 任务资讯

1. 输入继电器 X 和开关量输入接口

（1）输入继电器 X。PLC 每一个输入端子对应一个输入继电器，它是 PLC 接受外部输入设备输入信号的窗口。PLC 通过输入接口将外部输入信号状态（接通时为“1”，断开时为“0”）读入并存储在输入映象寄存器中。

如图 3-11 所示，当按下按钮 SB1 时，外部输入信号通过输入端子进入 PLC 输入电路，使得输入继电器 X0 的线圈得电，在内部程序中 X0 的动合触点闭合，动断触点断开；当松开按钮时，线圈失电，动合触点断开，动断触点闭合。

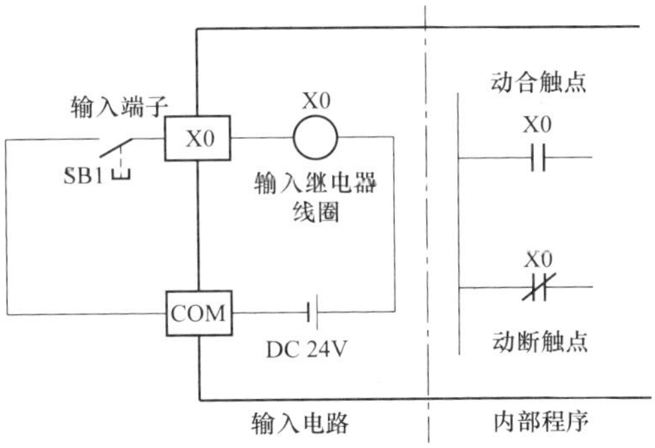

图 3-11 输入继电器等效电路

输入继电器必须由外部输入信号驱动，不能用程序驱动，所以在程序中不可能出现其线圈。由于输入继电器（X）为输入映象寄存器中的状态，所以其触点的使用次数不限。

FX 系列 PLC 的输入继电器以八进制进行编号，FX2N 系列 PLC 输入继电器的编号范围为 X000～X267（184 点）。其中，基本单元输入继电器的编号是固定的，扩展单元和扩展模块是按与基本单元最靠近处顺序进行编号。例如，基本单元 FX2N-48M 的输入继电器编号为 X000～X027（24 点），如果接有扩展单元或扩展模块，则扩展的输入继电器从 X030 开始编号。基本单元 FX2N-64M 的输入继电器编号为 X000～X037（32 点），如果接有扩展单元或扩展模块，则扩展的输入继电器从 X040 开始编号。

（2）开关量输入接口电路。常用的开关量输入接口按其使用的电源有交流和直流两种，使用直流电源时又可以分为内置直流电源和外置直流电源两种。例如，FX 系列 PLC 输入回路采用的是内置 24V 直流电源，如图 3-12 所示；而有的 PLC 可以采用外置的 24V 直流电源或交流电源，如图 3-13 所示。西门子 S7-200 PLC 既可以采用外置的 24V 直流电源，也可以采用内置的 24V 直流电源。

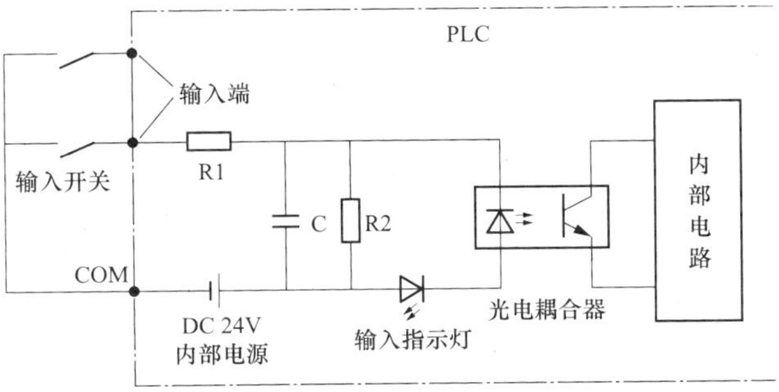

图 3-12 电源内置的开关量输入接口

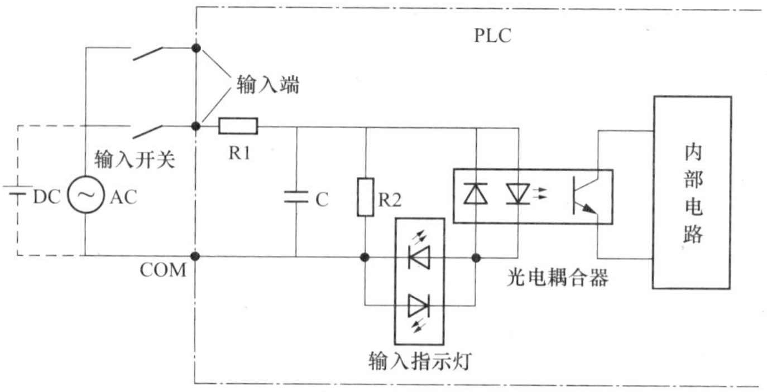

图 3-13　电源外置的开关量输入接口

2. 输出继电器 Y 和开关量输出接口

(1) 输出继电器 Y。PLC 的输出继电器是 PLC 驱动外部输出设备的窗口。当 PLC 内部程序使得输出继电器的线圈接通时，一方面该输出继电器程序内部的动合触点和动断触点分别闭合、断开（输出继电器的内部触点使用次数不受限制）；另一方面在输出等效电路中与该输出继电器对应的唯一的 1 个动合触点（不一定是继电器的机械触点）闭合，通过输出端子接通外部输出设备，如图 3-14 所示。

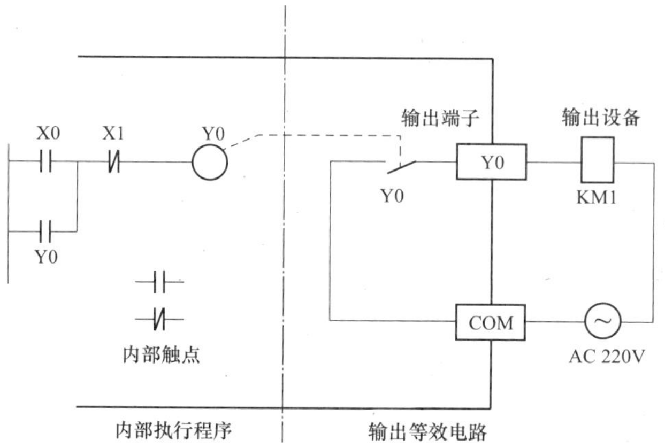

图 3-14　输出继电器等效电路

FX 系列 PLC 的输出继电器也是八进制编号其中 FX2N 编号范围为 Y000～Y267 (184 点)。与输入继电器一样，基本单元的输出继电器编号是固定的，扩展单元和扩展模块的编号按与基本单元最靠近处顺序进行编号。例如，基本单元 FX2N-48M 的输出继电器编号为 Y000～Y027（24 点），如果接有扩展单元或扩展模块，则扩展的输出继电器从 Y030 开始编号。基本单元 FX2N-64M 的输出继电器编号为 Y000～Y037（32 点），如果接有扩展单元或扩展模块，则扩展的输出继电器从 Y040 开始编号。

(2) 开关量输出接口电路。常用的开关量输出接口按输出开关器件不同有三种类型：是继电器输出、晶体管输出和双向晶闸管输出，其基本原理电路如图 3-15 所示。

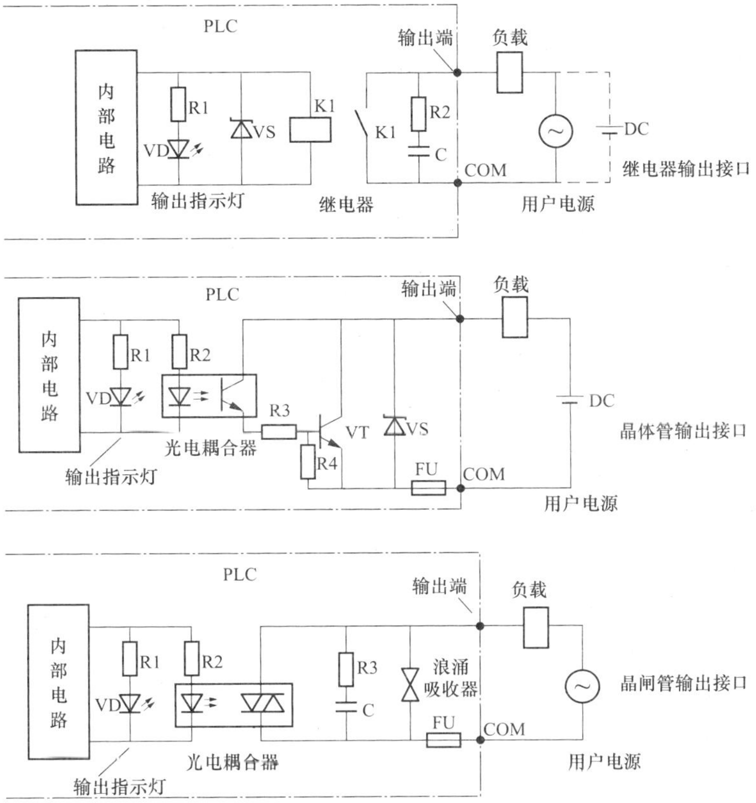

图 3-15　输出接口

1）继电器输出。当 PLC 内部电路中的输出“软”继电器接通时，接通输出电路中的固态继电器线圈，通过该继电器的触点接通外部负载电路，同时，相应的 LED 状态指示灯点亮。

继电器输出的优点是既可以控制直流负载，也可以控制交流负载；耐受电压范围宽，导通压降小，价格便宜；输出驱动能力强，纯电阻负载 2A/点，感性负载 80VA/点以下。缺点是机械触点寿命短，转换频率低，响应时间长，约为 10ms，触点断开时有电弧产生，容易产生干扰。

2）晶体管输出。晶体管输出是一种无触点输出，它通过光电耦合器使晶体管饱和或截止以控制外部负载电路的通断，也有 LED 输出状态指示灯。

晶体管输出寿命长，可靠性高，频率响应快，响应时间约为 0.2ms，可以高速通断，但是只能驱动直流负载，负载驱动能力一般为 0.5A/点，价格较高。

3）双向可控硅输出。双向可控硅输出（也叫晶闸管输出）也是一种无触点输出，它通过光电耦合器使双向晶闸管导通或关断以控制外部负载电路的通断，相应的输出点配有 LED 状态指示灯。

双向可控硅输出寿命长，响应速度快，响应时间约为 1ms，但是只能驱动交流负载，负载驱动能力较差。

3.2.3 任务实施

1. I/O 分配

表 3-1 为指示灯控制的 I/O 分配表，其中输入设备是 2 个开关（动合触点），输出设备是 3 个指示灯。

表 3-1　　指示灯控制 I/O 分配表

输入设备			输出设备		
设备名称	文字符号	输入地址	设备名称	文字符号	输出地址
开关 1	SA1	X0	指示灯 1	HL1	Y0
开关 2	SA2	X1	指示灯 2	HL2	Y1
			指示灯 3	HL3	Y2

2. 硬件接线

PLC 的外部接线除了主电路以外主要包括 PLC 的电源回路、输入回路和输出回路三部分。假设本任务选择的 PLC 型号是 FX2N-48MR，在接线之前首先要弄清该 PLC 接线端子的排列以及端子功能。

（1）FX2N-48MR 端子排列认识。图 3-16 所示为 FX2N-48MR 的端子排列图，可以看出 PLC 上、下各两排接线端子，上面两排以输入端子 X 为主，下面两排端子以输出端子 Y 为主。

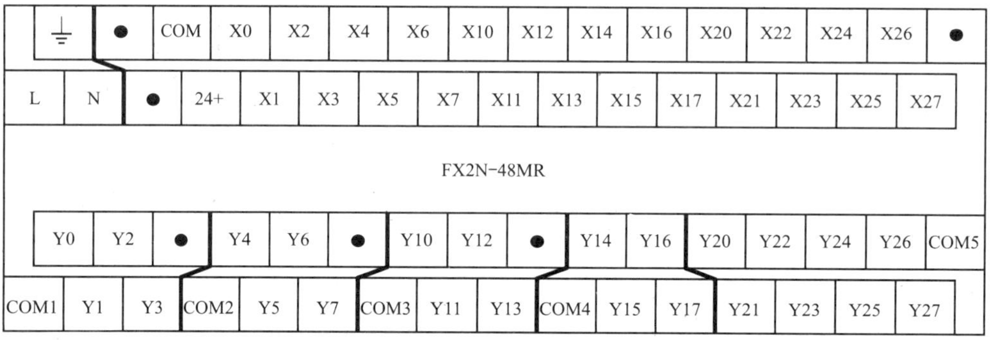

图 3-16　FX2N-48MR 端子排列图

上面两排的端子 L、N、接地端用来连接 PLC 本身的工作电源，一般选择交流 220V 电源。上面第一排的 COM 端是所有输入端子的公共端。端子“24＋”引自 PLC 内部 24V 直流电源的正极，可以为传感器一类的有源输入设备提供工作电源。标有黑色原点的接线端子是空端子，不能接线。

下面两排的输出端子分成相互隔离的 5 组，公共端分别是 COM1～COM5。同一组输出必须用同一电压类型和等级的电源，不同的组采用的电源电压类型和等级可以不同。例如，Y0～Y3 的公共端是 COM1，这一组使用的电源电压可以是 AC 220V；Y4～Y7 的公共端是 COM2，这一组使用的电源电压可以是 DC 24V。

（2）按图接线。图 3-17 所示为指示灯控制的电气原理图，PLC 的输入回路电源由 PLC 内部提供，PLC 的输出回路电源与 PLC 本身工作电源共用一个交流 220V 电源。

图 3-18 所示为电动机点动控制的电器元件布置图，请根据电气原理图将电器元件连接起来。

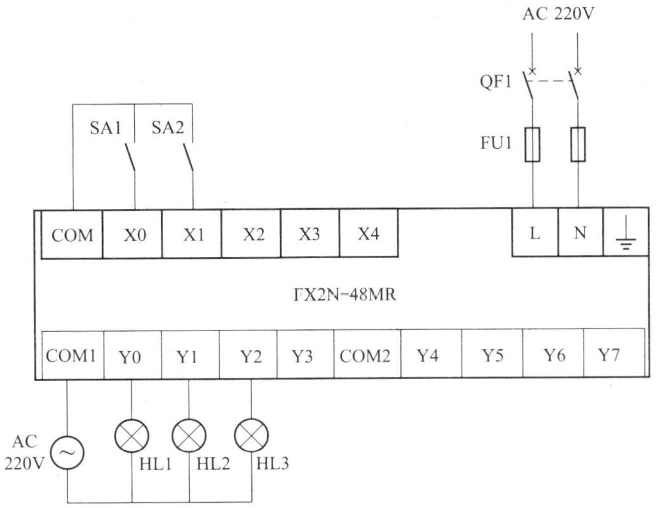

图 3-17　指示灯控制电气原理图

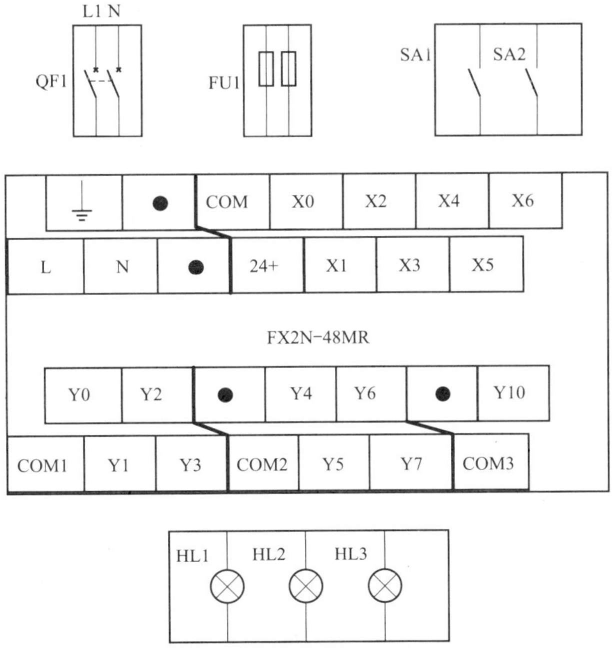

图 3-18　点动控制电器元件布置图

3. 程序设计

PLC 程序如图 3-19 所示，图（a）是梯形图程序，图（b）指令表程序。很明显，梯形图程序要比指令表程序直观得多，所以 PLC 编程通常都使用梯形图程序语言。

梯形图程序分为 3 段，原理为：

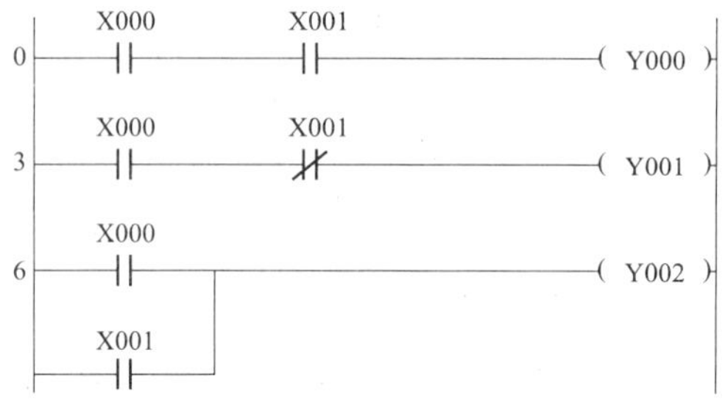

(a)

0	LD	X000
1	AND	X001
2	OUT	Y000
3	LD	X000
4	ANI	X001
5	OUT	Y001
6	LD	X000
7	OR	X001
8	OUT	Y002

(b)

图 3-19　指示灯控制的梯形图程序和指令表程序

(a) 梯形图；(b) 指令表

(1) 第 1 段程序（0～2 步）：开关 SA1 和 SA2 都闭合时，X000 和 X001 都得电，它们的动合触点都闭合，Y000 才接通，指示灯 HL1 才点亮，体现了“与”的开关量逻辑关系。

(2) 第 2 段程序（3～5 步）：开关 SA1 闭合且 SA2 断开时，X000 得电，其动合触点闭合；X001 不得电，其动断触点闭合，所以 Y001 接通，指示灯 HL2 点亮，体现了“与非”的开关量逻辑关系。

(3) 第 3 段程序（6～8 步）：开关 SA1 和 SA2 只要有一个闭合，X000 或 X001 就得电，其动合触点闭合使得 Y001 接通，指示灯 HL3 点亮，体现了“或”的开关量逻辑关系。

4. 程序编辑调试

程序设计完成后，还需要用编程软件将其写入到 PLC 内部才能运行，三菱 FX 系列 PLC 可以使用的编程软件有 SWOPC-FXGP/WIN-C、GX Developer 和 GX Works 三种，后两种可以针对所有的三菱 PLC 编程，第一种只能针对 FX 系列 PLC 编程。下面以 SWOPC-FXGP/WIN-C 编程软件的使用为例介绍程序编辑调试的方法。

(1) 在软件中选择 PLC 型号。打开 SWOPC-FXGP/WIN-C 编程软件后，可以通过文件下拉菜单或工具栏的“新文件”命令新建文件，首先要选择 PLC 类型，如图 3-20 所示。

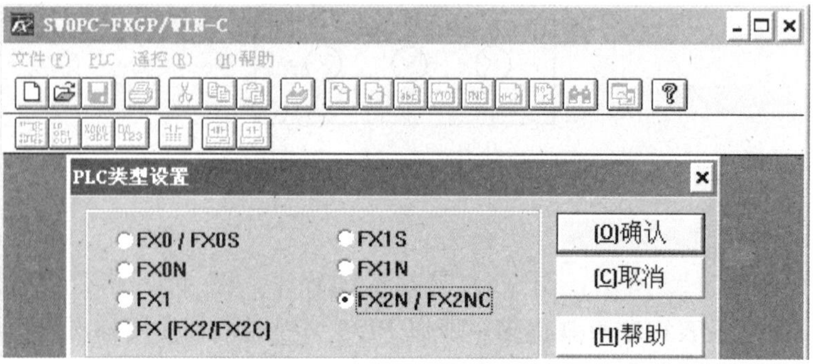

图 3-20　选择 PLC 类型

（2）编辑梯形图程序并编译。单击方便窗口中相应的编程元件，将会显示“输入元件”对话框，在对话框中输入编程元件的地址，单击“确认”键即可完成编程元件的输入，如图3-21所示。在梯形图窗口中输入如图3-19（a）所示的梯形图，编辑完成后按F4进行编译转化。

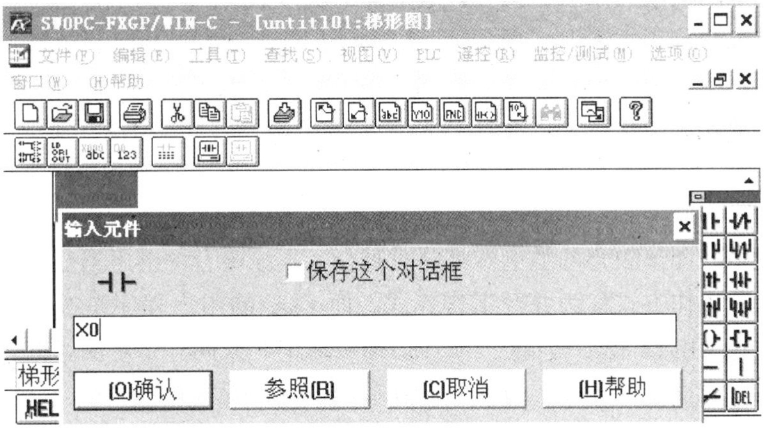

图3-21　输入编程元件

梯形图编译转化完成后，单击“视图”菜单的“指令表”可以查看与梯形图对应的指令表。指令表可以分成步序号、指令助记符和操作数三部分，有的指令没有操作数，例如，END结束指令。

（3）程序传送。将PLC的工作模式切换到停止模式，然后通过PLC下拉菜单的“传送”命令可以实现程序的“读入”“写出”和“核对”，如图3-22所示。选择“写出”即可将程序传入PLC，在传送前可以指定传送的步序范围以缩短传送时间。

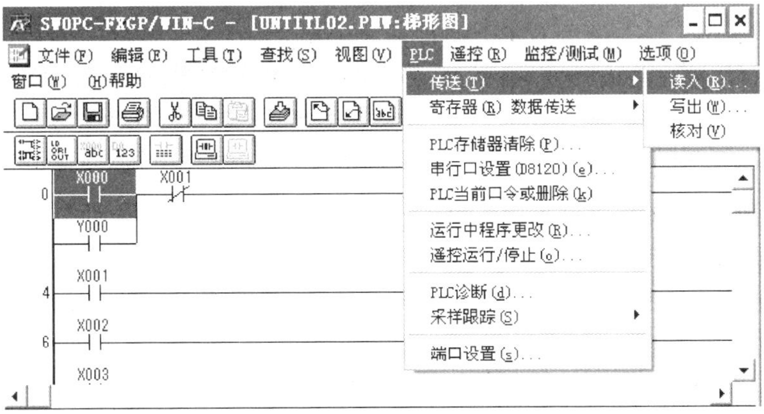

图3-22　程序的上传与下载

（4）运行调试。程序传送完毕后，将PLC的工作模式切换到运行模式就可以调试运行。通过监控/测试下拉菜单的“开始监控”命令可以实现程序的在线监控。

3.2.4 思考与拓展

1. PLC控制系统与传统继电器控制系统的区别

（1）从控制方法上看，继电器控制系统控制逻辑采用硬件接线，利用继电器机械触点的串联或并联等组合成控制逻辑，其连线多且复杂、体积大、功耗大，系统构成后，想再改变或增加功能较为困难。另外，继电器的触点数量有限，所以电器控制系统的灵活性和可扩展性受到很大限制。而PLC采用了计算机技术，其控制逻辑是以程序的方式存放在存储器中，要改变控制逻辑只需改变程序，因而很容易改变或增加系统功能。系统连线少、体积小、功耗小，而且PLC的“软继电器”实质上是存储器单元的状态，所以“软继电器”的触点数使用次数无限制，PLC系统的灵活性和可扩展性好。

（2）从工作方式上看，在继电器控制电路中，当电源接通时，电路中所有继电器都处于受制约状态，即该吸合的继电器都同时吸合，不该吸合的继电器受某种条件限制而不能吸合，这种工作方式称为并行工作方式。而PLC的用户程序是按一定顺序循环执行的，所以各软继电器都处于周期性循环扫描接通中，受同一条件制约的各个继电器的动作次序决定于程序扫描顺序，这种工作方式称为串行工作方式。

（3）从控制速度上看，继电器控制系统依靠机械触点的动作以实现控制，工作效率低，机械触点还会出现抖动问题。而PLC通过程序指令控制半导体电路来实现控制，速度快，程序指令执行时间在微秒级，且不会出现触点抖动问题。

（4）从定时和计数控制上看，电器控制系统采用时间继电器的延时动作进行时间控制，时间继电器的延时时间易受环境温度和湿度变化的影响，定时精度不高。而PLC采用半导体集成电路作定时器，时钟脉冲由晶体振荡器产生，精度高，定时范围宽。用户可根据需要在程序中设定定时值，修改方便，不受环境的影响，且PLC具有计数功能，而继电器控制系统一般不具备计数功能。

（5）从可靠性和可维护性上看，由于继电器控制系统使用了大量的机械触点，存在机械磨损、电弧烧伤等，寿命短，系统的连线多，所以可靠性和可维护性较差。而PLC大量的开关动作由无触点的半导体电路完成，其寿命长、可靠性高，PLC还具有自诊断功能，能查出自身的故障，随时显示给操作人员，并能动态地监视控制程序的执行情况，为现场调试和维护提供了方便。

2. PLC与计算机的区别

（1）应用范围：计算机除了用在控制领域外，还大量用于科学计算、数据处理、计算机通信等方面，而PLC主要用于工业控制。

（2）使用环境：计算机对环境要求较高，一般要在干扰小、具有一定的温度和湿度要求的机房内使用，而PLC适应于工程现场的环境。

（3）输入/输出：计算机系统的I/O设备与主机之间采用微电联系，一般不需要电气隔离。而PLC一般控制强电设备，需要电气隔离，输入输出均用“光-电”耦合，输出还采用继电器，晶闸管或大功率晶体管进行功率放大。

（4）程序设计：计算机具有丰富的程序设计语言，例如，汇编语言、FORTRAN语言、COBOL语言、PASCAL语言、C语言等，其语句多，语法关系复杂，要求使用者必须具有一定水平的计算机硬件和软件知识。而PLC提供给用户的编程语句数量少，逻辑简单，易于学习和掌握。

（5）系统功能：计算机系统一般配有较强的系统软件，例如，操作系统能进行设备管理、文件管理、存储器管理等。它还配有许多应用软件，以方便用户。而PLC一般只有简单的监控程序，能完成故障检查、用户程序的输入和修改、用户程序的执行与监视等功能。

（6）运算速度和存储容量：计算机运算速度快，一般为微秒级。因有大量的系统软件和应用软件，故存储容量大。而PLC因接口的响应速度慢而影响数据处理速度。PLC的指令少，编程也简短，故内存容量小。

（7）价格：计算机是通用机，功能完善，故价格较高。而PLC是专用机，功能较少，其价格是微机的1/10左右。

3. PLC选择输入输出设备的方法

（1）输入设备的选择。PLC输入设备可以分为开关量和模拟量两种，前者常见的主要有按钮、选择开关、限位开关和热继电器的触点等，一个开关量输入设备分配一个输入点（即1个二进制位）；后者常见的主要有温度传感器、压力传感器、速度传感器等，一个模拟量输入设备分配一个输入通道（一般为1个字）。

（2）输出设备的选择。PLC输入设备也可以分为开关量和模拟量两种，前者常见的主要有接触器的线圈、继电器的线圈、电磁阀的线圈、指示灯和蜂鸣器等，一个开关量输出设备分配一个输出点（即1个二进制位）；后者常见的主要有电动阀门等，一个模拟量输入设备分配一个输入通道（一般为1个字）。

需要注意的是有一些输出设备虽然属于开关量输出设备，但是需要用高速脉冲输出信号来驱动，例如步进电动机驱动器的脉冲输入端等。对于此类输出设备，在选择PLC时应选择晶体管输出的PLC基本单元或者相应的特殊功能模块。

巩固练习

一、选择题

1. 三菱FX系列PLC的输入回路采用（　　）电源。

A. 内置DC 24V　B. 外置DC 24V　C. 内置AC 220V　D. 外置AC 220V

2. 下面（　　）地址是错误的。

A. X0　B. X10　C. X8　D. X20

3. PLC中输入回路与内部电路采用（　　）隔离。

A. 光电耦合器件　B. 继电器　C. 机械　D. 双向可控硅

4. 下面（　　）不能作为PLC的输出设备。

A. 接触器线圈　B. 指示灯　C. 蜂鸣器　D. 限位开关

5. 下面（　　）不能作为PLC的输入设备。

A. 按钮　B. 限位　C. 转换开关　D. 指示灯

二、判断题

1. 输入继电器X的线圈可以出现在程序中。 （ ）

2. 输入继电器X和输出继电器Y在程序中触点使用的次数没有限制。 （ ）

3. PLC每个输入和输出点都有相应的状态指示灯。 （ ）

4. PLC的输出元件有继电器、晶体管、双向晶闸管三种类型，它们的主要区别是速度不同，输出容量不一，但使用的电源性质没有区别。 （ ）

5. 三菱FX系列PLC的程序需要在运行模式下写入PLC。 （ ）

三、问答题

1. 简述PLC控制系统与传统继电器控制系统和计算机的区别和联系。

2. 简述三菱FX系列PLC编程软件的使用步骤。

3. 简述PLC选择输入输出设备的方法。

四．设计题

1. 按照图3-23（a）时序图所示的功能设计相应的梯形图。

2. 按照图3-23（b）时序图所示的功能设计相应的梯形图。

3. 按照图3-23（c）时序图所示的功能设计相应的梯形图。

4. 开关SA1和SA2都闭合或都断开时指示灯HL1才亮。开关SA1和SA2均用动合触点连接输入端子，请分配I/O并设计梯形图程序。

5. 开关SA1和SA2状态相反时指示灯HL1才亮。开关SA1和SA2均用动合触点连接输入端子，请分配I/O并设计梯形图程序。

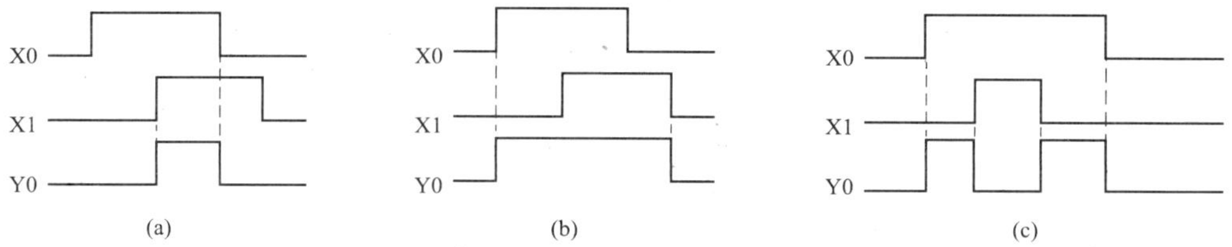

图3-23　时序图

6. 根据下面的真值表设计相应的梯形图程序。

X0	X1	X2	Y0
0	0	1	1
0	1	0	1
1	0	0	1

项目 4

三菱FX系列PLC基本指令应用

任务1　电动机长动的PLC控制

4.1.1 任务概述

图4-1所示为电动机长动的继电器控制电路。按下启动按钮SB1，接触器KM1得电并通过并联再启动按钮SB1一侧的辅助动合触点实现自锁，三相异步电动机M1连续运行；按下停止按钮SB2，接触器KM1失电，电动机M1停止运行。本任务要求通过FX系列PLC来实现电动机的长动控制，有过载保护。

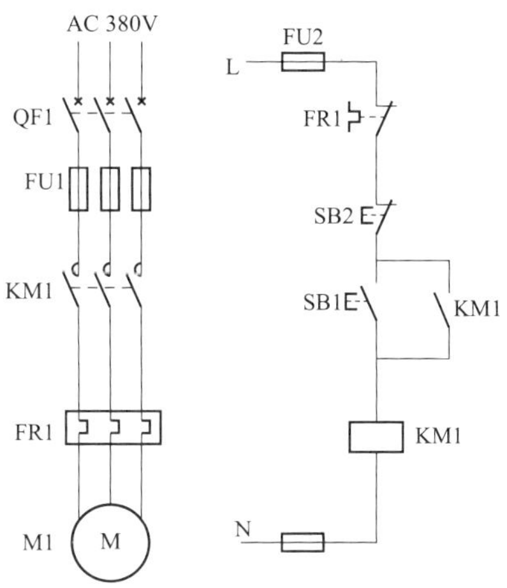

图4-1　电动机长动主电路和继电器控制电路

4.1.2 任务资讯

1. LD、LDI、OUT指令使用方法

（1）LD：取指令，用于动合触点与左母线的连接，表示动合触点逻辑运算的开始。

（2）LDI：取反指令，用于动断触点与左母线的连接，表示动断触点逻辑运算的开始。

（3）OUT：输出指令，驱动线圈的输出，将运算结果输出到指定的继电器。在梯形图中线圈可以并联但不能串联，因此OUT指令可以连续使用。

LD、LDI、OUT指令使用示例如图4-2所示，很明显，梯形图这种编程语言相对于语句表编程语言要直观形象得多，而且不需要记忆指令助记符。另外，这两种编程语言是可以通过编程软件来回切换的。

注意：OUT指令的操作元件不能是输入继电器X，因为输入继电器X的通断只能由对应的PLC外部输入回路的通断来决定。

2. AND、ANI指令使用方法

（1）AND：与指令，表示单个动合触点的串联。

（2）ANI：与非指令，用于单个动断触点的串联。

AND和ANI只能用于单个触点的串联，使用示例如图4-3所示。

3. OR、ORI指令使用方法

（1）OR：或指令，用于单个动合触点的并联。

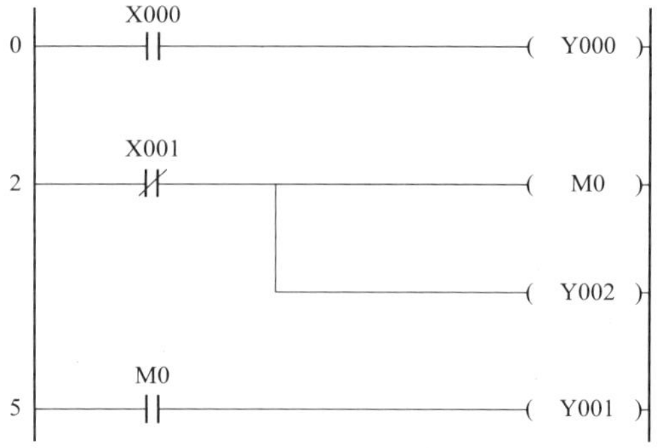

(a)

0	LD	X000
1	OUT	Y000
2	LDI	X001
3	OUT	M0
4	OUT	Y002
5	LD	M0
6	OUT	Y001

(b)

图 4-2　LD、LDI、OUT 指令使用方法

（a）梯形图；（b）语句表

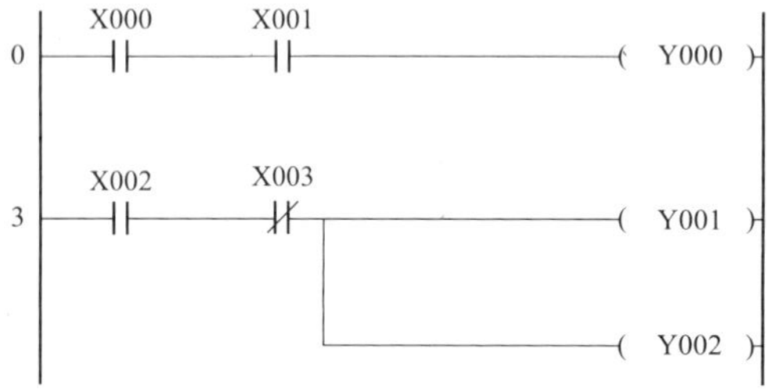

(a)

0	LD	X000
1	AND	X001
2	OUT	Y000
3	LD	X002
4	ANI	X003
5	OUT	Y001
6	OUT	Y002

(b)

图 4-3　AND、ANDI 指令使用方法

（a）梯形图；（b）指令表

（2）ORI：或非指令，用于单个动断触点的并联。

使用说明：OR 和 ORI 只能用于单个触点的并联，使用示例如图 4-4 所示。

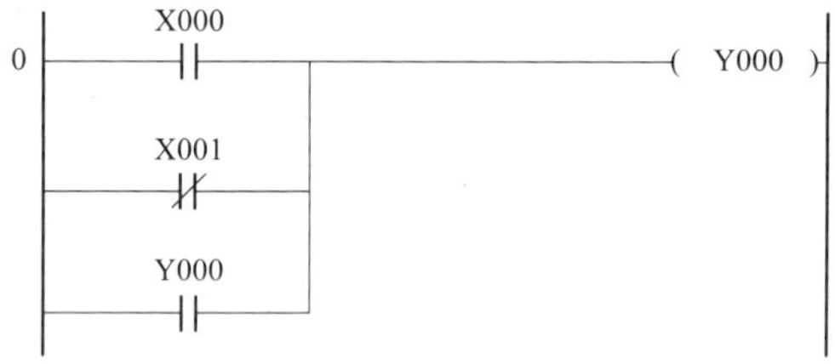

(a)

0	LD	X000
1	ORI	X001
2	OR	Y000
3	OUT	Y000

(b)

图 4-4　OR 和 ORI 指令使用方法

（a）梯形图；（b）语句表

4. 置位复位指令 SET、RST

（1）SET：置位指令，使 X、Y、M、S 等软元件的线圈接通并保持。

（2）RST：复位指令，使 X、Y、M、S 等软元件的线圈复位断开，另外也可以将数据寄存器 D 等软元件的内容清零。

SET/RST 指令一般成对使用，如图 4-5 所示。

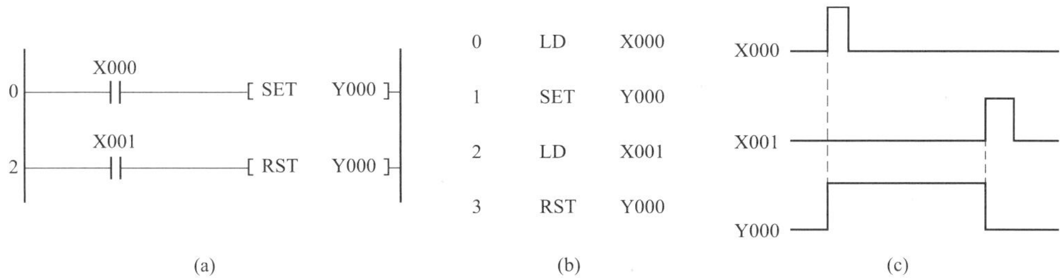

图 4-5　SET、RST 指令的使用示例
（a）梯形图；（b）语句表；（c）时序图

5. 结束指令 END

END 表示程序结束，返回起始地址，没有操作元件。

4.1.3　任务实施

1. I/O 分配

本任务中，输入设备有启动按钮 SB1、停止按钮 SB2 和热继电器 FR1 的动合触点，输出设备只有接触器 KM1 的线圈，它们的输入/输出（I/O）分配见表 4-1。

表 4-1　　电动机长动控制 I/O 分配表

输入设备			输出设备		
设备名称	文字符号	输入地址	设备名称	文字符号	输出地址
启动按钮	SB1	X0	接触器线圈	KM1	Y0
停止按钮	SB2	X1			
热继电器	FR1	X2			

2. 硬件接线

（1）电气原理图。图 4-6 所示为 PLC 长动控制的电气原理图，PLC 的输入回路电源由 PLC 内部提供，PLC 的输出回路电源与 PLC 本身工作电源都用交流 220V 电源。

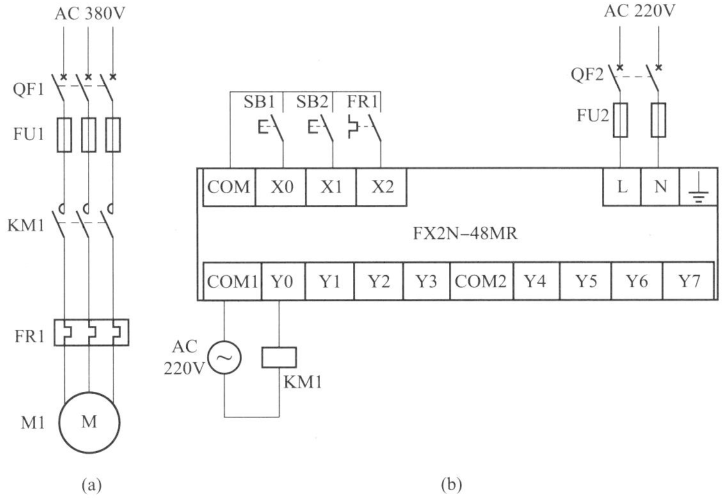

图 4-6　电动机长动控制电气原理图
（a）主电路；（b）控制电路

（2）电器元件布置图。图 4-7 所示为 PLC 长动控制的电器元件布置图，请按照电气原理图将电器元件连接起来。

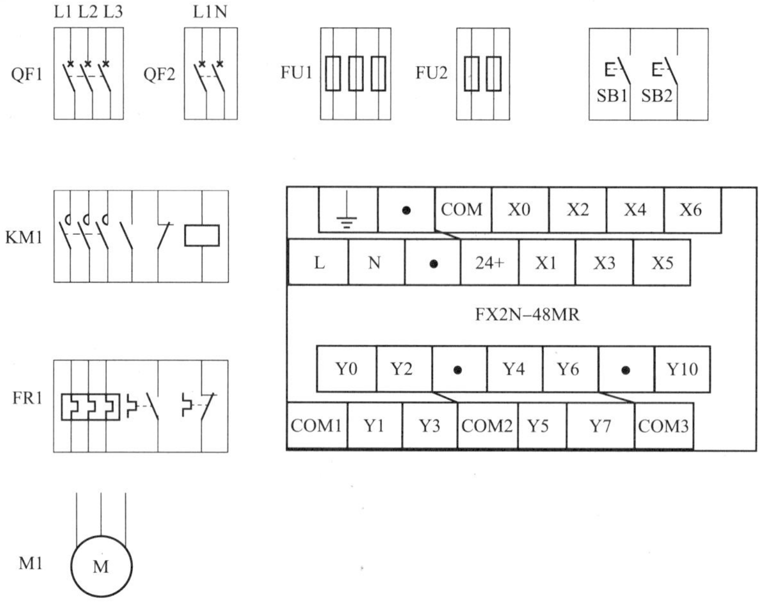

图 4-7　PLC 长动控制电器元件布置图

3. 程序设计

图 4-8 所示为 PLC 长动控制的梯形图和指令表，程序编辑和调试过程略。

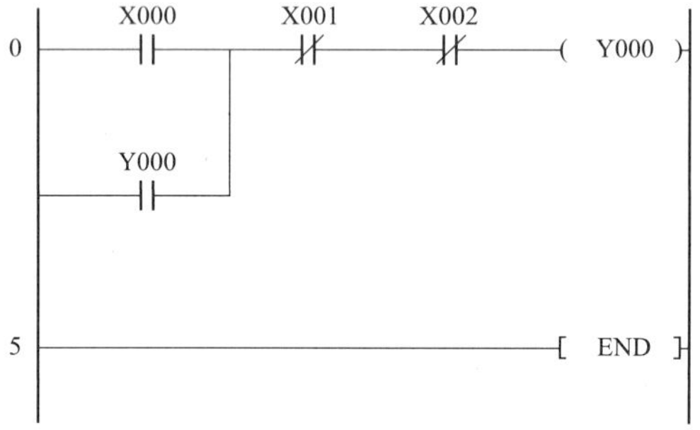

(a)

步序	指令助记符	操作数
0	LD	X000
1	OR	Y000
2	ANI	X001
3	ANI	X002
4	OUT	Y000
5	END	

(b)

图 4-8　PLC 长动控制梯形图和指令表

（a）梯形图；（b）指令表

程序原理为：

（1）初始状态下，两个按钮都未按下，热继电器未动作，接触器未得电。梯形图中 X000 的动合触点是断开的，X001 和 X002 的动断触点是闭合的，Y000 的线圈是断开的。

（2）按下启动按钮 SB1，输入继电器 X000 得电，X0 动合触点闭合，Y000 的线圈得电，Y000 动合触点闭合；Y000 通过其动合触点实现自锁，启动按钮 SB1 松开后 Y000 依然得电。

（3）Y000 得电后，若按下停止按钮 SB2 或热继电器 FR1 动作，则 X1 或 X2 得电，其动断触点断开，从而导致 Y000 线圈失电。

4.1.4 思考与拓展

1. 如何使用置位复位指令实现电动机长动控制

本任务中，使用置位和复位指令同样能够实现电动机的长动控制，如图 4-9 所示，两个梯形图的功能是相同的。

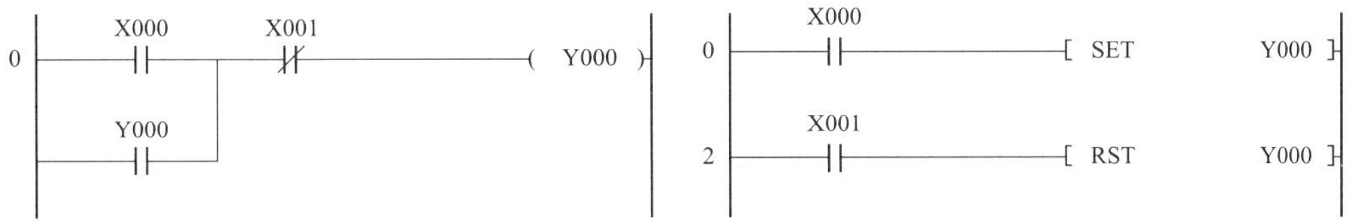

图 4-9 SET、RST 指令实现启保停控制

2. 多地点启停控制如何实现

（1）多地点控制概述。对于一些大型的生产设备，有时需要能够在设备的多个不同位置都能进行启动和停止的操作，这种控制称为多地点的启停控制。

（2）I/O 分配。表 4-2 为电动机多地点启停控制的 I/O 分配表。

表 4-2　　电动机多地点启停控制 I/O 分配表

输入设备			输出设备		
设备名称	文字符号	输入地址	设备名称	文字符号	输出地址
启动按钮 1	SB1	X0	接触器线圈	KM1	Y0
启动按钮 2	SB2	X1			
停止按钮 1	SB3	X2			
停止按钮 2	SB4	X3			
热继电器	FR1	X4			

（3）PLC 外部接线。PLC 外部接线图省略，输入设备默认为动合触点连接。如图 4-10 所示为 PLC 多地点启停控制的电气原理图。

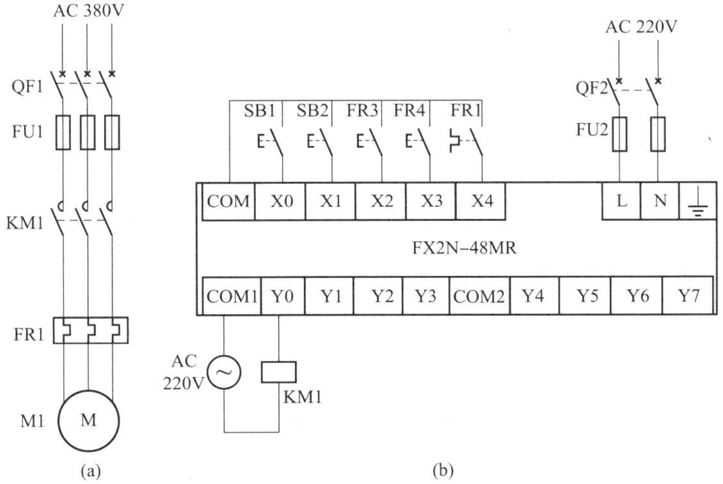

图 4-10 PLC 多地点启停控制电气原理图

（a）主电路；（b）控制电路

（4）程序设计。图4-11所示为PLC多地点启停控制的梯形图程序。程序原理为：按下启动按钮SB1或SB2，输入继电器X000或X001得电，其动合触点闭合，Y000得电自锁，电动机运行；按下停止按钮SB3或SB4，输入继电器X002或X003得电，其动断触点断开，Y000失电，电动机停止。

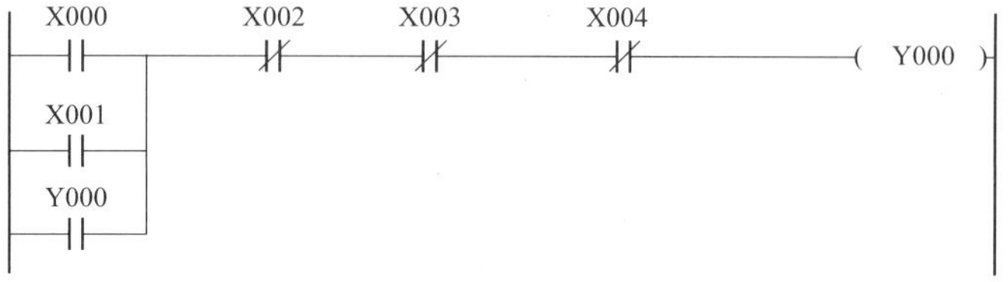

图4-11　PLC多地点启停控制梯形图

3. 空操作指令NOP

执行NOP时并不做任何事，有时可用NOP指令短接某些触点或用NOP指令将不要的指令覆盖。当PLC执行了清除用户存储器操作后，用户存储器的内容全部变为空操作指令。NOP指令占一个程序步。

4. 反指令INV

执行该指令后将原来的运算结果取反。反指令的使用如图4-12所示，如果X000断开，则Y000为ON，否则Y000为OFF。

(a)

0	LD	X000
1	INV	
2	OUT	Y000

(b)

图4-12　INV指令在梯形图中的应用形式

（a）梯形图；（b）指令表

巩固练习

一、选择题

1. 三菱FX系列PLC（　　）指令用于左母线连接一个动断触点。

A. LD　　B. ANI　　C. LDI　　D. OUT

2. 三菱FX系列PLC（　　）指令用于驱动线圈。

A. LD　　B. AND　　C. OR　　D. OUT

3. 三菱FX系列PLC（　　）指令用于使线圈接通并保持。

A. LD　　B. RST　　C. SET　　D. OUT

4. 三菱FX系列PLC（　　）指令用于串联一个动断触点。

A. LDI　　B. AND　　C. ORI　　D. OUT

5. 三菱FX系列PLC（　　）指令用于并联一个动合触点。

A. LD　　B. OR　　C. ORI　　D. OUT

二、判断题

1. 输入设备一般用动合触点连接 PLC 输入端子。（　　）
2. 编程软件可以将梯形图程序自动转换为指令表程序。（　　）
3. OUT 指令的操作元件可以是输入继电器 X。（　　）
4. END 指令表示程序结束。（　　）
5. 复位指令 RST 的作用仅限于将软元件的线圈复位断开。（　　）

三、设计题

1. 将图 4-6 中停止按钮 SB2 和热继电器 FR1 连接输入端子的触点换成动断触点后，程序应如何设计。

2. 开关 SA1 闭合时按下按钮 SB1，指示灯 HL1 亮；开关 SA1 断开时按下按钮 SB1，指示灯 HL1 熄灭。分配 I/O，绘制电气原理图并设计梯形图程序。

3. 按下正转启动按钮 SB1，电动机正转，按下停止按钮 SB3 电动机停止；按下反转启动按钮 SB2，电动机反转，按下停止按钮 SB2 电动机停止。分配 I/O，绘制电气原理图并设计梯形图程序。

4. 某机床主轴由 M1 拖动，油泵由 M2 拖动，均采用直接启动，工艺要求：

（1）主轴必须在油泵开动后，才能启动；

（2）主轴正常运行为正转，但为调试方便，要求能正向、反向转动；

（3）主轴停止后才允许油泵停止；

（4）有短路、过载及欠压保护。

分配 I/O，绘制电气原理图并设计梯形图程序。

任务 2　电动机点动长动切换的 PLC 控制

4.2.1　任务概述

图 4-13 所示为电动机点动长动切换控制的主电路和继电器控制电路。按下点动按钮 SB1，电动机 M1 点动运行；按下启动按钮 SB2，接触器 KM1 得电自锁，三相异步电动机 M1 长动运行，直至按下停止按钮 SB3，接触器 KM1 失电，电动机 M1 停止。本任务要求用 FX 系列 PLC 实现电动机点动长动切换控制，有过载保护。

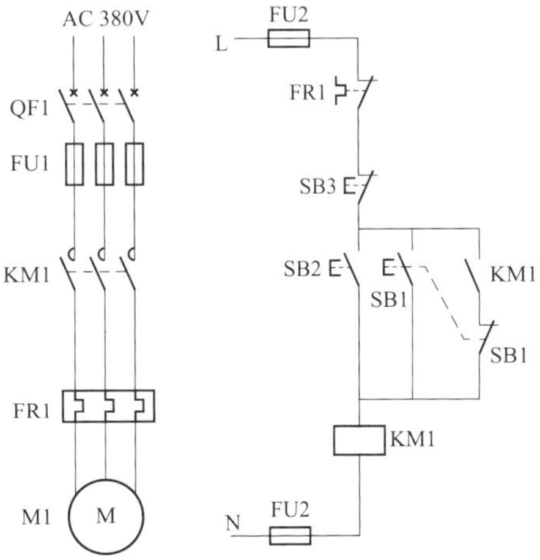

图 4-13　电动机点动长动切换控制主电路和继电器控制电路

4.2.2　任务资讯

1. 辅助继电器 M

PLC 的辅助继电器在程序中的作用类似于继电器—接触器电路中的中间继电器，它既不能直接引入外部输入信号，也不能直接驱动外部负载，主要起状态暂存、辅助运算等功能。有的时候，恰当地使用辅助继电器，还能够起到简化程序结构的作用。

FX2N 系列 PLC 辅助继电器采用 M 与十进制数共同组成编号，它的动合触点与动断触点在 PLC 内部编程时没有使用次数的限制。

（1）通用辅助继电器（M0～M499）。FX2N 系列 PLC 共有 500 点通用辅助继电器。通用辅助继电器没有断电保持功能，当 PLC 运行时突然断电，则全部线圈复位，当电源恢复时，除了因外部输入信号而接通的以外，其余的仍将保持断开的状态。

根据需要可通过程序设定，将 M0～M499 变为断电保持辅助继电器。

（2）断电保持辅助继电器（M500～M3071）。与普通辅助继电器不同的是断电保持辅助继电器具有断电保护功能，当 PLC 电源中断时保持其原有的状态，并在重新通电后再现其状态。其中 M500～M1023 可由软件将其设定为通用辅助继电器。

（3）特殊辅助继电器。FX2N 系列 PLC 有 256 个特殊辅助继电器，可分成两大类：

1）只能使用其触点，线圈由 PLC 自行驱动。

M8000：PLC 处于运行模式时一直接通，PLC 处于停止模式或失电时断开。

M8002：PLC 从停止模式切换到运行模式时接通 1 个扫描周期。

M8011、M8012、M8013 和 M8014 分别是产生 10ms、100ms、1s 和 1min 时钟脉冲的特殊辅助继电器。

图 4-14 所示为 M8000、M8002 和 M8011 的波形图。

2）可以由用户驱动线圈。

M8033：若使其线圈得电，则 PLC 停止时保持输出映象存储器和数据寄存器内容。

M8034：若使其线圈得电，则将 PLC 的输出全部禁止。

M8039：若使其线圈得电，则 PLC 按 D8039 中指定的扫描时间工作。

2. 双线圈现象及处理方法

在一段梯形图程序中如果同一个元件的线圈出现两次或两次以上的现象称为“双线圈”现象，根据 PLC 自左至右、自上而下的顺序逐行扫描程序机制，该元件的通断状态取决于最后一个线圈的状态。

如图 4-15 所示，假如 X000 得电、X001 失电，则程序最后扫描执行的结果是 Y000 失电而 Y001 得电，因为 Y000 线圈出现了两次，其状态取决于第二个线圈的扫描结果。

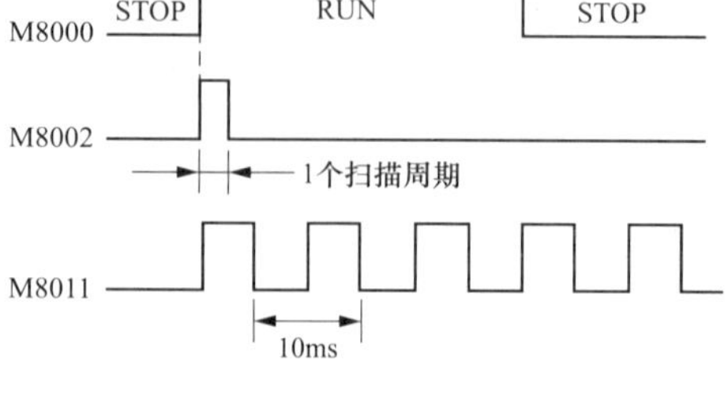

图 4-14　M8000、M8002、M8011 波形图

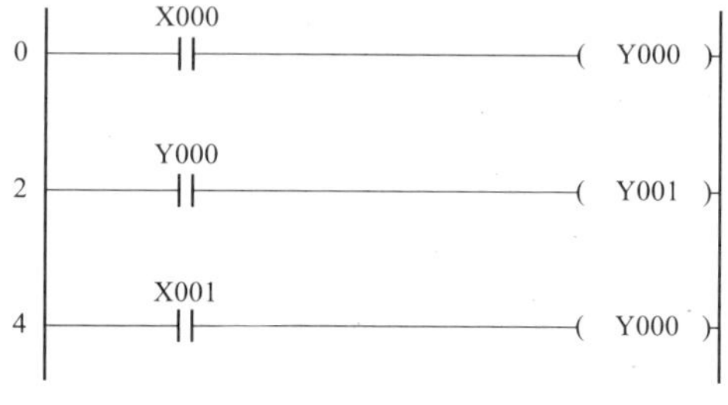

图 4-15　“双线圈”程序示例

4.2.3 任务实施

1. I/O分配

分析完控制要求后，首先要确定PLC控制系统需要几个输入设备和输出设备，然后给这几个输入/输出设备分配相应的输入点和输出点。本任务中，输入设备有启动按钮、停止按钮和热继电器，输出设备是接触器的线圈，它们的I/O点分配见表4-3所示。

表4-3　电动机点动、长动切换控制I/O点分配

输入设备			输出设备		
设备名称	文字符号	输入地址	设备名称	文字符号	输出地址
点动按钮	SB1	X000	接触器线圈	KM1	Y000
长动按钮	SB2	X001			
停止按钮	SB3	X002			
热继电器	FR1	X003			

2. 硬件接线

图4-16所示为电动机点动、长动切换控制电气原理图。

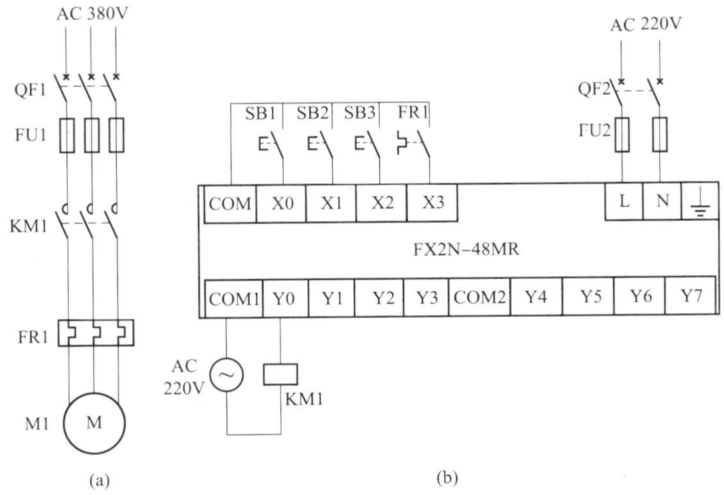

图4-16　电动机点动、长动切换控制电气原理图

（a）主电路；（b）控制电路

图4-17所示为电器元件布置图，请根据图4-16将下列电器元件连接起来。

3. 程序设计

某同学根据控制要求设计梯形图如图4-18所示，梯形图编辑完成后转化并传入PLC，调试运行时发现电动机点动有效，而按下电动机长动按钮时电动机也只能点动而不能连续运行。

错误原因：梯形图中输出继电器Y0的线圈出现了两次。PLC在扫描程序时是按照从左至右，自上而下的顺序逐行扫描执行的，当同一个元件的线圈出现两次或两次以上时，相互之间会产生冲突使得程序无法得到预期的效果。

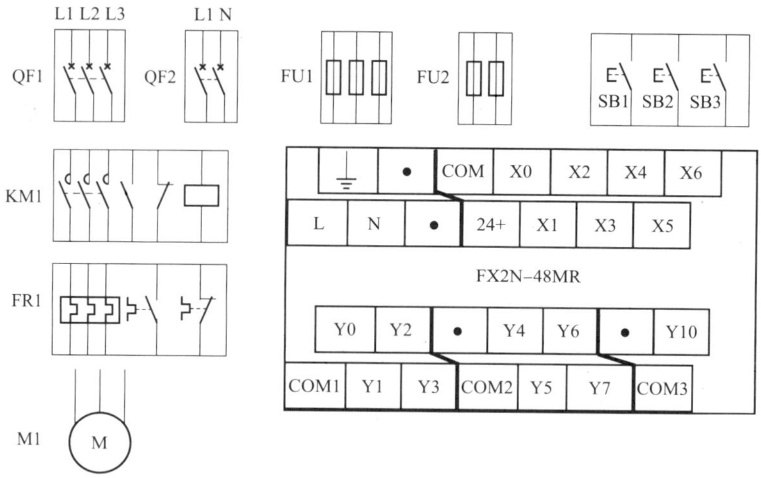

图 4-17　电动机点动、长动切换控制电器元件布置图

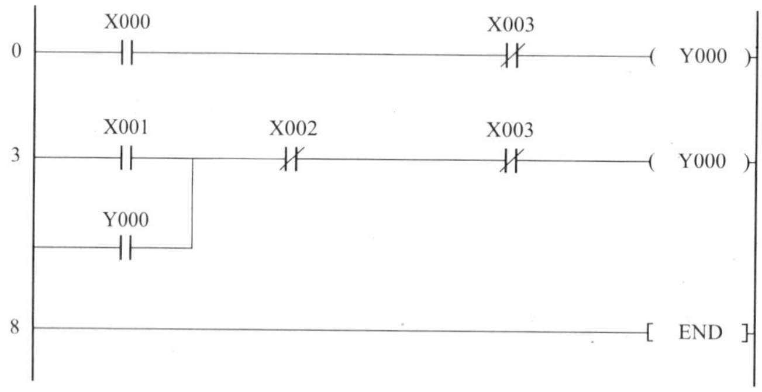

图 4-18　某同学设计的错误梯形图

修改方案：分别利用辅助继电器 M1 和 M2 来代表电动机点动运行和长动运行两种情况，然后将 M1 和 M2 逻辑相或来驱动输出继电器 Y000 的线圈，其梯形图如图 4-19 所示。

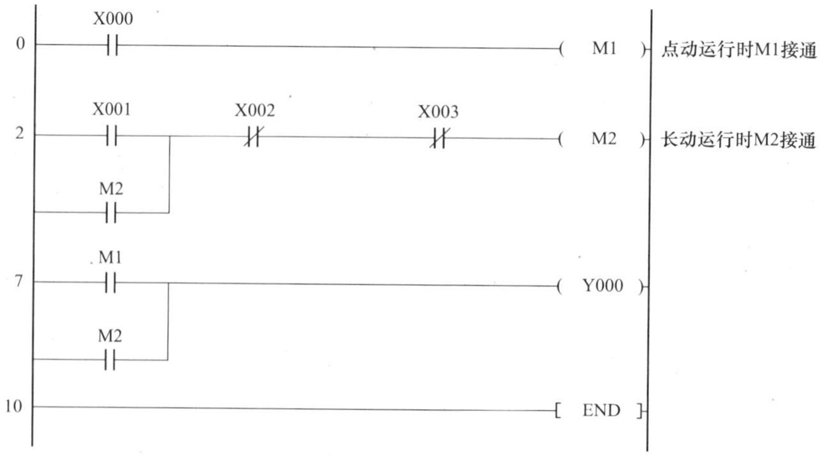

图 4-19　电动机点动、长动切换控制正确梯形图

4.2.4 思考与拓展

1. 梯形图的编辑原则

（1）梯形图的每一逻辑行总是起始于左母线，终止于右母线，线圈不能与左母线直接相连，右母线通常可以省略不画。

（2）线圈和右母线之间不能有触点。

（3）线圈不能和左母线直接相连。

（4）梯形图中的触点可以任意串联或并联，但线圈只能并联而不能串联。

（5）输入继电器只能在 PLC 输入回路中由外部的输入设备来驱动，因此它的线圈在梯形图中是不能出现的，在梯形图中只能使用它的触点。

（6）一般情况下，同一个编程元件的线圈不能出现两次或两次以上，除非能够通过跳转或子程序调用等功能指令使它们不被同时扫描执行。

2. 用转换开关实现电动机点动、长动的切换

使用转换开关也可以实现电动机点动、长动的切换控制，I/O 分配见表 4-4。

表 4-4　电动机点动、长动切换控制 I/O 分配

输入设备			输出设备		
设备名称	文字符号	输入地址	设备名称	文字符号	输出地址
转换开关	SA1	X0	接触器线圈	KM1	Y0
点动按钮	SB1	X1			
长动按钮	SB2	X2			
停止按钮	SB3	X3			
热继电器	FR1	X4			

用转换开关实现电动机点动、长动切换控制电气图如图 4-20 所示。

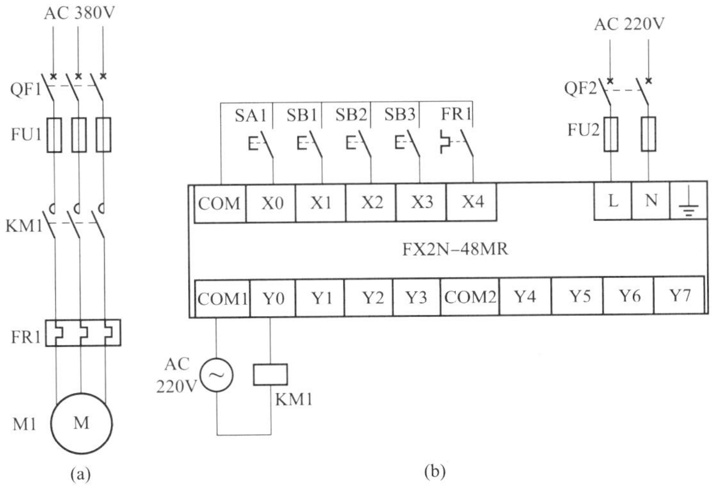

图 4-20　用转换开关实现电动机点动、长动切换控制电气原理图

（a）主电路；（b）控制电路

梯形图程序如图 4-21 所示，当转换开关 SA1 断开时，X0 不得电，X0 动断触点闭合、动合触点断开，按下点动按钮 SB1，电动机点动运行；当转换开关 SA1 闭合时，

X0 得电，X0 动断触点断开、动合触点闭合，按下长动按钮 SB2，电动机长动运行，直至按下停止按钮时停止运行。

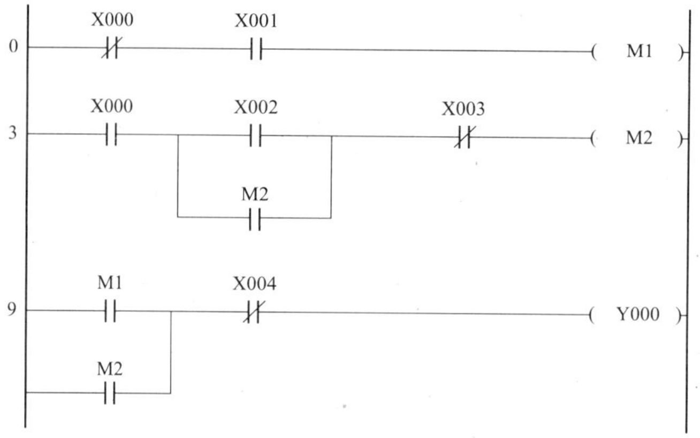

图 4-21 用转换开关实现电动机点动、长动切换控制梯形图程序

巩固练习

一、选择题

1. PLC 处于运行模式时（　　）一直接通。

A. M8000　B. M8002　C. M8011　D. M8013

2. PLC 从停止模式切换到运行模式时（　　）接通 1 个扫描周期。

A. M8000　B. M8002　C. M8011　D. M8013

3. （　　）是产生 1s 时钟脉冲的特殊辅助继电器。

A. M8011　B. M8012　C. M8013　D. M8014

4. 辅助继电器 M 的作用是（　　）。

A. 采集输入信号　B. 驱动外部输出设备

C. 存储中间状态　D. 延时

5. 一般用（　　）切换工作模式。

A. 按钮　B. 转换开关　C. 限位开关　D. 接触器

二、判断题

1. 辅助继电器 M 可以直接驱动 PLC 外部输出设备。（　　）
2. 在 PLC 梯形图程序中同一个元件的线圈可以出现两次或两次以上。（　　）
3. 在 PLC 梯形图程序中线圈可以并联，也可以串联。（　　）
4. 在 PLC 梯形图程序中线圈可以和左母线直接相连。（　　）
5. 在 PLC 梯形图程序中线圈右侧可以串联触点。（　　）

三、设计题

1. 按下启动按钮 SB1 后，指示灯 HL1 以 1Hz 的频率闪烁，按下停止按钮 SB2 后指示灯熄灭。分配 I/O，绘制电气原理图并设计梯形图程序。

2. 将转换开关 SA1 闭合时，按下按钮 SB1，接触器 KM1 得电，电动机 M1 连续运行，直至按下停止按钮 SB2 时停止运行；将转换开关 SA1 断开时，按下按钮 SB1，接触器 KM1 得电，电动机 M1 点动运行。分配 I/O，绘制电气原理图并设计梯形图程序。

任务3 电动机星—三角减压启动的PLC控制

4.3.1 任务概述

图4-22所示为笼型电动机星—三角减压启动的主电路和继电器控制电路，按下启动按钮SB1，接触器KM1、KM2得电，三相异步电动机M1定子绕组结成星形减压启动；延时3s后通电延时的时间继电器KT1动作使得接触器KM2失电、KM3得电，电动机M1定子绕组结成三角形全压运行；按下停止按钮SB2，电动机M1停止。KM2和KM3有电气互锁，热继电器FR1实现过载保护。本任务要求用FX系列PLC实现电动机的星—三角减压启动控制。

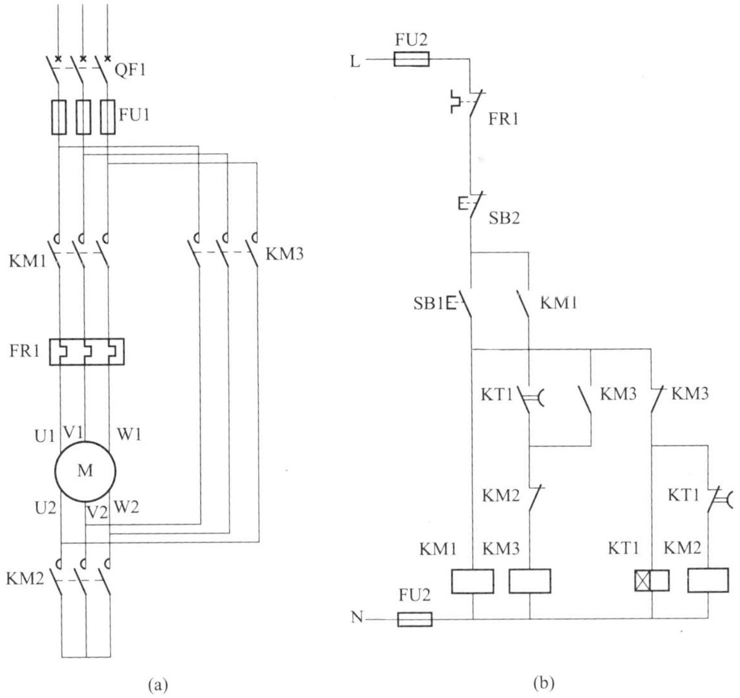

图4-22 笼型电动机星—三角减压启动控制电气原理图

（a）主电路；（b）控制电路

4.3.2 任务资讯

1. 定时器T

（1）定时器概述。PLC的定时器相当于继电器系统中的时间继电器，但三菱PLC中的定时器只有通电延时功能。如表4-5所示，三菱PLC定时器的范围为T0～T255，按功能分为通用定时器和积算定时器两类，按分辨率分为1、10ms和100ms三类。每个定时器都有一个16位的设定值、一个16位的当前值寄存器和一个状态位。其中设定值可用常数K、H或数据寄存器D的内容来设定，其中K表示十进制整数，H表示十六进制数。设定值用K来设定时，取值范围为1～32767。

表 4-5　　　FX 系列 PLC 定时器分类及特征

定时器类型	分辨率（ms）	最长定时值（s）	定时器范围
通用定时器	100	3276.7	T0～T199
	10	327.67	T200～T245
积算定时器	100	3276.7	T250～T255
	1	32.767	T246～T249

（2）通用定时器的使用方法。通用定时器的线圈接通时，对时钟脉冲累积计数，其值保存在当前值寄存器中，当前值达到设定值时，状态位置 1，其触点动作（动合触点闭合，动断触点断开），当前值保持不变。若通用定时器的线圈断开，则当前值清零，状态位置 0，其触点复位（动合触点断开，动断触点闭合）。

如图 4-23 所示，当输入继电器 X0 动合触点闭合时，100ms 通用定时器 T0 线圈接通，从 0 开始对 100ms 时钟脉冲进行计数，当当前值寄存器计数值与设定值寄存器设定值相等即延时 2s 时，定时器的动合触点闭合，接通输出继电器 Y1。当输入继电器 X000 动合触点断开时，定时器马上复位，当前值寄存器清零，所有触点全部复位。需要注意的是，若 X000 动合触点在 T0 当前值未达到设定值时就断开，则 T0 复位，其动合触点不会接通。

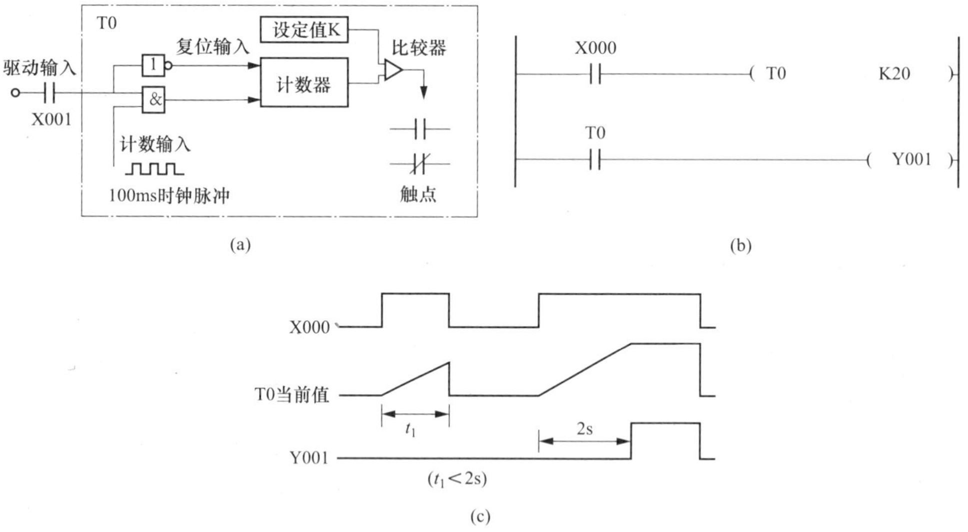

图 4-23　通用定时器应用示例

（a）定时器等效电路；（b）梯形图；（c）波形图

（3）积算定时器的使用方法。与通用定时器不同，积算定时器在延时过程中如果发生 PLC 断电或定时器线圈断开的情况，当前值寄存器能够保持当前的计数值不变，PLC 重新通电或定时器线圈重新接通后继续累积，即其当前值具有保持功能，只有将积算定时器复位，当前值才变为 0。

如图 4-24 所示，当输入继电器 X000 动合触点闭合时，积算定时器 T250 接通并从 0 开始对 100ms 时钟脉冲计数，当前值寄存器的计数值未达到设定值时 X000 动合触点断开，定时器的当前值寄存器计数值保持不变，当X000动合触点再次闭合后，T250当前值寄存器在原先的计数值基础上累计计数，直到其计数值等于设定值，T250动合触点接通输出继电器Y001。当输入继电器X001动合触点闭合时，积算定时器T250被复位，其动合触点断开，Y001失电。

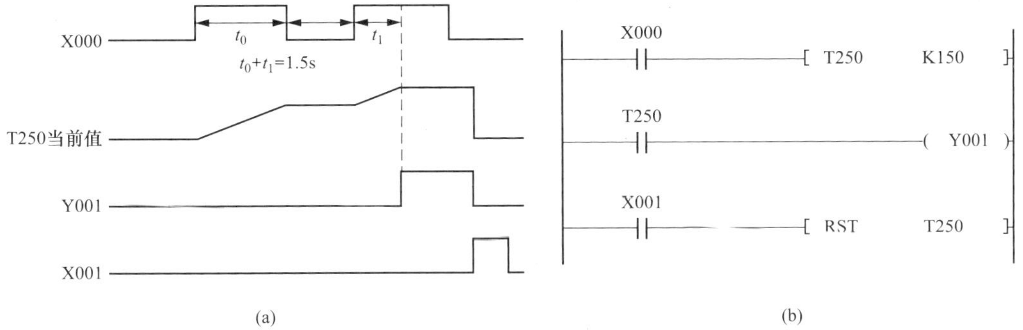

图4-24　积算定时器程序示例
（a）波形图；（b）梯形图

2. 输入设备采用动断触点的处理方法

外部输入设备一般采用动合触点连接到PLC的输入端子，但有的时候也会出现用动断触点连接输入端子的情况，这时需要在编程时对程序中相应的点有所调整。

如图4-25和图4-26所示，两个程序都是起-保-停电路，但是图4-25中停止按钮用的是动合触点，程序中对应的输入继电器X1需要采用动断触点；而图4-26中停止按钮用的是动断触点，程序中对应的输入继电器X1就要采用动合触点，否则程序就无法正常运行。

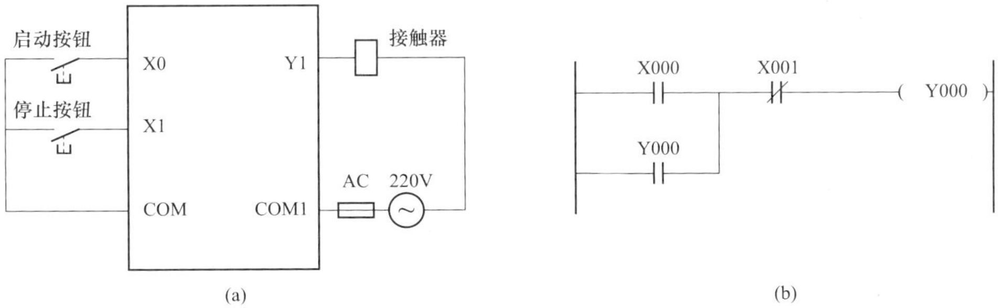

图4-25　停止按钮使用动合触点的起-保-停电路
（a）PLC输入/输出接线图；（b）梯形图

需要注意，PLC是不能够识别外部输入设备到底是采用动合触点还是动断触点的，它只能识别PLC输入回路的通断，因此PLC外部输入设备用动合触点或动断触点都可以，但是程序中对应的内部元件用什么触点需要根据输入设备的功能和外部触点形式综合考虑。

4.3.3　任务实施

1. I/O分配

笼型电动机星—三角减压启动控制的I/O分配表，如表4-6所示。

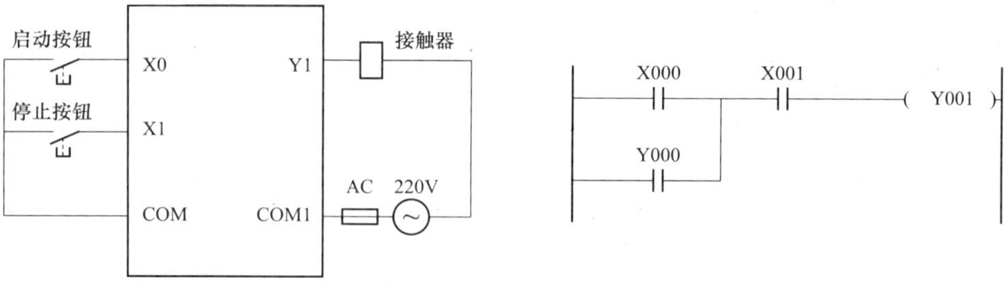

(a) (b)

图 4-26 停止按钮使用动断触点的起-保-停电路

(a) PLC 输入/输出接线图；(b) 梯形图

表 4-6　　电动机星三角减压启动的 I/O 分配表

输入设备			输出设备		
设备名称	文字符号	输入地址	设备名称	文字符号	输出地址
启动按钮	SB1	X0	主接触器线圈	KM1	Y0
停止按钮	SB2	X1	星形接触器线圈	KM2	Y1
热继电器	FR1（动断触点）	X2	三角形接触器线圈	KM2	Y2

2. 硬件接线

图 4-27 所示为 PLC 外部接线图，为了增加控制系统的可靠性，在 PLC 的输出电路中需要加入 KM2 和 KM3 的电气互锁。

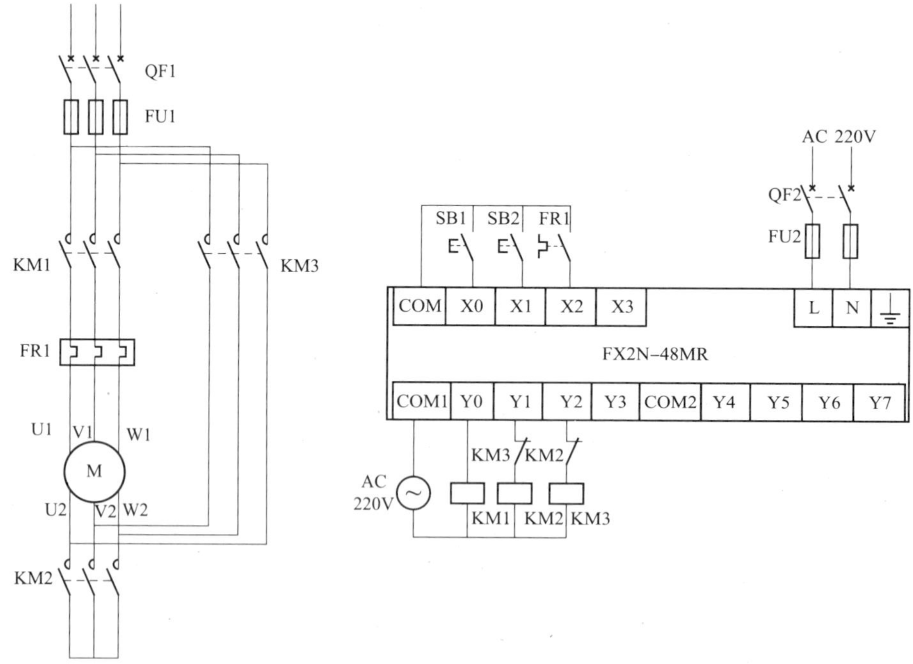

(a) (b)

图 4-27 电动机星—三角减压启动控制电气原理图

(a) 主电路；(b) 控制电路

图 4-28 所示为电器元件布置图，请按照图 4-27 将电器元件连接起来。

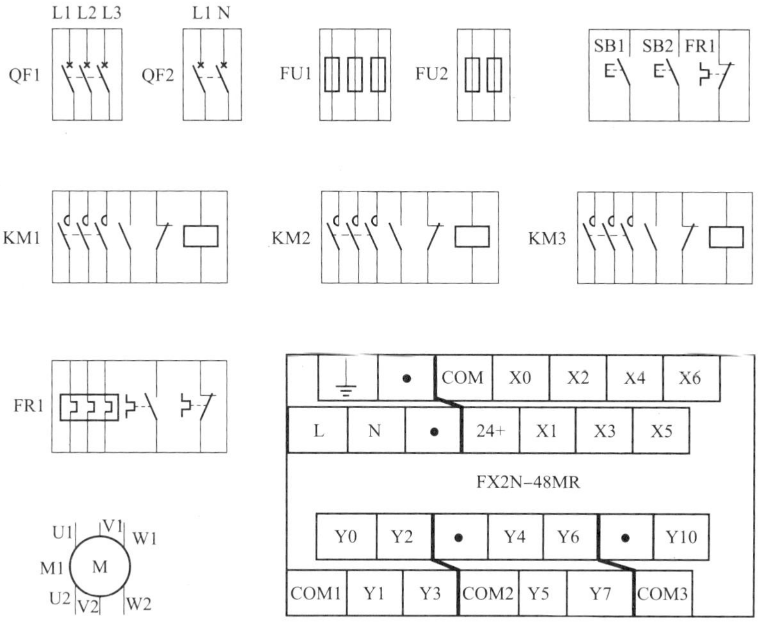

图 4-28　电动机星—三角减压启动控制电器元件布置图

3. 程序设计

图 4-29 所示为三相笼型异步电动机星—三角减压启动的梯形图程序。

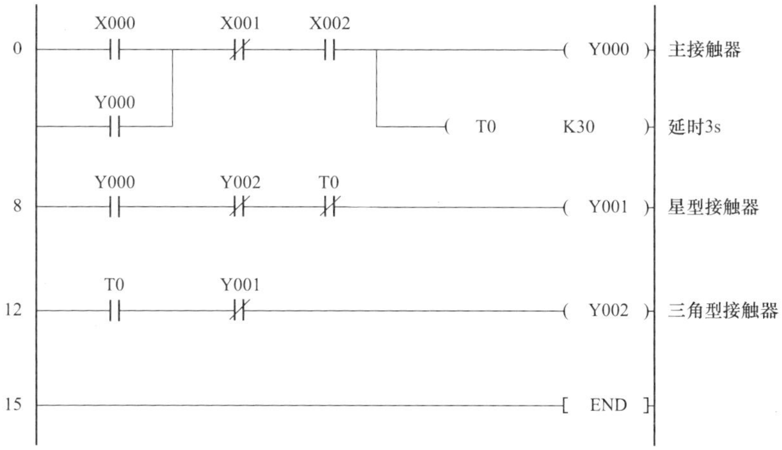

图 4-29　电动机星—三角减压启动控制梯形图

程序原理如下：按下启动按钮 SB1，X0 接通，Y0 接通并自保持，主接触器 KM1 接通，同时，星形接触器 KM3 接通，电动机定子绕组结成星形减压启动。延时 3s 后，定时器 T0 的动断触点将 Y1 断开，T0 的动合触点将 Y2 接通，使得星形接触器 KM2 断开，三角形接触器 KM3 接通，电动机定子绕组结成三角形全压运行；按下启动按钮 SB1 或电动机过载时，X1 动断触点或 X2 动合触点断开使 Y0 失电，电动机停止。为了使程序更加可靠，Y1 和 Y2 线圈互锁，如此则该 PLC 控制系统具有“硬”“软”双重互锁。

4.3.4 思考与拓展

1. 星—三角切换时出现短路现象的处理方法

在星—三角减压启动控制中，由于星形接触器和三角形接触器通断切换时间极短，偶尔会发生因电弧而导致的电源短路跳闸的情况，可以考虑在程序中增加 1 个定时器，使得星形接触器失电几百毫秒后再让三角形接触器得电，从而避免跳闸现象，如图 4-30 所示（I/O 分配和 PLC 外部接线图与上面的任务相同）。

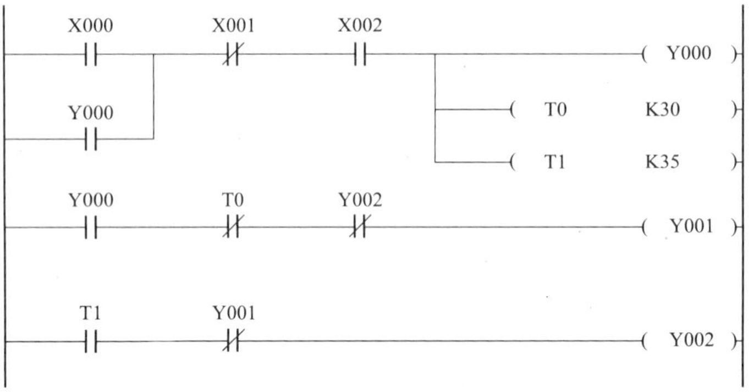

图 4-30 电动机星—三角减压启动延时切换控制梯形图程序

2. 定时器的典型电路

（1）短信号的通电延时。假设要求按下启动按钮（X0），延时 3s 接触器线圈（Y0）得电，按下停止按钮（X1），接触器线圈立即失电。可以使用图 4-31 所示的梯形图实现该功能。

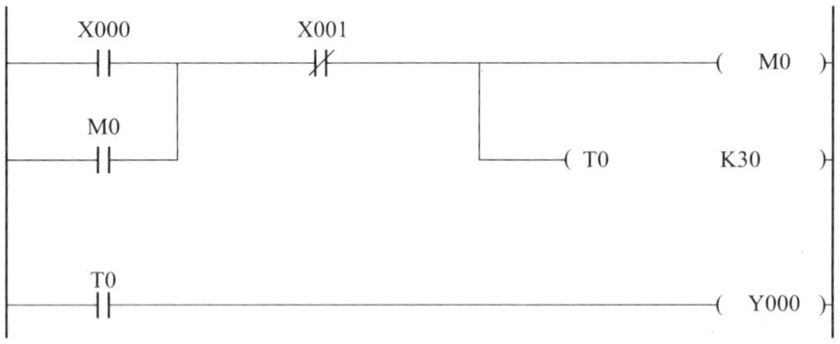

图 4-31 短信号通电延时梯形图程序

（2）断电延时。三菱 FX 系列 PLC 的计时器只有通电延时功能，如果要实现断电延时功能就必须要通过断电延时电路，如图 4-32 所示。

图 4-32 中，当 X000 接通时，Y000 接通；当 X000 断开时，计时器 T0 开始延时，2s 后延时时间到，其动断触点断开，Y0 断开。

（3）定时关断。如图 4-33 所示，当 X000 接通时，Y000 接通，同时计时器 T0 开始延时；3s 后延时时间到（X000 已断开），T0 动断触点断开，Y000 和 T0 断开。这里

X000 接通的时间不能超过 T0 的延时时间，否则 3s 后 T0 断开，其动断触点闭合复位，Y000 又接通了。

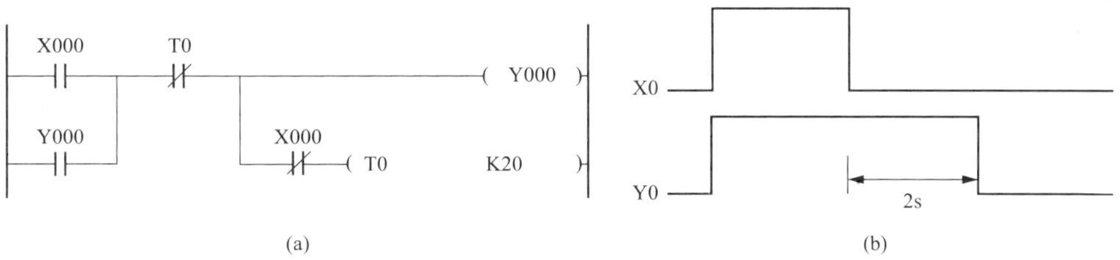

图 4-32　2s 钟断电延时电路

（a）梯形图；（b）时序图

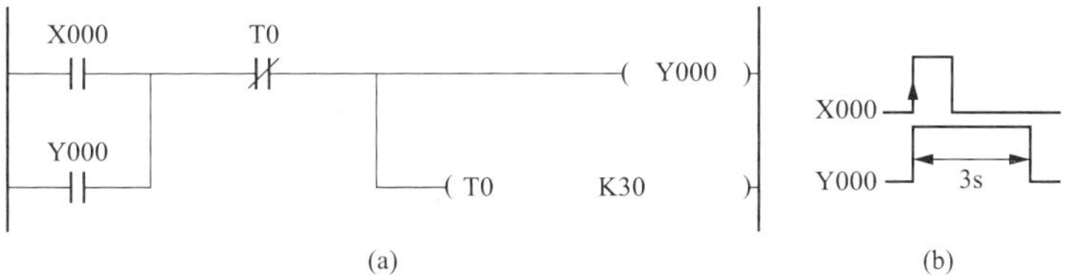

图 4-33　定时关断电路

（a）梯形图；（b）时序图

（4）闪烁电路。在 PLC 控制中经常需要用到接通和断开时间比例固定的交替信号，可以通过特殊辅助继电器 M8013（1s 时钟脉冲）等来实现，但是这种脉冲脉宽不可调整，可以通过下面的电路来实现脉宽可调的闪烁电路，如图 4-34 所示。

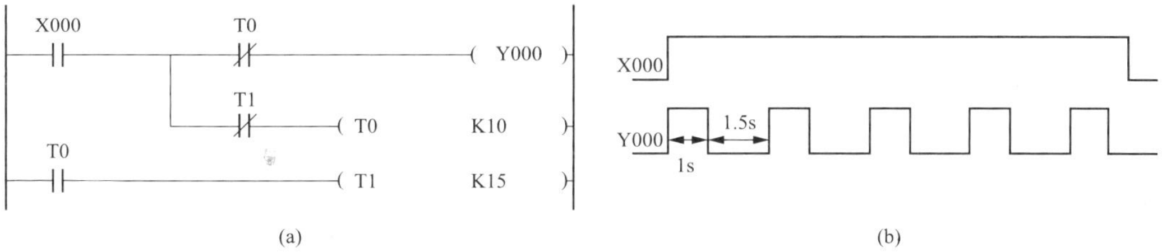

图 4-34　先通后断的闪烁电路

（a）梯形图；（b）时序图

（5）定时器与定时器串级扩展延时范围。单个计时器的延时时间受设定值范围的限制最多延时 3276.7s，如果需要更长的延时功能，可以通过计时器与计时器串级电路来实现，如图 4-35 所示。

3. 电路块连接指令 ANB/ORB

（1）ANB，电路块与指令。表示将电路块的始端与前一个电路串联连接，如图 4-36 所示。

使用说明：每个电路块都要以 LD 或 LDI 为开始。ANB 指令使用次数不受限制，也可以集中起来使用。

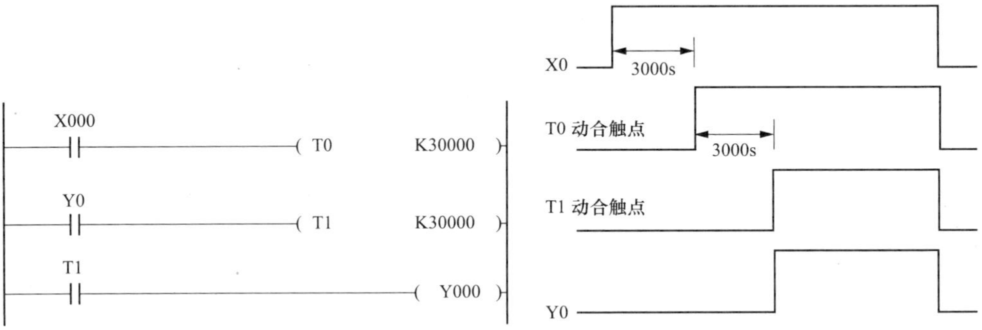

(a) (b)

图 4-35 计时器与计时器串级电路

（a）梯形图；（b）波形图

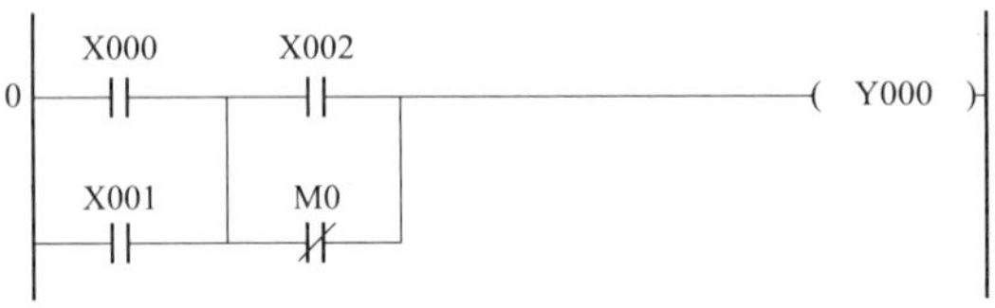

0	LD	X000
1	OR	X001
2	LD	X002
3	ORI	M0
4	ANB	
5	OUT	Y000

(a) (b)

图 4-36 ANB指令在梯形图中的表示

（a）梯形图；（b）指令表

（2）ORB，电路块或指令。表示将电路块的始端与前一个电路并联连接，如图 4-37 所示。

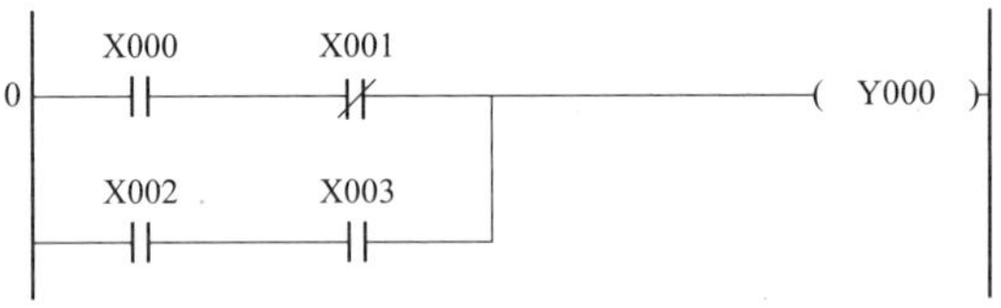

0	LD	X000
1	ANI	X001
2	LD	X002
3	AND	X003
4	ORB	
5	OUT	Y000

(a) (b)

图 4-37 ORB指令在梯形图中的应用

（a）梯形图；（b）指令表

4. 堆栈指令 MPS、MRD、MPP

堆栈是 PLC 中一段特殊的存储区域，从上到下分为 11 层，按照“先进后出、后进先出”的原则进行存取。MPS、MRD、MPP 指令分别为进栈、读栈和出栈指令，如图 4-38 所示。

（1）MPS（Push）：进栈指令。将逻辑运算结果压入堆栈的第一层，堆栈中原先各层的数据依次向下移动一层。

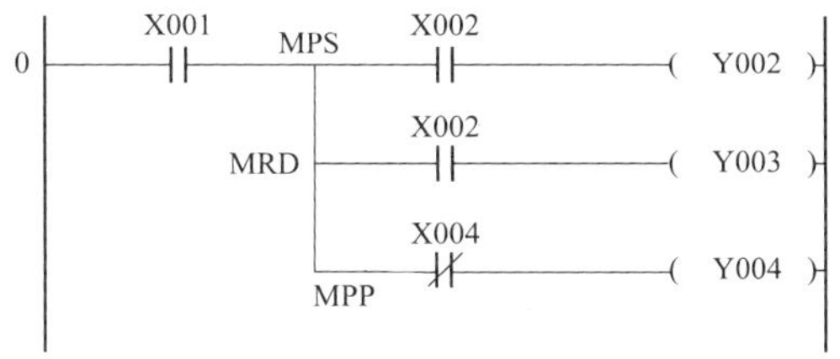

(a)

0	LD	X001	6	OUT	Y003
1	MPS		7	MPP	
2	AND	X002	8	ANI	X004
3	OUT	Y002	9	OUT	Y004
4	MRD		10	END	
5	AND	X002			

(b)

图 4-38　MPS、MRD、MPP 指令在梯形图中的表示
（a）梯形图；（b）指令表

（2）MRD（Read）：读栈指令。是读出栈顶数据的专用指令，在使用 MRD 指令时，栈内的数据不发生上弹或下压的传送。

（3）MPP（POP）：出栈指令。堆栈内各层数据依次向上一层栈单元传送，栈顶数据在弹出后就从栈内消失。

使用时需注意，MPS 和 MPP 分别是数据进栈和出栈的指令，必须配对使用，连续使用的次数应少于 11 次。MPS、MRD、MPP 指令均不带操作元件，其后不跟任何软组件编号。

图 4-39 所示为使用两层堆栈的示例。

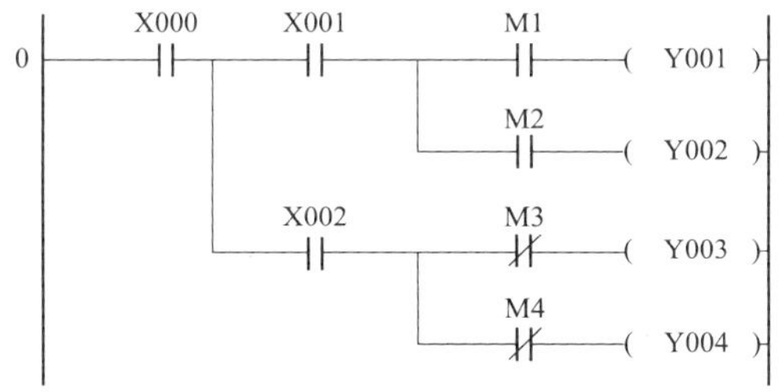

(a)

0	LD	X000	9	MPP	
1	MPS		10	AND	X002
2	AND	X001	11	MPS	
3	MPS		12	ANI	M3
4	AND	M1	13	OUT	Y003
5	OUT	Y001	14	MPP	
6	MPP		15	ANI	M4
7	AND	M2	16	OUT	Y004
8	OUT	Y002	17	END	

(b)

图 4-39　双层堆栈应用示例
（a）梯形图；（b）指令表

5. 主控触点指令 MC、MCR

（1）MC：主控指令。公共串联接点的连接指令，在主控电路块起点使用（公共串联接点为新起母线）。

（2）MCR：主控复位指令。MC 指令的复位指令，在主控电路块终点使用。

操作元件：YM，常数 n 为嵌套数，选择范围为 N0～N7。

示例如图 4-40 所示，使用说明如下：

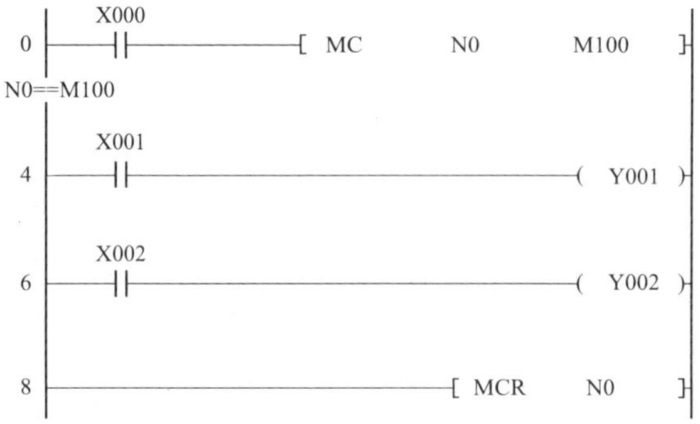

(a)

0	LD	X000	
1	MC	N0	M100
4	LD	X001	
5	OUT	Y001	
6	LD	X002	
7	OUT	Y002	
8	MCR	N0	

(b)

图 4-40 MC、MCR 指令在梯形图中的应用

(a) 梯形图；(b) 指令表

1）在图 4-40 中，当 X000 接通时，执行 MC 与 MCR 之间的指令。当 X000 断开时，主控切断，Y001 和 Y002 线圈全部失电。

2）MC 指令后，母线（LD，LDI）移至 MC 触点之后，要返回原母线，需用返回指令 MCR。MC 和 MCR 指令必须配对使用。

3）使用不同的 Y，M 元件号，可多次使用 MC 指令。

4）MC 指令可多次嵌套使用，即在 MC 指令内再使用 MC 指令时，嵌套级数编号就由小增大，返回时用 MCR 指令，按从大到小的嵌套级开始解除。

巩固练习

一、选择题

1. 定时器 T0 要实现定时 10s 则设定值应设为（　　）

A. K1　　B. K10　　C. K100　　D. K1000

2. 定时器（　　）为 10ms 通用定时器。

A. T0　　B. T200　　C. T246　　D. T250

3. 定时器 T245 设定值为 K100 时，延时时间为（　　）s。

A. 1　　B. 10　　C. 100　　D. 0.1

4. 定时器 T246 设定值为 K1000 时，延时时间为（　　）s。

A. 1　　B. 10　　C. 100　　D. 0.1

5. 三菱 FX 系列 PLC 定时器当前值寄存器为（　　）位。

A. 8　　B. 16　　C. 32　　D. 64

二、判断题

1. 通用定时器的线圈断开时其当前值保持不变。（　　）

2. 积算定时器的线圈断开时其当前值清零。（　　）

3. 停止按钮或热继电器只能用动断触点接 PLC 输入端子。（　　）

4. 定时器的设定值只能为常数，最大为 32767。（　　）

5. 定时器线圈可以用其触点实现自锁。（　　）

三、设计题

1. 某流水线上通过限位开关SQ1检测是否有工件通过，每当有工件通过则SQ1接通1次。要求在5min内没有工件通过时让指示灯HL1点亮，按下复位按钮后指示灯熄灭并重新计时。分配I/O，绘制电气原理图并设计梯形图程序。

2. 根据图4-41所示的时序图设计相应的梯形图。

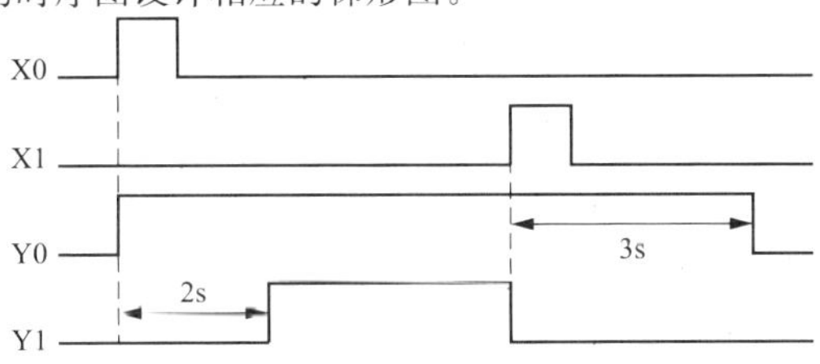

图4-41　时序图

3. 按下启动按钮后某电动机M1启动，其风机电动机M2也同时启动；按下停止按钮后电动机M1立即停止，风机电动机M2延时10s后再停止。分配I/O，绘制电气原理图并设计梯形图程序。

4. 按下启动按钮，电动机M1立即启动，延时3s后电动机M2启动；按下停止按钮，电动机M1立即停止，延时5s后电动机M2停止。分配I/O，绘制电气原理图并设计梯形图程序。

5. 按下启动按钮SB1，接触器KM1得电、KM2不得电，笼型电动机启动运行；按下停止按钮SB2，接触器KM1失电、KM2得电，电动机能耗制动，3s后接触器KM2失电，能耗制动结束。分配I/O，绘制电气原理图并设计梯形图程序。

6. 有M1、M2、M3三台电动机，按下启动按钮后，M1先启动运行，延时3s后M2启动运行，再延时3s后M3启动运行，按下停止按钮后三台电动机全部停止。请分配I/O，绘制电气原理图并设计梯形图程序。

7. 某皮带输送系统中有三条皮带机，分别用电动机M1、M2、M3驱动，如图4-42所示，控制要求如下。

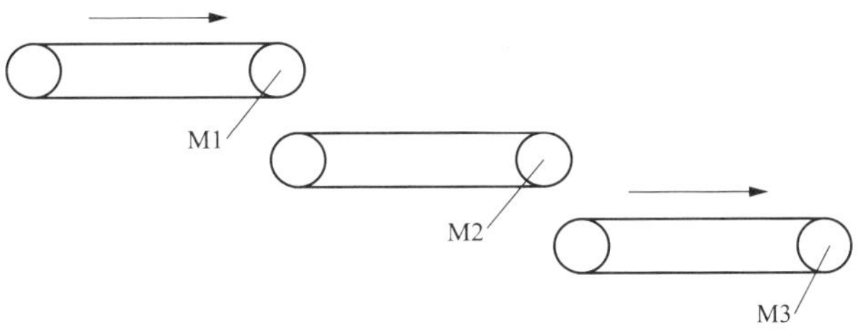

图4-42　皮带输送系统示意图

（1）按下启动按钮，最后一条皮带先启动即电动机M3先运行，每延时3s，依次启动其他皮带机，即按M3→M2→M1的顺序依次启动（逆物流方向启动）；

（2）按下停止按钮，先停最前面一条皮带即电动机M1先停止，每延时5s后，依次停止其他皮带机，即按M1→M2→M3的顺序依次停止（顺物流方向停止，防止物料堵塞）。

请分配I/O，绘制电气原理图并设计梯形图程序。

任务4　电动机循环正反转的PLC控制

4.4.1　任务概述

按下启动按钮SB1，三相异步电动机M1正向运转5s，停止3s，再反向运转5s，停止3s，然后再正向运转，如此循环3次后停止运转。电动机正转时指示灯HL1以1Hz频率闪烁，电动机反转时指示灯HL2以1Hz频率闪烁，电动机停止循环后所有指示灯熄灭。任何时刻按下停止按钮SB2，电动机M1立即停止运行，要求用FX系列PLC实现控制并有过载保护。本任务中电动机正、反转接触器线圈额定电压为交流220V，正反转指示灯额定电压为直流24V。

4.4.2　任务资讯

1. 内部计数器

每个内部计数器都有一个设定值、一个当前值寄存器和一个状态位。内部计数器是在执行扫描操作时对内部信号（如X、Y、M、S、T等）的通断进行计数并保存在当前值寄存器中，当前值达到设定值时计数器状态位置位，触点动作。其中设定值可用常数K/H或数据寄存器D的内容来设定。设定值用K来设定时，取值范围为1～32767。内部输入信号的接通和断开时间应比PLC的扫描周期稍长。

（1）16位增计数器。FX2N系列PLC的16位增计数器有通用型（C0～C99）和断电保持型（C100～C199）两种。图4-43所示是16位通用增计数器程序示例，X002每由断到通一次，计数器C0的当前值加1，当前值等于设定值10时，C0状态位置位，C0动合触点闭合使得Y001得电；当X001接通时，计数器C0当前值清零，状态位复位，C0动合触点断开，Y001失电。

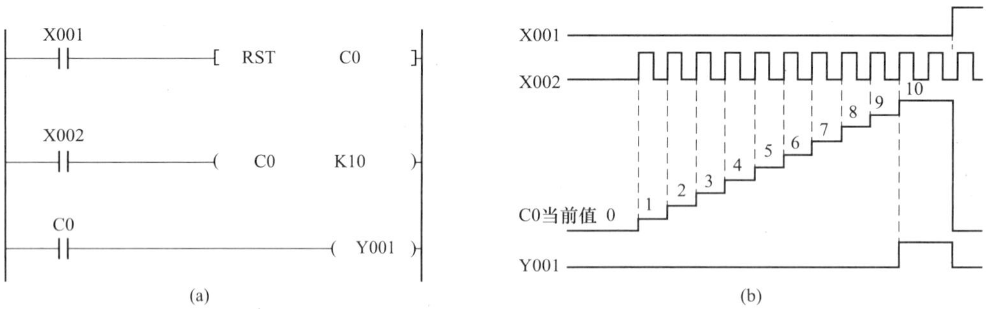

图4-43　16位通用增计数器程序示例

（a）梯形图；（b）波形图

（2）32位增/减双向计数器。FX2N系列PLC的32位增/减计数器有通用型（C200～C219）和断电保持型（C220～C234）两种。C200～C234的计数方向分别由特殊辅助继电器M8200～M8234设定，对应的特殊辅助继电器接通时为减计数器，反之则为增计数器。

这类计数器与16位增计数器除位数不同外，还在于它能通过控制实现加/减双向计数。设定值范围均为－214783648～＋214783647。32位增/减计数器的设定值与16位计数器一样，可直接用常数K也可间接用数据寄存器D间接设定。在间接设定时，要用编号相邻的两个数据计数器。

C200～C234的计数方向分别由特殊辅助继电器M8200～M8234设定，对应的特殊辅助继电器接通时为减计数，反之则为增计数。

如图4-44所示，X000用来控制特殊继电器M8200，X000动合触点闭合时，M8200置1，为减计数方式。X002为计数输入，当C200计数当前值由9→10时，计数器的动合触点闭合使Y001接通。当前值大于10时计数器仍为ON状态，只有当前值由10→9时，计数器动合触点才会断开。复位输入端X001接通时，计数器的当前值清0，输出触点也随之复位。

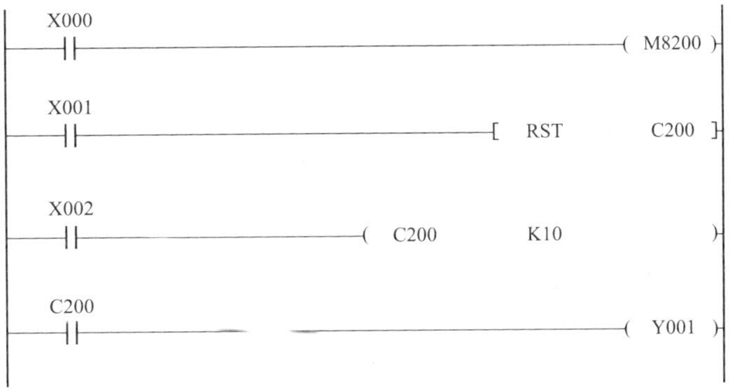

图4-44　32位通用型增/减计数器程序示例

2. 高速计数器

高速计数器通过中断方式对外部信号进行计数，与扫描周期无关。FX2N系列PLC有C235～C255共21点高速计数器。用来作为高速计数器输入的PLC输入端口有X000～X007，X000～X007不能重复使用，即若某一个输入端已被某个高速计数器占用，它就不能再用于其他高速计数器，也不能用作他用。

4.4.3　任务实施

1. I/O分配

电动机循环正、反转的I/O分配表，见表4-7。

表4-7　　电动机循环正反转I/O分配表

输入设备			输出设备		
设备名称	文字符号	输入地址	设备名称	文字符号	输出地址
启动按钮	SB1	X0	正转接触器线圈	KM1	Y0
停止按钮	SB2	X1	反转接触器线圈	KM2	Y1
热继电器	FR1（动断触点）	X2	正转指示灯	HL1	Y4
			反转指示灯	HL2	Y005

2. 硬件接线

电动机循环正、反转的电气原理图，如图 4-45 所示。因为交流接触器 KM1 和 KM2 线圈额定电压为交流 220V 而指示灯 HL1 和 HL2 额定电压为直流 24V，所以要分组接线。

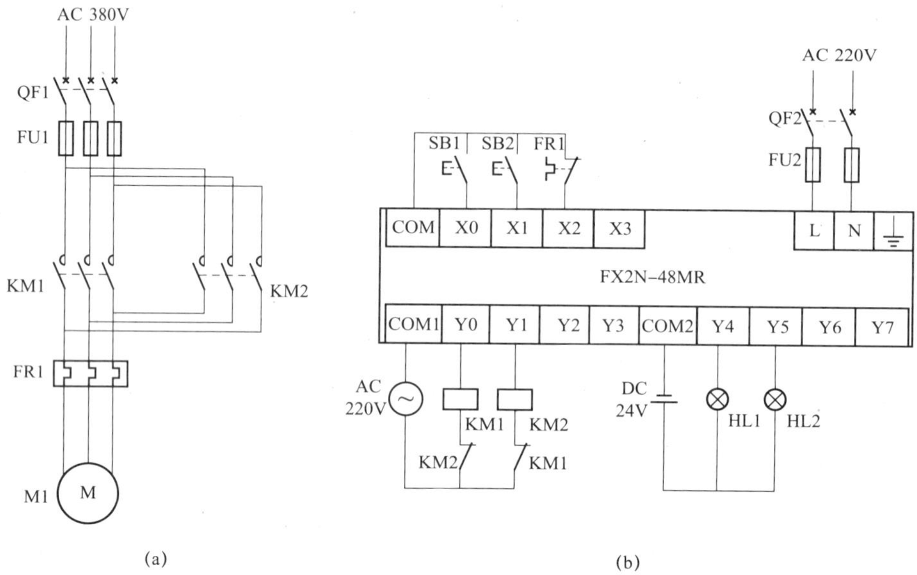

图 4-45 电动机循环正、反转控制电气原理图

(a) 主电路；(b) 控制电路

图 4-46 所示为电器元件布置图，请按照图 4-45 将电器元件连接起来。

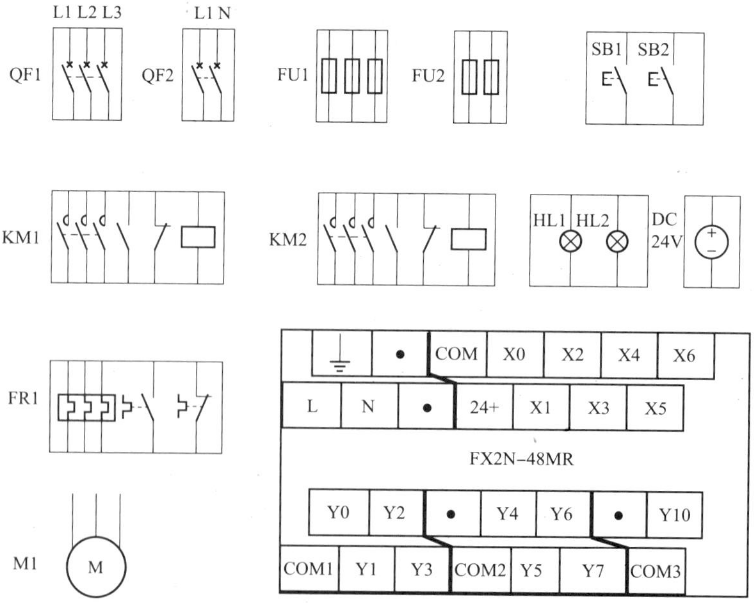

图 4-46 电动机循环正、反转控制电器元件布置图

3. 程序设计

电动机循环正反转梯形图程序如图 4-47 所示，程序原理如下：

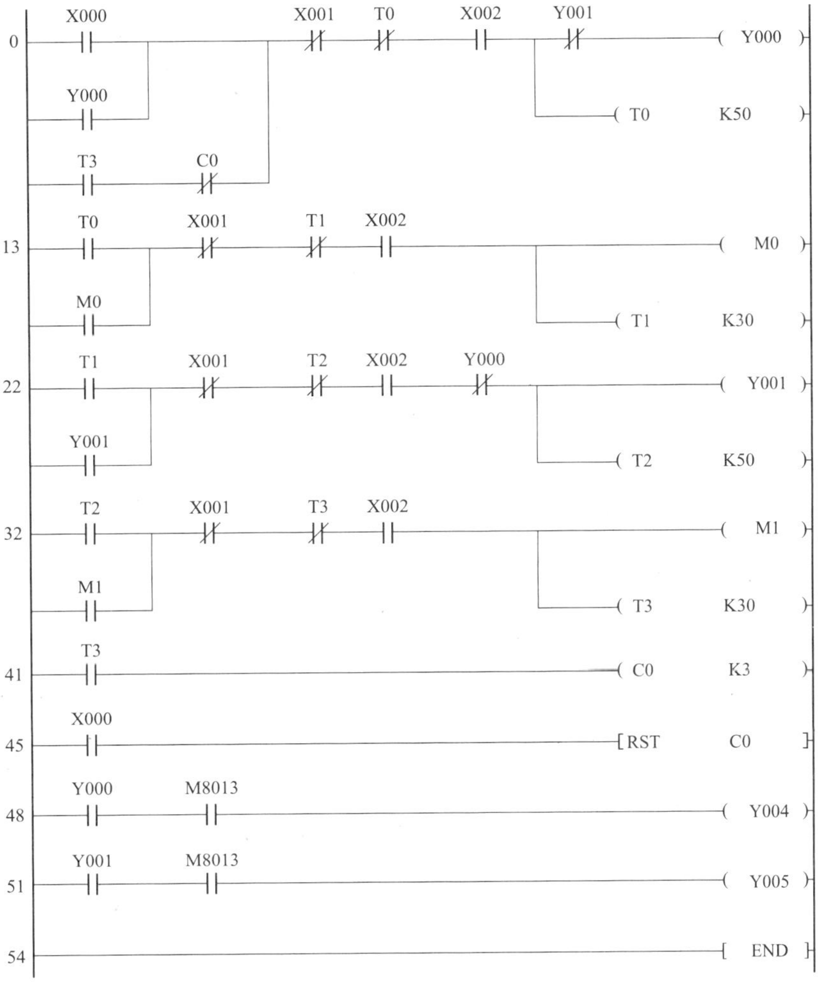

图 4-47　电动机循环正、反转控制梯形图

（1）电动机正转：第 0～12 步程序为电动机正转 5s 的控制程序。需要注意两点，一是因为外部热继电器的动断触点接输入端子 X2，因此程序中用的是 X2 的动合触点；二是 T3 的动合触点串联计数器 C0 的动断触点作为正转 3s 的循环条件，即反转暂停 3s 结束后若循环次数未到 3 次则继续正转 5s。

（2）正转暂停：第 13～21 步程序为电动机正转结束后暂停 3s 的控制程序。

（3）电动机反转：第 22～31 步程序为电动机反转 5s 的控制程序，程序中增加了与正转的互锁控制。

（4）反转暂停：第 32～40 步程序为电动机反转结束后暂停 3s 的控制程序。

（5）循环计数：第 41～47 步程序为循环计数的控制程序，使用反转暂停延时定时器 T3 的动合触点为计数器 C0 的计数信号，使用启动按钮的信号作为计数器的复位信号。

（6）电动机正反转运行指示：第48～54步程序为电动机正、反转运行指示的控制程序，其中特殊辅助继电器M8013为1s的时钟脉冲，将其动合触点串联在电路中是为了实现指示灯闪烁的效果。

4.4.4 思考与拓展

1. 经验设计法

经验设计法顾名思义就是依据设计者的设计经验进行设计的方法。采用经验设计法设计程序时，将生产机械的运动分成各自独立的简单运动，分别设计这些简单运动的控制程序，再根据各自独立的简单运动，设置必要的联锁和保护环节。这种设计方法要求设计者掌握大量的控制系统的实例和典型的控制程序。设计程序时，还需要经过反复修改和完善，才能符合控制要求。简要概括经验设计法的步骤为：先根据控制要求设计基本控制程序，再逐步完善程序，最后设置必要的联锁保护程序。

（1）经验设计法的特点。经验设计法对于一些比较简单程序设计是比较奏效的，可以收到快速、简单的效果。但是，由于这种方法主要是依靠设计人员的经验进行设计，所以对设计人员的要求也就比较高，特别是要求设计者有一定的实践经验，对工业控制系统和工业上常用的各种典型环节比较熟悉。经验设计法没有规律可遵循，具有很大的试探性和随意性，往往需经多次反复修改和完善才能符合设计要求，所以设计的结果往往不很规范，因人而异。

经验设计法一般适合于设计一些简单的梯形图程序或复杂系统的某一局部程序（如手动程序等）。如果用来设计复杂系统梯形图，会存在考虑不周、设计麻烦、设计周期长等问题。

用经验设计法设计复杂系统的梯形图程序时，要用大量的中间元件来完成记忆、联锁、互锁等功能，由于需要考虑的因素很多，它们往往又交织在一起，分析起来非常困难，并且很容易遗漏一些问题。修改某一局部程序时，很可能会对系统其他部分程序产生意想不到的影响，往往花了很长时间，还得不到一个满意的结果。

梯形图的可读性差、系统维护困难。用经验设计法设计的梯形图是按设计者的经验和习惯的思路进行设计的。因此，梯形图程序的可读性差，同时给PLC系统维护、改进也带来许多困难。

（2）经验设计法示例。下面通过电动机正、反转的例子来示范经验设计法的基本思路。

任务描述：按下正转启动按钮，电动机开始正转；按下反转的启动按钮，电动机反转；任何时刻按下停止按钮，电动机停止运行。

1）分析任务描述，可分解为电动机正转和电动机反转两个基本控制程序。

2）确定输入输出设备，并列写I/O分配表，见表4-8。

3）画出电动机正、反转的电气原理图，如图4-48所示。

4）设计梯形图。电动机正转的梯形图，如图4-49所示。

电动机反转的梯形图，如图4-50所示。

表 4-8　　电动机正反转 I/O 分配表

输入设备			输出设备		
设备名称	文字符号	输入地址	设备名称	文字符号	输出地址
正转启动按钮	SB1	X0	正转交流接触器	KM1	Y0
反转启动按钮	SB2	X1	反转交流接触器	KM2	Y1
停止按钮	SB3	X2			
热继电器（动断触点）	FR	X3			

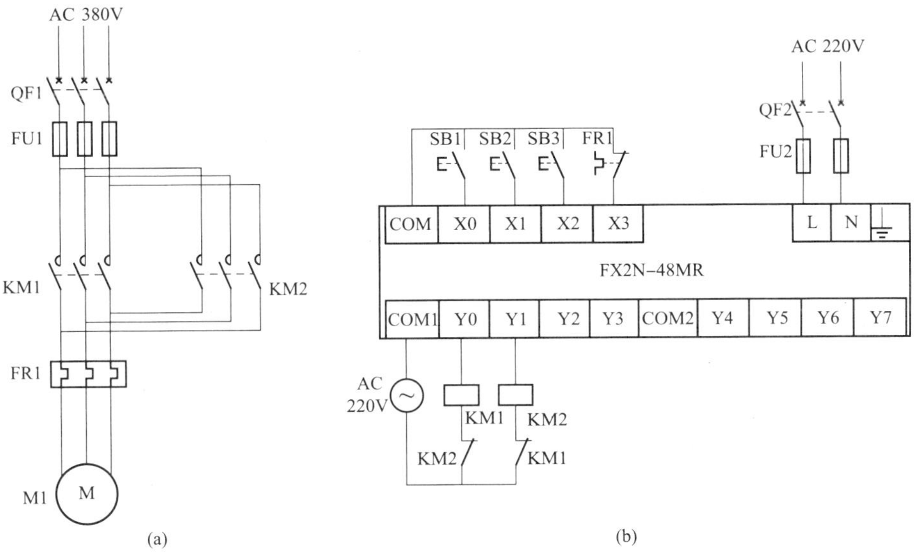

图 4-48　电动机正反转的电气原理图

（a）主电路；（b）控制电路

图 4-49　电动机正转的梯形图

图 4-50　电动机反转的梯形图

把正转和反转的梯形图整合到一起，并加上互锁环节及过载保护，得到最终梯形图，如图 4-51 所示。

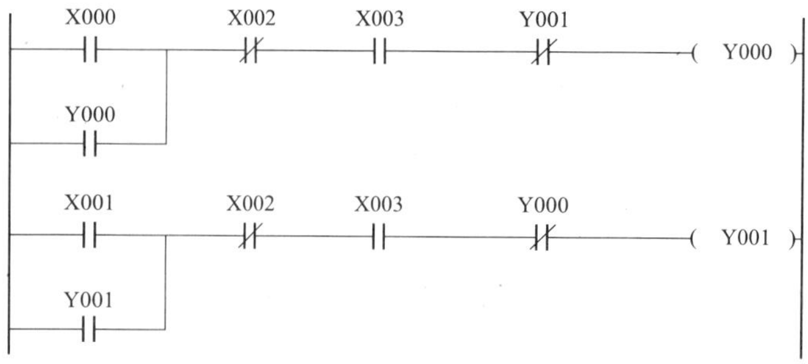

图 4-51　电动机正、反转的梯形图

2. 继电器电路移植法

用 PLC 改造继电器控制系统时，因为原有的继电器控制系统经过长期的使用和考验，已被证明能解完成系统要求的控制功能，而且继电器电路图与梯形图在表示方法和分析方法上有很多相似之处，因此可以根据继电器控制电路设计梯形图，即将继电器抻控制电路转换为具有相同功能的 PLC 外部硬件接线图和梯形图。使用这种方法时一定要注意，梯形图与继电器控制电路有着本质的区别，梯形图是 PLC 程序，而继电器控制电路是由硬件组成的。

（1）继电器控制电路移植法设计梯形图的步骤

1）了解和熟悉被控设备的工艺过程和机械的动作情况。

2）确定 PLC 的输入信号和输出负载，画出 PLC 外部接线图。

3）确定与继电器电路图的中间继电器器、时间继电器对应的梯形图中的辅助继电器 M 和定时器 T 的元件号。

4）根据上述对应关系画出梯形图。

（2）继电器控制电路移植法设计梯形图的注意事项。根据继电器控制电路来设计梯形图时，应注意以下几个方面：

1）应遵守梯形图语言中的语法规定。例如，在继电器控制电路中，触点可以放在线圈的左边和右边，而在梯形图中，触点只能放在线圈的左边，线圈必须与右母线连接。

2）动断触点提供的输入信号的处理。在继电器控制电路中使用的动断触点，如果在梯形图转换过程中仍采用动断触点，使其与继电器控制电路相一致，那么在输入信号接线时就一定要接本触点的动合触点。

3）外部联锁电路的设立。为了防止外部 2 个不可同时动作的接触器同时动作，除在梯形图中设立软件互锁外，还应在 PLC 外部接线图中设置硬件互锁。

4）时间继电器瞬动触点的处理。对于有瞬动触点的时间继电器，可以在梯形图的定时器线圈的两端并联辅助继电器，这个辅助继电器的触点可以当作时间继电器的瞬动触点使用。

5）热继电器过载信号的处理。如果热继电器为自动复位型，其触点提供的过载信号就必须通过输入点将信号提供给 PLC；如果热继电器为手动复位型，可以将其动断触点串联在 PLC 输出电路中的交流接触器的线圈上。当然，过载时接触器断电，电动机停转，但 PLC 的输出依然存在，因为 PLC 没有得到过载的信号。

（3）继电器控制电路移植法使用示例。下面用两台电动机延时启动控制为例说明继电器控制电路移植法的使用方法。

1）控制要求：按下启动按钮 SB2，接触器 KM1 线圈得电自锁，电动机 M1 运行；延时 3s 后时间继电器 KT 动合触点闭合，接触器 KM2 线圈得电自锁，电动机 M2 运行；按下停止按钮 SB1 或电动机过载时电动机停止运行。图 4-52 所示为两台电动机延时启动的继电器电路图。

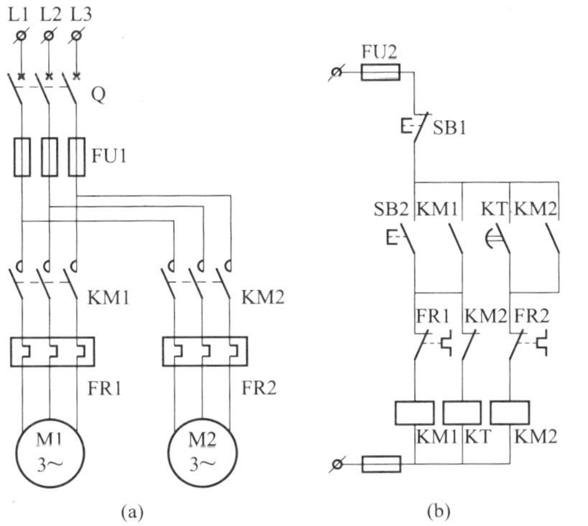

图 4-52　两台电动机顺序延时启动继电器电路图
（a）主电路；（b）控制电路

2）I/O 分配见表 4-9。

3）PLC 外部接线，主电路与图 4-51 相同，控制电路改成图 4-53 所示的 PLC 外部接线图，主电路省略。

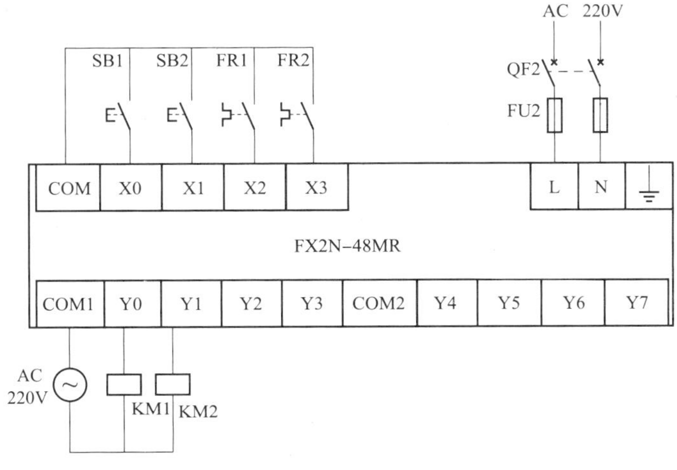

图 4-53　两台电动机延时启动 PLC 外部接线图

表 4-9　　电动机顺序延时启动控制 I/O 分配表

输入设备			输出设备		
设备名称	文字符号	输入地址	设备名称	文字符号	输出地址
启动按钮	SB2	X0	M1 接触器线圈	KM1	Y0
停止按钮	SB1	X1	M2 接触器线圈	KM2	Y1
M1 热继电器	FR1	X2			
M2 热继电器	FR2	X3			

4）程序设计，如图 4-54 所示。将图 4-51 中的继电器控制电路逆时针转 90°，然后将输入设备、输出设备的触点、线圈改成对应软元件的触点和线圈，熔断器不需要体现在程序中，时间继电器 KT 用定时器 T0 代替。

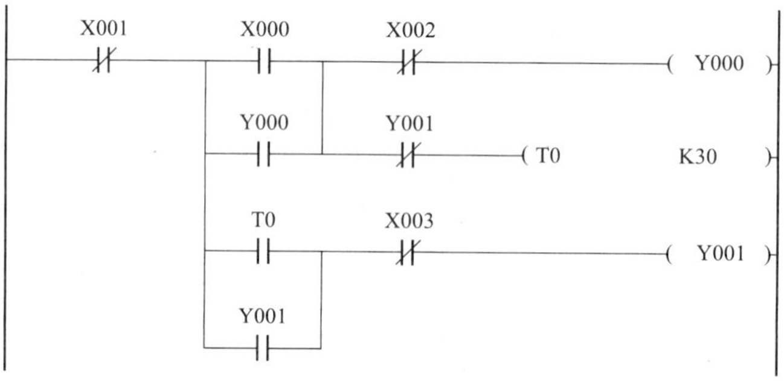

图 4-54　两台电动机延时启动 PLC 梯形图程序

巩固练习

一、选择题

1.（　　）为 16 位通用型增计数器

A. C0　　B. C100　　C. C200　　D. C220

2. 计数器 C200 的计数方向由（　　）设定。

A. M8200　　B. M8000　　C. M8002　　D. M8013

3.（　　）编程方法需要现有的继电器控制电路。

A. 经验设计法　　B. 继电器电路移植法

C. 顺控设计法　　D. 逻辑式设计法

二、判断题

1. 内部计数器可以对高频脉冲计数。（　　）
2. 内部计数器的线圈断开时其当前值清零。（　　）
3. 高速计数器通过中断方式对外部信号进行计数，与扫描周期无关。（　　）
4. 内部计数器的设定值只能为常数，最大为 32767。（　　）
5. X10 可以作为高速计数器输入的 PLC 输入端。（　　）

三、设计题

1. 按下按钮 SB1 三次后指示灯 HL1 点亮，按下按钮 SB2 后指示灯熄灭。分配 I/O 并设计梯形图程序。

2. 按下按钮 SB1 三次后指示灯 HL1 点亮，再按下按钮 SB1 三次后指示灯熄灭。分配 I/O 并设计梯形图程序。

3. 第一次按下按钮 SB1，指示灯 HL1 点亮；第二次按下 SB1，指示灯 HL2 点亮；第三次按下 SB1，指示灯 HL3 点亮；按下按钮 SB2，指示灯全部熄灭。分配 I/O 并设计梯形图程序。

4. 用定时器 T0 和计数器 C0 设计一个延时时间为 24h 的梯形图。

5. 按下正转启动按钮 SB1，三相异步电动机 M1 正向运转 5s，停止 3s，再反向运转 5s，停止 3s，然后再正向运转，如此循环 3 次后停止运转。按下反转启动按钮 SB2，三相异步电动机 M1 反向运转 5s，停止 3s，再正向运转 5s，停止 3s，然后再正向运转，如此循环 3 次后停止运转。按下停止按钮 SB3 后，完成一个循环周期后电动机停止。

6. 自动装药机控制，控制要求如下，分配 I/O 并设计梯形图程序。

(1) 按下按钮 SB1、SB2 或者 SB3，可选择每瓶装入 3、5 片或者 7 片，通过指示灯 HL1、HL2 或者 HL3 表示当前每瓶的装药量。当选定要装入瓶中的药片数量后，按下启动按钮 SB4，电动机 M1 驱动皮带机运转，通过药品检测限位 SQ1，检测皮带机上的药瓶到达装瓶的位置，则皮带机停止运转。

(2) 当电磁阀 YV1 打开装有药片装置后，通过光电传感器 SQ2，对进入到药瓶的药片进行记数，当药瓶的药片达到预先选定的数量后，电磁阀 YV1 关闭，皮带机重新自动启动，使药片装瓶过程自动连续地运行。

(3) 如果当前的装药过程正在运行时，需要改变药片装入数量（例如由 7 片改为 5 片），则只有在当前药瓶装满后，从下一个药瓶开始装入改变后的数量。

(4) 如果在装药的过程中按下停止按钮 SB5，则在当前药瓶装满后，系统停止运行。

任务 5　运料小车的 PLC 控制

4.5.1 任务概述

如图 4-55 所示，运料小车在初始位置停在左边，左限位开关 SQ1 为 ON。按下启动按钮 SB1 后，小车开始前进，碰到右限位开关 SQ2 后停止，装料电磁阀 YV1 得电，装料斗开始装料，7s 后装料关闭小车自动后退，碰到左限位开关 SQ1 时停止，小车底门卸料电磁阀 YV2 得电，小车开始卸料，5s 后卸料结束小车自动右行进入下一个工作周期，按下停止按钮 SB2 则所有动作立即停止。

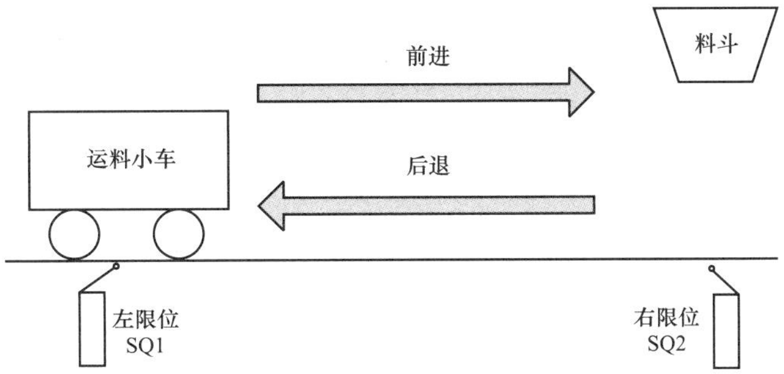

图 4-55　运料小车示意图

4.5.2 任务资讯

1. 限位开关

依据生产机械的行程发出命令，以控制其运动方向和行程长短的主令电器称为限位开关或者行程开关。限位开关按其结构分为机械结构的接触式有触点行程开关和电气结构的非接触式接近开关。图 4-56 所示为机械接触式限位开关，图 4-57 所示为接近开关。机械接触式限位开关只有两根线，接线时无电源极性要求；接近开关可以分为电感式、电容式、霍尔式和光电式等，其接线有两线式和三根线，三线式接近开关与三菱 FX 系列 PLC 连接时，棕色线接 24V+，蓝色线接输入回路公共端 COM，黑色线接输入端子。

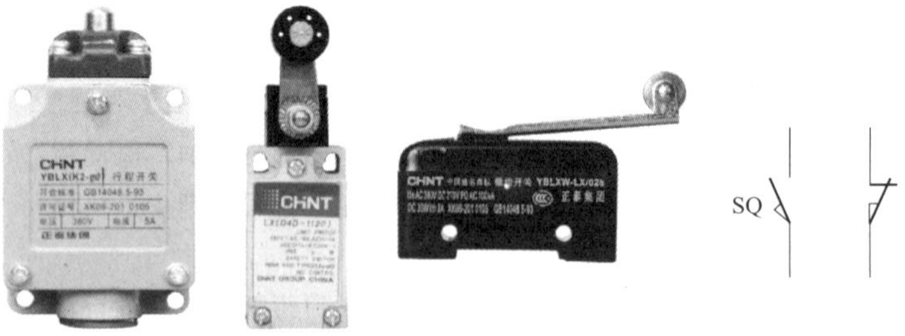

(a) (b) (c) (d)

图 4-56 机械接触式限位开关

(a) 直动式限位开关；(b) 滚轮式限位开关；

(c) 微动开关；(d) 图形和文字符号

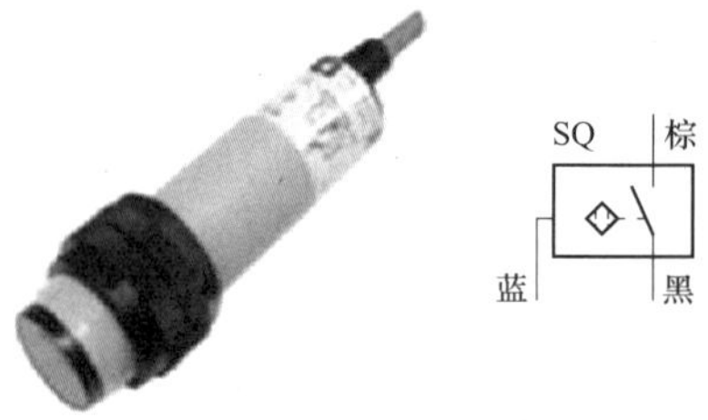

(a) (b)

图 4-57 接近开关

(a) 接近开关图片；

(b) 图形和文字符号

2. 触点脉冲指令

通过触点脉冲指令可以使得某个信号仅在上升沿（由断到通时）或下降沿（由通到断时）接通 1 个扫描周期。

（1）上升沿触点脉冲指令。LDP（取脉冲上升沿）是上升沿检测运算开始指令，仅在指定软元件的上升沿（由断到通）时接通一个扫描周期。ANDP（与脉冲上升沿）是上升沿检测串联连接指令。ORP（或脉冲上升沿）是上升沿检测并联连接指令，如图 4-58 所示。

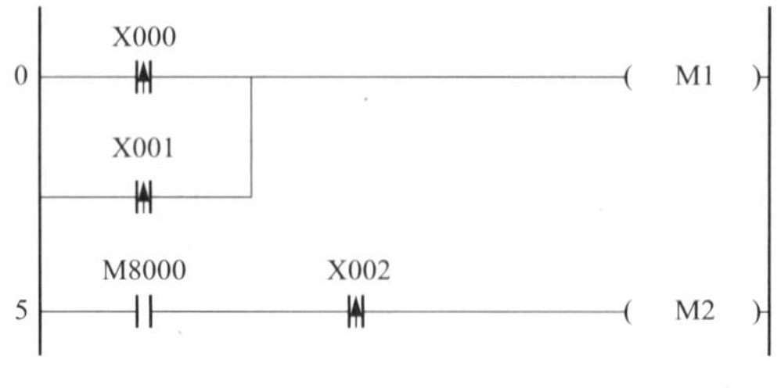

0	LDP	X000
2	ORP	X001
4	OUT	M1
5	LD	M8000
6	ANDP	X002
8	OUT	M2

(a) (b)

图 4-58 LDP、ANDP、ORP 指令在梯形图中的表示

(a) 梯形图；(b) 指令表

（2）下降沿触点脉冲指令。LDF（取脉冲下降沿）是下降沿脉冲运算开始指令，仅在指定软元件的下降沿（由通到断）时接通一个扫描周期。ANDF（与脉冲下降沿）是下降沿检测串联连接指令。ORF（或脉冲下降沿）是下降沿检测并联连接指令，如图4-59所示。

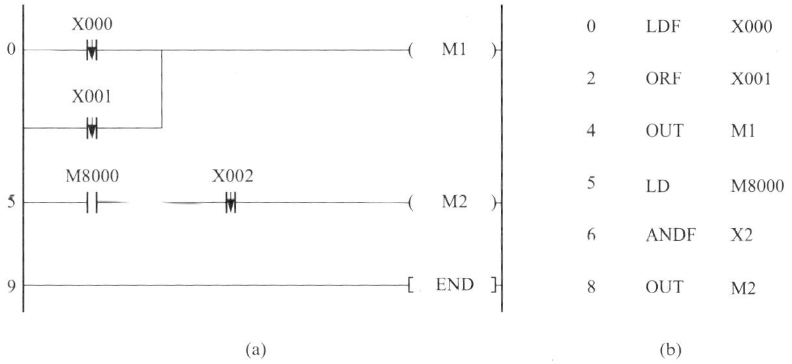

图4-59　LDF、ANDF、ORF指令在梯形图中的表示

（a）梯形图；（b）指令表

4.5.3　任务实施

1. I/O分配

运料小车I/O分配表，见表4-10。

表4-10　　运料小车I/O分配表

输入设备			输出设备		
设备名称	文字符号	输入地址	设备名称	文字符号	输出地址
启动按钮	SB1	X0	右行接触器线圈	KM1	Y0
停止按钮	SB2	X1	左行接触器线圈	KM2	Y1
左限位开关	SQ1	X2	装料电磁阀线圈	YV1	Y2
右限位开关	SQ2	X3	卸料电磁阀线圈	YV2	Y3
热继电器	FR1	X4			

2. 硬件接线

如图4-60所示为运料小车控制的电气原理图。本任务中两个限位开关均使用机械接触式限位开关，接触器和电磁阀的线圈均使用交流220V的电源，左行和右行接触器线圈之间需要有电气互锁。

图4-61所示为运料小车的电器元件布置图，请按照图4-60将电器元件连接起来。

3. 程序设计

如图4-62所示为运料小车控制的梯形图程序，程序原理如下：

（1）小车在左限位处按下启动按钮时，X000和X002得电，使得Y000得电自锁，小车右行。小车右行至右限位处时，右限位信号X003动断触点断开使得Y000失电，小车停止。

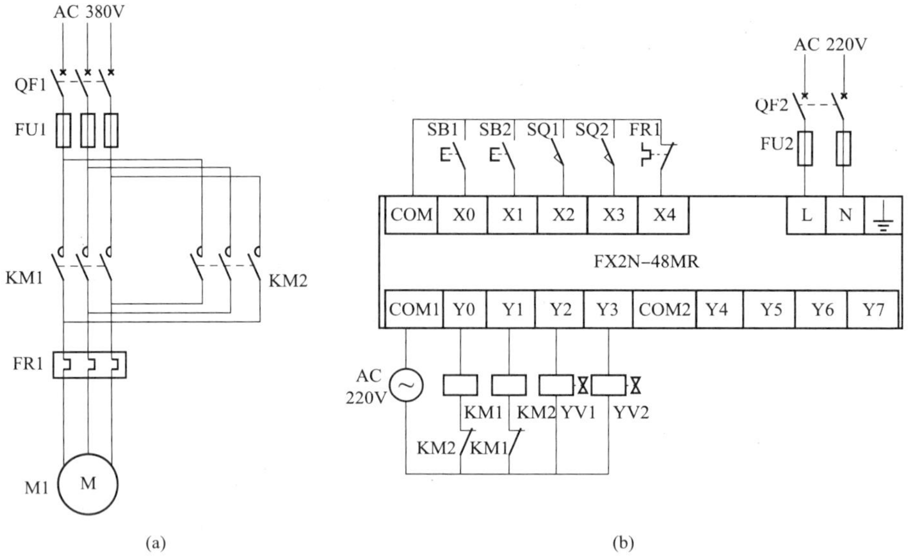

图 4-60　运料小车控制电气原理图

（a）主电路；（b）控制电路

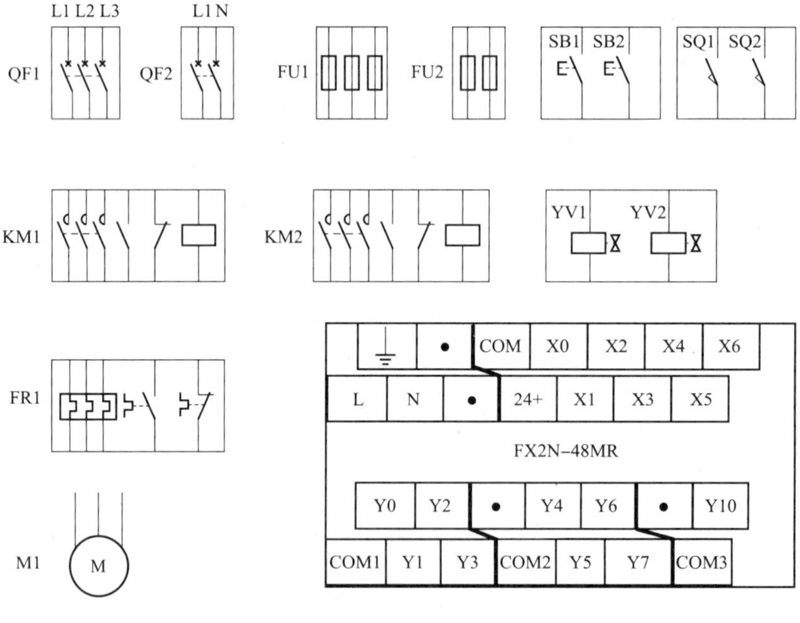

图 4-61　运料小车控制电气元件布置图

（2）通过右限位信号 X003 的上升沿脉冲使得 Y002 得电自锁，开始装料并延时，7s 后 T0 动断触点断开使得 Y002 失电，停止装料。

（3）通过 T0 的动合触点使得 Y001 得电自锁，小车左行。小车左行至左限位处时，左限位信号 X002 动断触点断开使得 Y001 失电，小车停止。

（4）小车停止左行时，通过 Y001 的下降沿脉冲信号使得 Y003 得电自锁，开始卸料并延时，5s 后 T1 动断触点断开使得 Y003 失电，停止卸料，同时 T1 的动合触点使得 Y000 得电自锁，小车再次右行，开始下一个循环，直至按下停止按钮或电动机过载为止。

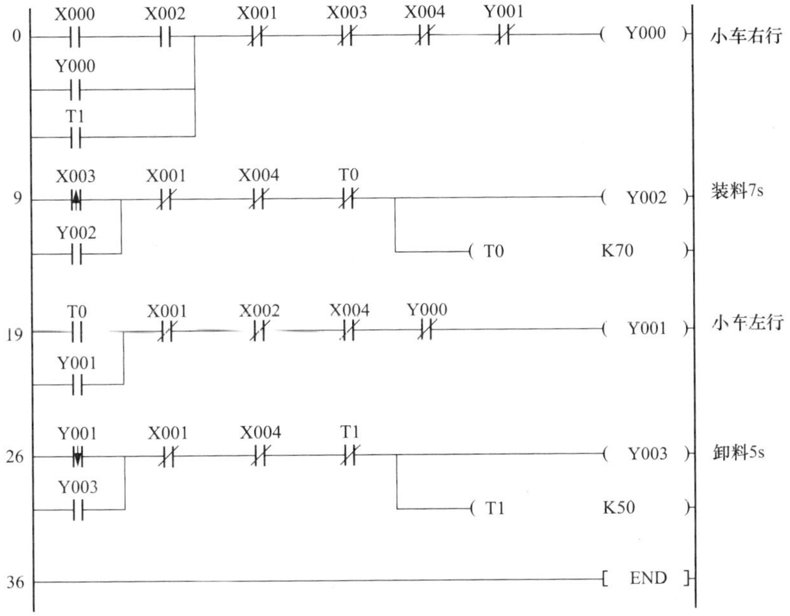

图 4-62　运料小车控制梯形图

注意：第 26 步程序不能使用左限位信号 X002 的上升沿脉冲信号作为启动信号来启动 Y003，因为小车初始位置就在左限位处，PLC 上电时 X002 会发出一个上升沿脉冲信号，从而导致小车卸料信号在没按启动按钮的情况下直接得电。

4.5.4　思考与拓展

1. NPN 式接近开关的接线方法

以运料小车 PLC 接线图为例，如图 4-63 所示。SQ1、SQ2 分别为左右两个接近开关，采用 NPN 三线式接近开关，棕色线接 24V+，黑色线接输入端子，蓝色线接 COM 端。

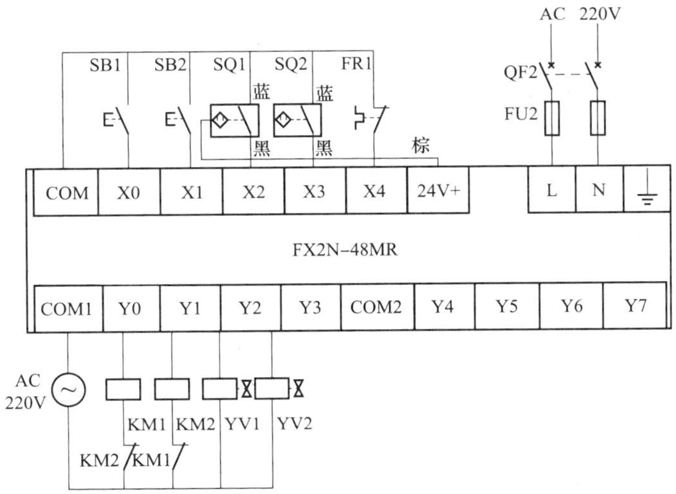

图 4-63　两地自动往返运料小车 PLC 接线

2. 微分指令

（1）上升沿微分指令 PLS。在输入信号上升沿产生一个扫描周期的脉冲输出。如图 4-64 所示，M0 仅在 X000 的动合触点由断到通时接通一个扫描周期。

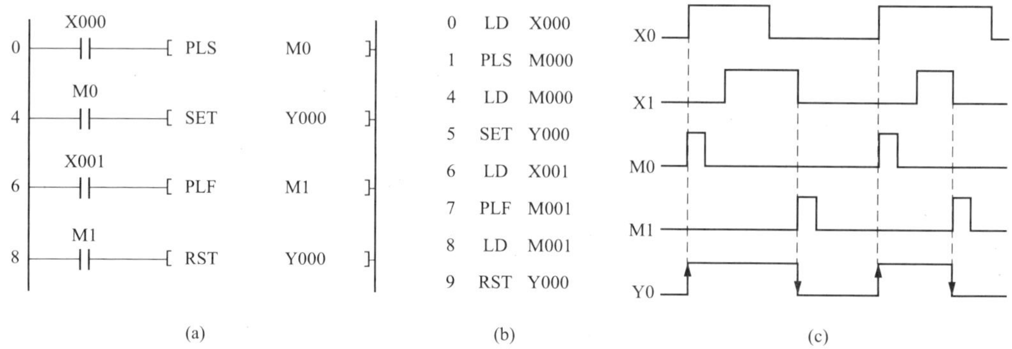

图 4-64　微分指令的使用

（a）梯形图；（b）指令表；（c）时序图

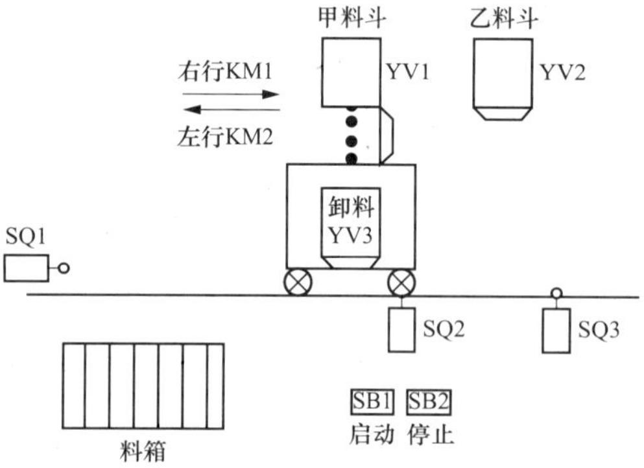

图 4-65　三地运料小车控制运行示意图

（2）下降沿微分指令 PLF。在输入信号下降沿产生一个扫描周期的脉冲输出。如图 4-64 所示，M1 仅在 X001 的动合触点由通到断时接通一个扫描周期。

3. 三地运料小车控制

（1）控制要求。图 4-65 所示为三地运料小车运行示意图，启动按钮 SB1 用来开启运料小车，停止按钮 SB2 用来手动停止运料小车，按 SB1 小车从原点启动，接触器 KM1 吸合使小车右行到 SQ2 处停止，电磁阀 YV1 得电使甲料斗装料 5s，然后小车继续右行到碰 SQ3 处停止，此时电磁阀 YV2 得电使乙料斗装料 3s，随后接触器 KM2 吸合小车左行返回原点到 SQ1 处停止，电磁阀 YV3 得电使小车卸料 8s 后完成一次循环，然后周而复始运行，直至按下停止按钮 SB2 时停止。

（2）I/O 分配表。

I/O 分配见表 4-11。

表 4-11　　三地运料小车控制 I/O 分配表

输入设备			输出设备		
设备名称	文字符号	输入地址	设备名称	文字符号	输出地址
启动按钮	SB1	X0	右行接触器线圈	KM1	Y0
停止按钮	SB2	X1	左行接触器线圈	KM2	Y1
左限位开关	SQ1	X2	甲料斗装料电磁阀	YV1	Y2

续表

输入设备			输出设备		
设备名称	文字符号	输入地址	设备名称	文字符号	输出地址
甲料斗限位开关	SQ2	X3	乙料斗装料电磁阀	YV2	Y3
乙料斗限位开关	SQ3	X4	卸料电磁阀	YV3	Y4
热继电器	FR1	X5			

（3）电气原理图。图4-66所示为三地运料小车控制的电气原理图。

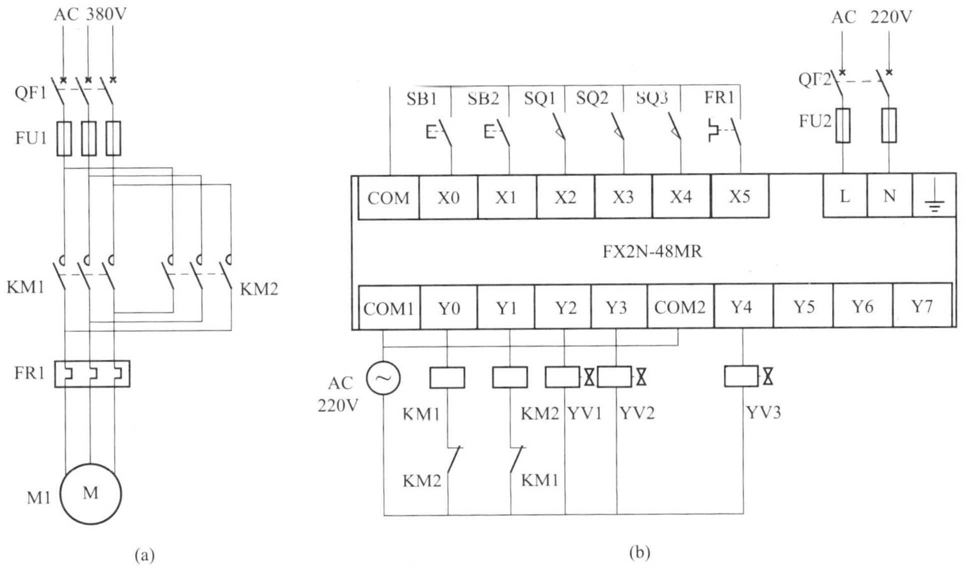

图4-66 三地运料小车控制电气原理图
（a）主电路；（b）控制电路

（4）程序设计。三地运料小车的梯形图程序如图4-67所示，程序原理如下：

1）小车在左限位处按下启动按钮时，X0和X2得电，使得M0得电自锁，小车右行。小车右行至甲料斗限位SQ2处时，甲料斗限位信号X3动断触点断开使得M0失电，小车停止。

注意：因为一个周期内小车有两次右行，所以用两个辅助继电器M0和M1分别代表两次右行的中间状态，然后再用M0和M1的动合触点并联起来控制右行输出Y0的线圈，这样可以避免双线圈。

2）通过甲料斗限位信号X3的上升沿脉冲使得Y2得电自锁，甲料斗开始装料并延时，5s后T0动断触点断开使得Y2失电，甲料斗停止装料。

注意：为防止小车左行返回时限位SQ2动作使甲料斗误动作，应在甲料斗限位信号X3的上升沿脉冲后串联左行信号Y1的动断触点。

3）通过T0的动合触点使得M1得电自锁，小车再次右行。小车右行至乙料斗限位SQ3处时，乙料斗限位信号X4动断触点断开使得M1失电，小车停止右行。

4）通过乙料斗限位信号 X4 的上升沿脉冲使得 Y3 得电自锁，乙料斗开始装料并延时，3s 后 T1 动断触点断开使得 Y3 失电，乙料斗停止装料。

5）通过 T1 的动合触点使得 Y1 得电自锁，小车左行。小车左行至左限位 SQ1 处时，左限位信号 X2 动断触点断开使得 Y1 失电，小车停止左行。

6）小车停止左行时，通过 Y1 的下降沿脉冲信号使得 Y4 得电自锁，开始卸料并延时，8s 后 T2 动断触点断开使得 Y4 失电，停止卸料，同时 T2 的动合触点使得 M0 得电自锁，小车再次右行，开始下一个循环，直至按下停止按钮或电动机过载为止。

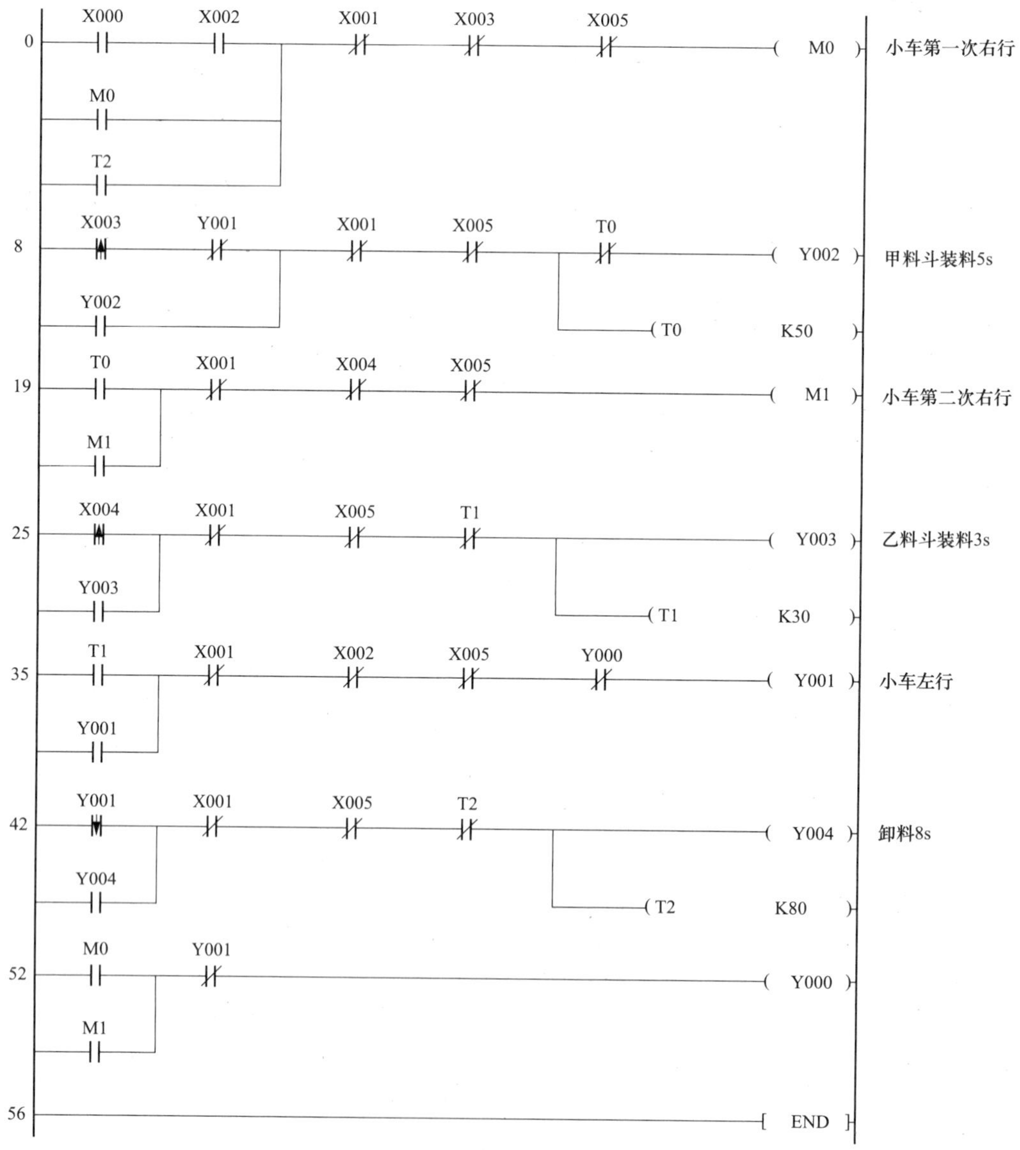

图 4-67　三地运料小车控制梯形图程序

巩固练习

一、选择题

1. 三菱 FX 系列 PLC 上升沿微分指令为（　　）。

A. PLS　　B. SET　　C. PLF　　D. RST

2. 三菱 FX 系列 PLC 下降沿微分指令为（　　）。

A. PLS　　B. SET　　C. PLF　　D. RST

3. NPN 三线式接近开关的棕色线接三菱 FX 系列 PLC 的（　　）。

A. 24+　　B. COM　　C. 输入端子　　D. 空端子

4. NPN 三线式接近开关的蓝色线接三菱 FX 系列 PLC 的（　　）。

A. 24+　　B. COM　　C. 输入端子　　D. 空端子

5. NPN 三线式接近开关的黑色线接三菱 FX 系列 PLC 的（　　）。

A. 24+　　B. COM　　C. 输入端子　　D. 空端子

二、判断题

1. 上升沿指的是信号由断到通的那一刻。（　　）
2. 下降沿指的是信号一直断开的状态。（　　）
3. 触点脉冲指令只能检测单个信号的上升沿或下降沿。（　　）
4. 接近开关属于接触式的接近开关。（　　）
5. 三菱 FX 系列 PLC 一般使用 PNP 式接近开关。（　　）

三、设计题

1. I0.0 由通到断时 Q0.0 得电自锁，I0.1 由通到断时 Q0.0 失电。设计梯形图程序。

2. 按下启动按钮 SB1，接触器 KM1 得电，三相异步电动机 M1 连续运行；再次按下按钮 SB1，接触器 KM1 失电，电动机 M1 停止运行，如此交替反复。分配 I/O，绘制电气原理图并设计梯形图程序。

3. 第一次按下按钮 SB1，指示灯 HL1 点亮，指示灯 HL2 不亮；第二次按下按钮 SB1，指示灯 HL1 不亮，指示灯 HL2 点亮；之后交替反复。分配 I/O，绘制电气原理图并设计梯形图程序。

4. 某三地运料小车，启动按钮 SB1 后小车先在原点（左限位 SQ1 处）装料（YV1）10s，然后小车右行至中限位 SQ2 处停止并卸料（YV2）4s，卸料完毕后小车再次右行至右限位 SQ3 处停止卸料（YV2）6s，卸料完毕后小车左行退回原点位置开始下一个循环。分配 I/O，绘制电气原理图并设计梯形图程序。

5. 某工作台由一台双速电动机驱动，在 A、B 两地之间往复运行。初始位置停在左侧 A 点（限位 SQ1 动作）。按下启动按钮后，工作台高速右行，当距离 B 点 10m 时（该处设有一个接近开关 SQ4）工作台开始低速右行，当碰到右限位开关 SQ2 时工作台停止右行，同时以较快速度向左侧 A 点运行，距离 A 点 10m（该处也设有一个接近开关 SQ3）时工作台开始低速左行，碰到左限位开关时，工作台停止左行，自动右行进入下一个工作周期，不断循环直到按下停止按钮为止。请设计 PLC 的控制系统。

项目 5

顺序控制系统的PLC控制

任务1 机床液压滑台的PLC控制

5.1.1 任务概述

某组合机床液压滑台进给运动过程如图 5-1 所示，滑台初始位置在限位 SQ1 处。按下启动按钮后，滑台快进，电磁阀 YV1 得电。快进碰到限位 SQ2 后滑台转为工进，电磁阀 YV1 和 YV2 得电。工进碰到限位 SQ3 后滑台转为快退，电磁阀 YV3 得电，碰到限位 SQ1 后停止。在滑台运行过程中按下停止按钮后，滑台立即停止。

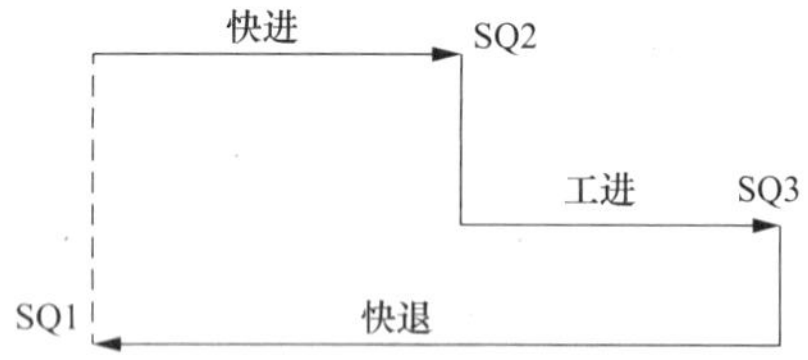

图 5-1 组合机床液压滑台进给运动示意图

5.1.2 任务资讯

1. 顺序控制设计法概述

如果一个控制系统可以分解成几个独立的控制动作，且这些动作必须严格按照一定的先后次序执行才能保证生产过程的正常运行，这样的控制系统称为顺序控制系统，也称为步进控制系统。其控制总是一步一步按顺序进行。在工业控制领域中，顺序控制系统的应用很广，尤其在机械行业，经常利用顺序控制来实现加工的自动循环。

所谓顺序控制设计法就是针对顺序控制系统的一种专门的设计方法。这种设计方法很容易被初学者接受，对于有经验的工程师，也会提高设计的效率，程序的调试、修改和阅读也很方便。PLC 的设计者们为顺序控制系统的程序编制提供了大量通用和专用的编程元件，开发了专门供编制顺序控制程序用的功能表图，使这种先进的设计方法成为当前 PLC 程序设计的主要方法。

2. 顺序功能图的组成

使用顺序控制设计法设计顺序控制系统的程序首先需要绘制顺序功能图，如图 5-2 所示，顺序控制功能图主要由步、转换条件、有向线段、动作几部分构成。

(1) 步。图 5-2 中各状态器所在的线框为顺序功能图的“步”。可以用辅助继电器 M 或者状态继电器 S 表示各步的序号。“步”对应于工业生产工艺流程中的工步，是控制系统中一个相对稳定的状态，通常有初始步和工作步之分。初

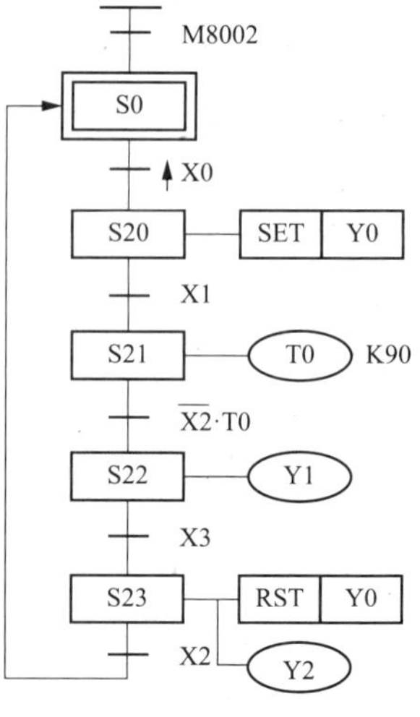

图 5-2 顺序功能图

始步对应于控制系统工作之前的状态，是运行的起点，用双线框表示。初始步可以没有任何输出，但是必不可少。工作步对应于系统正常运行时的状态，用单线框表示。

根据步的运行状态，又可以将“步”分为活动步和静止步。系统正工作于某一步时，相应的工作被执行，该步称为活动步。只有前级步为活动步，同时满足相应的转换条件时，才能激活当前步，同时停止前级步。M8002为初始化脉冲继电器，在PLC由STOP变为RUN的瞬间，M8002接通一个扫描周期，用于激活初始步。否则，由于没有活动步，程序不能被执行。

（2）转换条件。图5-2中各步之间的短横线称为转换条件，具体条件要求用短横线旁边的文字或布尔代数表达式或图形符号注明。转换条件X和$\bar{X}$，分别表示当X为ON和OFF时条件成立；↑X和↓X分别表示当X由OFF变为ON和由ON变为OFF时条件成立；$X1+X2$和$X1\cdot X2$分别表示当$X1+X2$和$X1\cdot X2$的逻辑运算结果为1时，转换条件成立。

步与步之间的状态转换需满足两个条件：一是前级步必须是活动步；二是对应的转换条件要成立。满足上述两个条件就可以实现步与步之间的转换。值得注意的是，一旦后续步转换成功成为活动步，前级步就要复位成为非活动步。这样，状态转移图的分析就变得条理十分清楚，无须考虑状态时间的繁杂联锁关系。另外，这也方便程序的阅读理解，使程序的试运行、调试、故障检查与排除变得非常容易，这就是步进顺控设计法的优点。

（3）有向线段。顺序功能图中，带箭头的线段称为有向线段，用来表示顺序流程的进展方向，即步的转换方向。顺序功能图各步由上向下执行时，有向线段的箭头通常省略不画，但是当进展方向为由下向上时，箭头不可省略。

（4）动作。图5-2中，T0、Y1、Y2、SET和RST分别为各步的驱动，表示各步所能完成的工作。当某一步为活动步时，相应的驱动被执行。驱动可以为保持型和非保持型的，例如，线圈Y、M等为非保持型驱动，当某步由活动步变为静止步时，非保持型驱动也由ON变为OFF。SET和RST等为保持型驱动，当某一步为活动步时，指令被执行，即使该步又变为静止步，被置位或复位的元件仍保持此时的状态不变，除非遇到新的复位或置位、线圈驱动指令。

在顺序功能图中（并行序列除外），不同的步可以有相同的输出，即允许使用“双线圈”。但是，同一步内不能有相同的输出线圈。定时器线圈与其余线圈一样，可以在不同的步之间重复使用，但是应避免在相邻的步中使用同一个定时器线圈，以避免状态转移时定时器线圈不能断开，当前值不能复位。

3. 顺序功能图的结构类型

顺序功能图按照结构形式的不同，可以分为单一序列结构、选择序列结构、并行序列结构、重复、跳步等形式。

（1）单一序列结构。图5-2所示顺序功能图为单一序列结构顺序功能图。这是一种最简单的结构形式，每步后面只有一个转换条件，每个转换条件后面也只有一步。

（2）选择与并行序列结构。图5-3（a）为选择序列结构顺序功能图。选择序列的顺序功能图用单线的长划线表示分支的开始和汇合。分支开始线应在各序列转换条件上方，汇合线应在各序列汇合的转换条件之下。

S21～S23，S24～S26 分别为这个选择序列的两个分支序列。S20 为活动步时，若 X0 为 ON，则 S21 被激活，S21 开始的序列被执行。若 X0 为 OFF，则 S24 被激活，S24 开始的序列被执行。需注意的问题是，分支序列中，每次只能选择执行其中的一个序列。各分支可以有不同的步数。分支序列汇合时，S23、S26、S29 中的任意一步为活动步，并满足相应转换条件时，都可以激活 S30。

图 5-3（b）所示为并行序列结构顺序功能图。并行序列的顺序功能图用双线的长划线表示分支的开始和汇合。分支开始线应在并行序列的分支开始转换条件之下，汇合线应在各序列汇合的转换条件之上。S21～S23，S24～S26，S27～S29 分别为这个并行序列的三个分支序列。S20 为活动步时，若 X0 为 ON，则同时激活三个分支序列。各分支可以有不同的步数。与选择序列不同，并行序列的所有分支是同时开始，各自执行的，并不要求同步执行。分支汇合时则需要各分支的末步均为活动步，并满足汇合转换条件。如图 5-3 中，只有 S23、S26、S29 均为活动步，并且转换条件 X7 为 ON 时，S30 被激活。

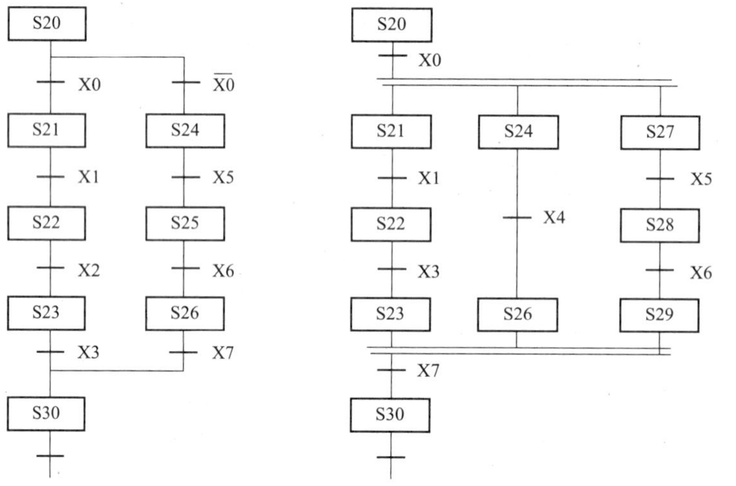

图 5-3　选择与并行序列

（a）选择序列；（b）并行序列

（3）重复、跳步序列结构与多个流程间的跳转。图 5-4 所示为重复序列结构，当 S22 为活动步，同时满足转换条件 X4 为 ON 时，S20～S22 之间的各步被重复执行，直至 S22 为活动步，同时满足转换条件 X3 位 ON 时，跳出重复，激活 S23。

图 5-5 所示为跳步序列结构，当 S1 为活动步时，若转换条件 X0 为 ON，则激活 S40；若转换条件 X5 为 ON，则激活 S42。

图 5-6 所示为多个单一序列结构之间的跳转。顺序功能图允许设计多个单一流程。S2. S5 分别为两个单一序列的初始步。当 S50 为活动步时，若满足转换条件 X5 为 ON，则跳转到 S5 开始的序列，并激活 S62。

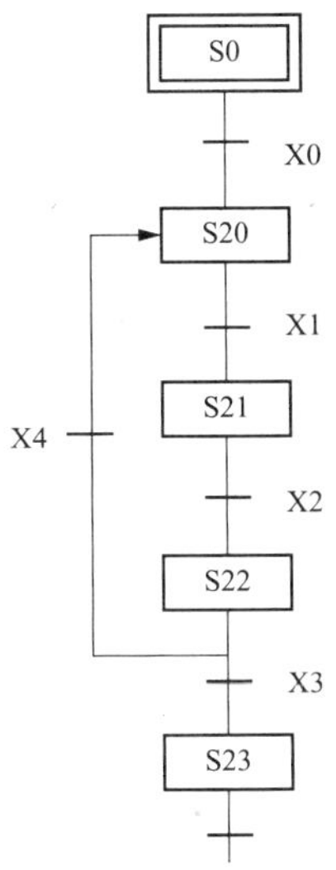

图 5-4 重复序列

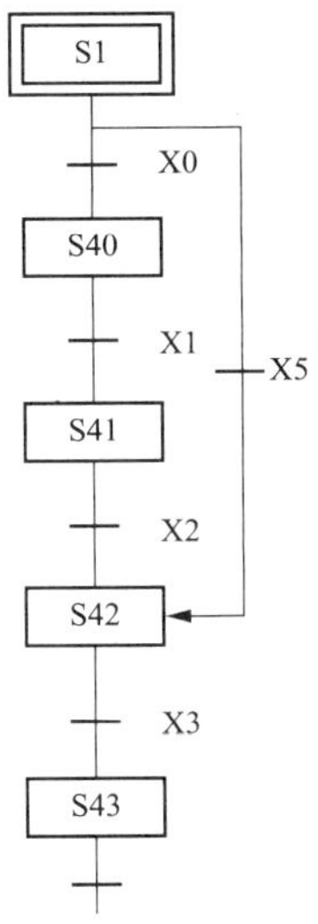

图 5-5　跳步序列

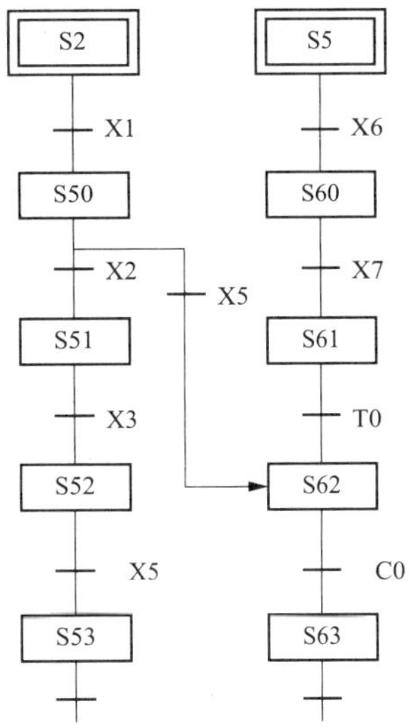

图 5-6　多个流程间的跳转

4. 顺序功能图的画法

正确绘制顺序功能图是编制步进梯形图的基础。顺序功能图可以将控制的顺序清晰地表示出来。便于机械工程技术人员与电气工程技术人员之间的技术交流与合作。绘制顺序功能图的步骤如下：

（1）根据工艺流程要求划分“步”，并确定每步的输出。

（2）确定步与步之间的转换条件。

（3）画出步序图。

（4）将工序图转换为顺序功能图。

（5）将工序图中的“步”用相应状态继电器 S 或辅助继电器 M 代替，并画出每步驱动的线圈，将转换条件用字符或逻辑语言描述出来。

5. 启保停顺序控制设计法

顺序控制设计法常见的有启保停顺序控制设计法、置位复位指令顺序控制设计法和顺控指令设计法等，下面介绍启保停顺序控制设计法。

为了便于分析，假设刚开始执行用户程序时，系统已处于初始步（用初始化脉冲 M8002 将初始步置位），代表其余各步的编程元件均为 OFF，为转换的实现做好了准备。

编程时用辅助继电器来代表步。某一步为活动步时，对应的辅助继电器为“1”状态，转换实现时，该转换的后续步变为活动步。由于转换条件大都是短信号，即它存在的时间比它激活的后续步为活动步的时间短，因此应使用有记忆（保持）功能的电路来控制代表步的辅助继电器。如图 5-7 所示 M_{i-1}、M_i 和 M_{i+1} 是功能表图中顺序相连的 3 步，X_i

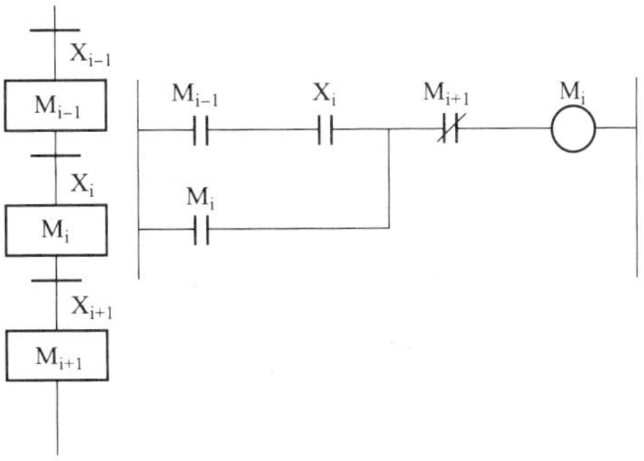

图 5-7　启保停顺序控制设计法基本思路

是步 M_i 之前的转换条件。

编程的关键是找出它的启动条件和停止条件。根据转换实现的基本规则，转换实现的条件是它的前级步为活动步，并且满足相应的转换条件，所以步 M_i 变为活动步的条件是 M_{i-1} 为活动步，并且转换条件 $X_i=1$，在梯形图中则应将 M_{i-1} 和 X_i 的动合触点串联后作为控制 Mi 的启动信号，如图 5-7 所示。当 M_i 和 X_{i+1} 均为"1"状态时，步 M_{i+1} 变为活动步，这时步 M_i 应变为不活动步，因此可以将 $M_{i+1}=1$ 作为使 M_i 变为"0"状态的条件，即将 M_{i+1} 的动断触点与 M_i 的线圈串联。

5.1.3 任务实施

1. I/O 分配

机床液压滑台控制的 I/O 分配表见表 5-1。

表 5-1　　机床滑台控制 I/O 分配表

输入设备			输出设备		
设备名称	文字符号	输入地址	设备名称	文字符号	输出地址
启动按钮	SB1	X0	电磁阀线圈	YV1	Y0
停止按钮	SB2	X1	电磁阀线圈	YV2	Y1
左限位	SQ1	X2	电磁阀线圈	YV3	Y2
中限位	SQ2	X3			
右限位	SQ3	X4			

2. 硬件接线

图 5-8 所示为机床液压滑台控制的电气原理图，液压回路省略。

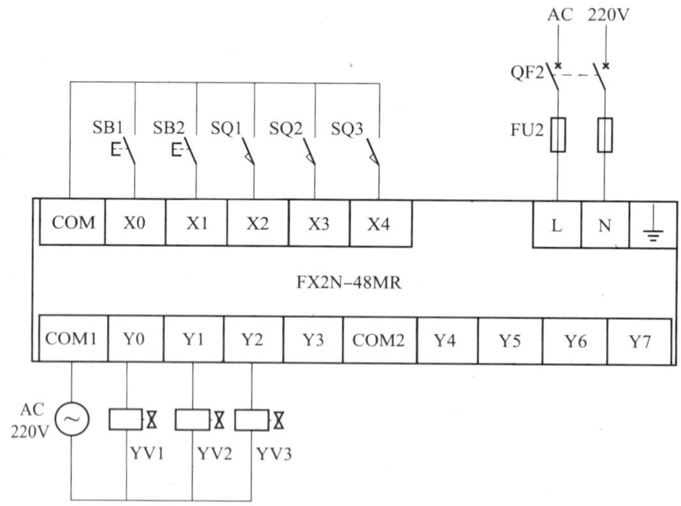

图 5-8　机床液压滑台控制电气原理图

图 5-9 所示为液压滑台控制的电器元件布置图，请按照图 5-8 将电器元件连接起来。

3. 程序设计

（1）顺序功能图。图 5-10 所示为机床液压滑台控制的顺序功能图，将机床液压滑台控制系统的一个工作周期划分为初始、快进、工进、快退4个步，并用辅助继电器M进行编号，用M0表示初始步，M1至M3分别代表快进、工进、快退3个步。初始步通过M8002激活，M0到M1的转换条件为X0的动合触点闭合，M1到M2的转换条件为X3的动合触点闭合，M2到M3的转换条件为X4的动合触点闭合，M3到M0的转换条件为X2的动合触点闭合，工作方式为单周期工作方式。

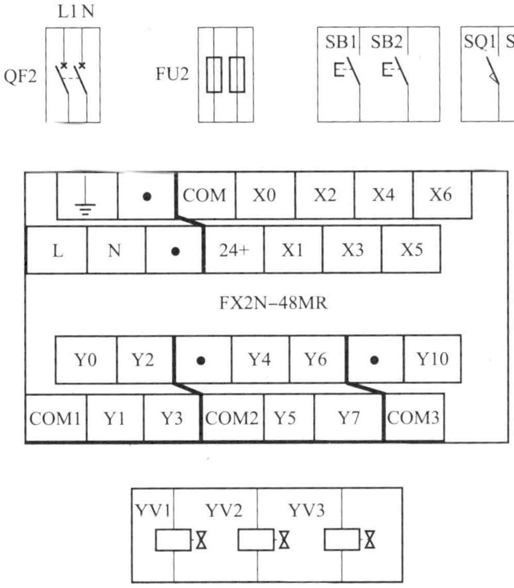

图5-9　机床液压滑台控制电器元件布置图

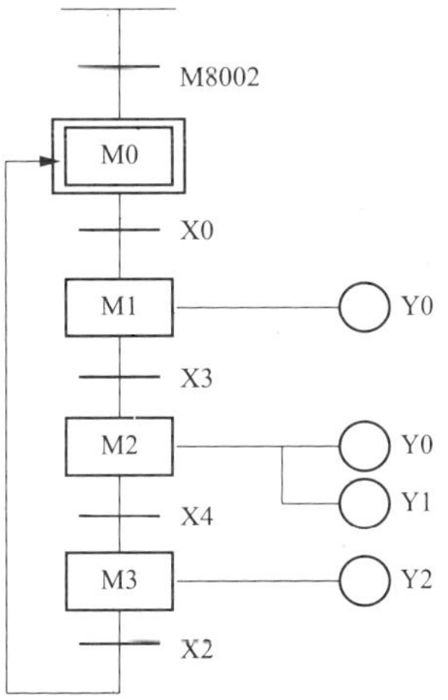

图5-10　液压滑台顺序功能图

（2）梯形图程序。图5-11所示为采用启保停顺控设计法的梯形图。

第0～21步程序主要实现步之间的转换。通过初始化脉冲M8002启动M0后，使用启保停顺序控制设计法实现从初始步M0到工作步M3的转换以及从工作步M3到M0的跳转控制。

第22～28步程序主要实现从工作步M1到M3每个步要完成的动作。

第29～35步程序主要实现按下停止按钮时置位初始步M0并将M1、M2、M3全部复位，程序中的ZRST指令为区间复位指令，其功能是条件满足时将M1至M3全部复位。

5.1.4　思考与拓展

1. 单周期模式和连续循环模式的切换

图5-1所示的机床液压滑台控制系统中，增加一个转换开关SA1，当开关SA1达到右侧ON位置时为连续循环模式，即按下启动按钮后滑台周而复始运行；当开关SA1达到左侧OFF位置时为单周期模式，即按下启动按钮后滑台仅运行一个周期。

（1）I/O分配表，见表5-2。

（2）PLC外部接线图。PLC外部接线如图5-12所示。

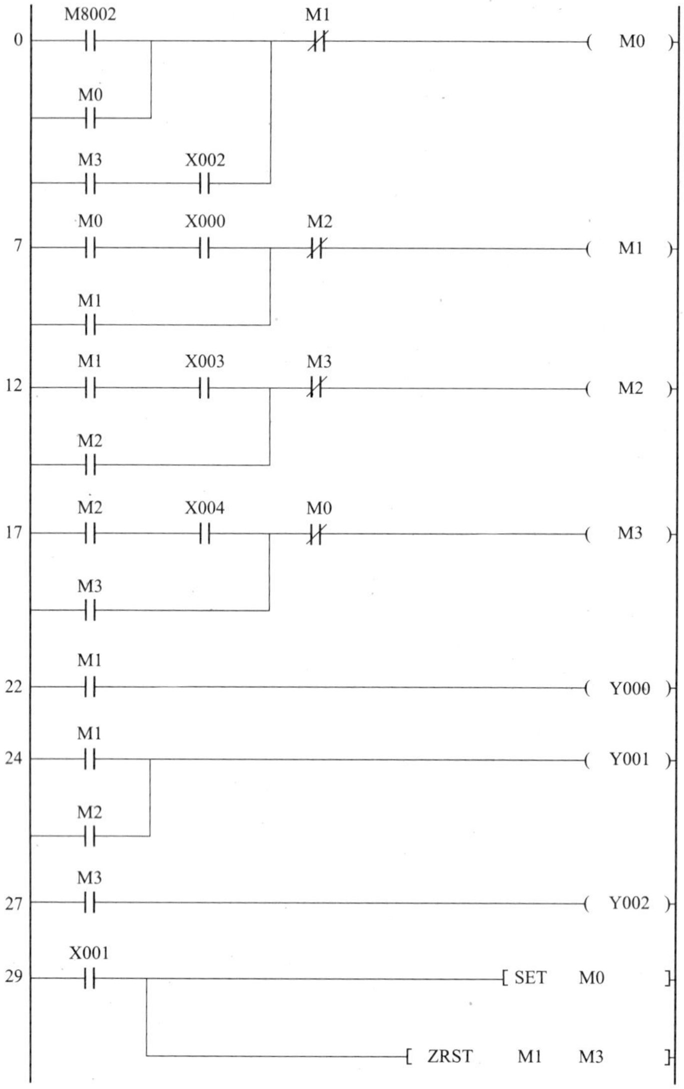

图 5-11　机床液压滑台控制梯形图

表 5-2　　单周期/连续循环切换的滑台控制 I/O 分配表

输入设备			输出设备		
设备名称	文字符号	输入地址	设备名称	文字符号	输出地址
启动按钮	SB1	X0	电磁阀线圈	YV1	Y0
停止按钮	SB2	X1	电磁阀线圈	YV2	Y1
左限位	SQ1	X2	电磁阀线圈	YV3	Y2
中限位	SQ2	X3			
右限位	SQ3	X4			
转换开关	SA1	X5			

（3）程序设计。单周期/连续循环切换的滑台控制的顺序功能图如图5-13所示，滑台快退碰到左限位后，若开关SA1闭合（X5得电）则从M3返回到M1，为连续循环模式；若开关SA1断开（X5不得电）则从M3返回到M0，为单周期模式。

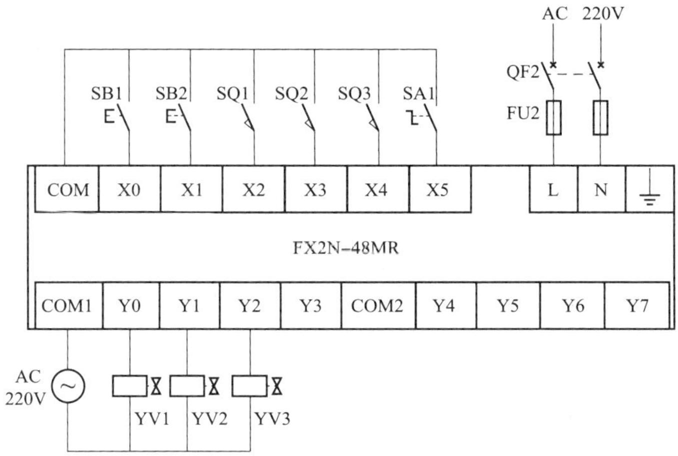

图5-12　单周期/连续循环切换的滑台控制PLC接线图

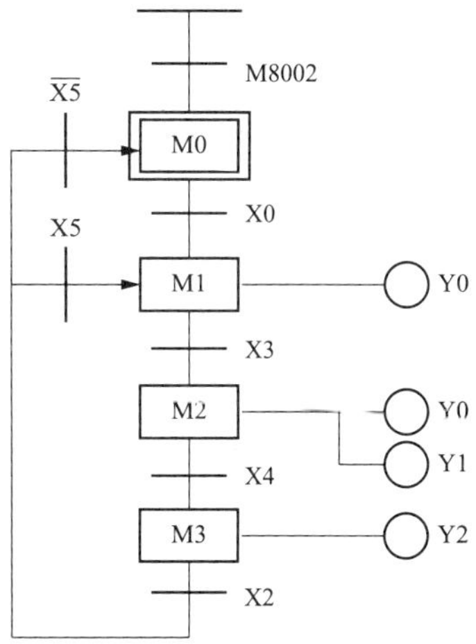

图5-13　液压滑台顺序功能图

PLC梯形图程序如图5-14所示，程序原理如下：

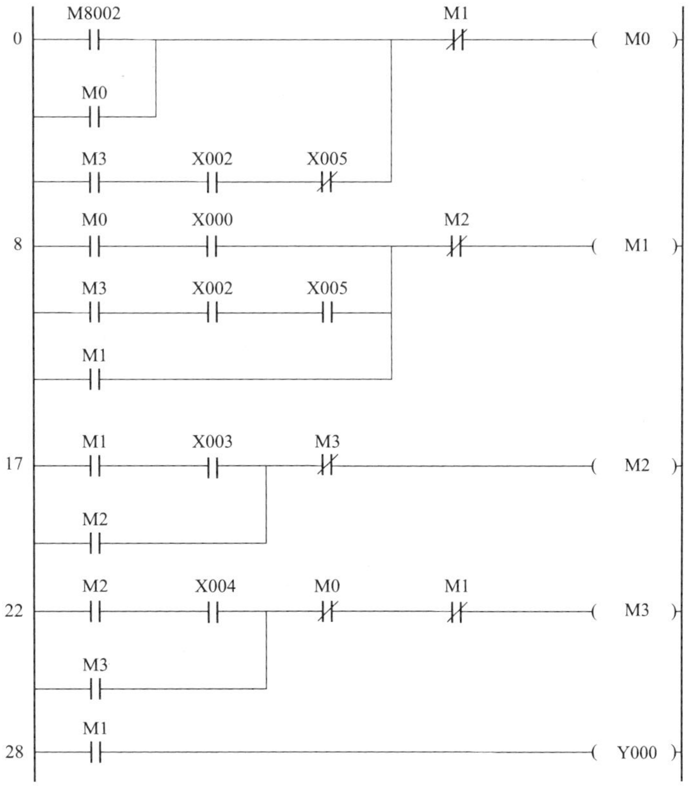

图5-14　单周期/连续循环切换的滑台控制梯形图程序（一）

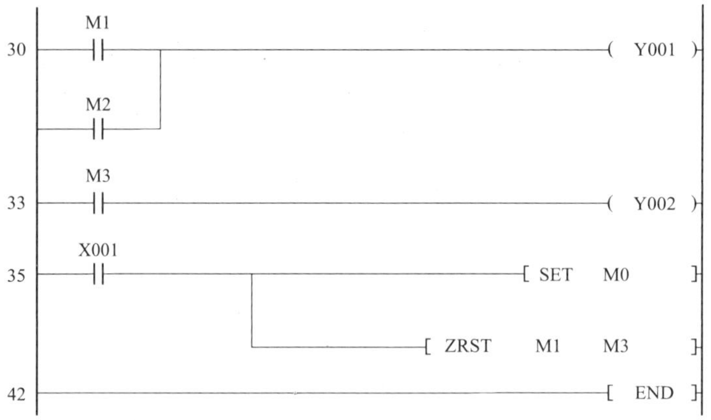

图 5-14 单周期/连续循环切换的滑台控制梯形图程序（二）

第 0～26 步程序主要实现步之间的转换。通过初始化脉冲 M8002 启动 M0 后，使用启保停顺序控制设计法实现从初始步 M0 到工作步 M3 的转换以及从工作步 M3 到 M0 或 M1 的跳转控制。M3 被激活后，若 X2 得电且 X5 也得电则跳转到 M1；若 X2 得电且 X5 未得电则跳转到 M0。

第 27～33 步程序主要实现从工作步 M1 到 M3 每个步要完成的动作。

第 34～41 步程序主要实现按下停止按钮时置位初始步 M0 并将 M1、M2、M3 全部复位。

2. 两地运料小车的顺序控制编程

如图 4-55 所示的两地运料小车控制系统，同样可以采用启保停顺序设计法。

（1）I/O 分配表。运料小车 I/O 分配表，见表 5-3。

表 5-3　　运料小车 I/O 分配表

输入设备			输出设备		
设备名称	文字符号	输入地址	设备名称	文字符号	输出地址
启动按钮	SB1	X0	右行接触器线圈	KM1	Y0
停止按钮	SB2	X1	左行接触器线圈	KM2	Y1
右限位开关	SQ2	X2	装料电磁阀线圈	YV1	Y2
左限位开关	SQ1	X3	卸料电磁阀线圈	YV2	Y3
热继电器	FR1	X4			

（2）电气原理图。电气原理图与图 4-60 相同。

（3）程序设计。

1）顺序功能图。图 5-15 所示为运料小车的顺序功能图，将运料小车控制系统的一个工作周期划分为右行、装料、左行、卸料 4 个步，并用辅助继电器 M 进行编号，用 M0 表示初始步，M1～M4 分别代表右行、装料、左行、卸料 4 个步。初始步通过 M8002 激活，M0 到 M1 的转换条件为 X0 的动合触点闭合，M1 到 M2 的转换条件为 X2 的动合触点闭合，M2 到 M3 的转换条件为 T0 的动合触点闭合，M3 到 M4 的转换条件为 X3 的动合触点闭合，M4 到 M1 的转换条件为 T1 的动合触点闭合，工作方式为连续循环的工作方式。

2）梯形图程序。图5-16所示为采用启保停顺控设计法的梯形图。

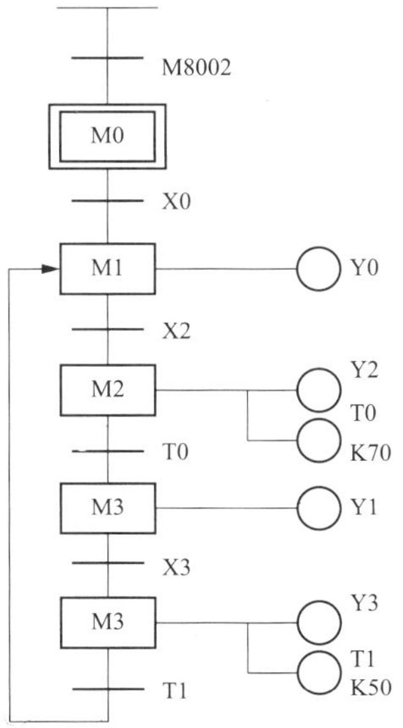

图5-15　运料小车顺序功能图

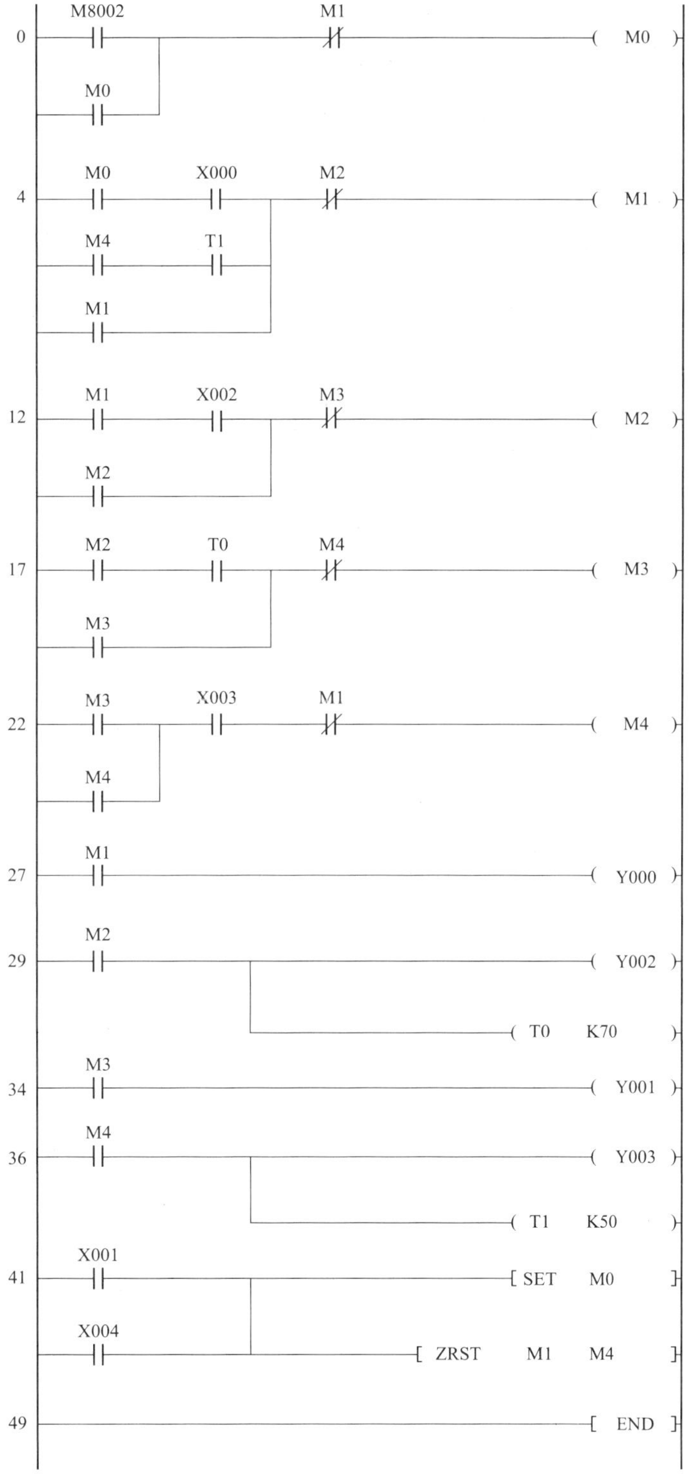

图5-16　运料小车顺序控制梯形图程序

第 0～26 步程序主要实现步之间的转换。通过初始化脉冲 M8002 启动 M0 后，使用启保停顺序控制设计法实现从初始步 M0 到工作步 M4 的转换以及从工作步 M4 到 M1 的循环控制。

第 27～40 步程序主要实现从工作步 M1 到 M4 每个步要完成的动作。

第 41～48 步程序主要实现按下停止按钮或电动机过载时置位 M0 并将 M1、M2、M3、M4 全部复位，程序中的 ZRST 指令为区间复位指令，功能是条件满足时将 M1～M4 连续 4 个辅助继电器全部复位。

巩固练习

一、选择题

1. 顺序功能图按照结构形式的不同主要有（　　）。

A. 单一序列　　B. 选择序列　　C. 并行序列　　D. 重复　　E. 跳步

2. 当某步由活动步变为静止步时，该步的动作中（　　）不会复位。

A. 用 OUT 指令驱动的 Y 线圈

B. 用 OUT 指令驱动的通用定时器线圈

C. 用 OUT 指令驱动的通用辅助继电器 M 线圈

D. 用 SET 指令驱动的 Y 线圈

3. 顺序功能图中一般用（　　）置位初始步。

A. M8000　　B. M8002　　C. M8011　　D. M8013

4. 在顺序功能图中一般用软元件（　　）来代表步。

A. S　　B. M　　C. Y　　D. D

5. 在顺序功能图中转换条件（　　）表示当 X 由 OFF 变为 ON 时条件成立。

A. ↑X　　B. ↓X　　C. X　　D. $\bar{X}$

二、判断题

1. 所谓顺序控制设计法就是针对顺序控制系统的一种专门的设计方法。（　　）

2. 在顺序功能图中步与步不能相连，必须用转换分开。（　　）

3. 在顺序功能图中转换与转换不能相连，必须用步分开。（　　）

4. 在顺序功能图中一个流程图至少要有一个初始步（　　）

5. 在顺序功能图中每步后只能有一个转换，每个转换后也只能连接着一个步。（　　）

三、设计题

1. 根据图 5-17 时序图画出顺序功能图并用启保停顺序控制设计法设计程序。

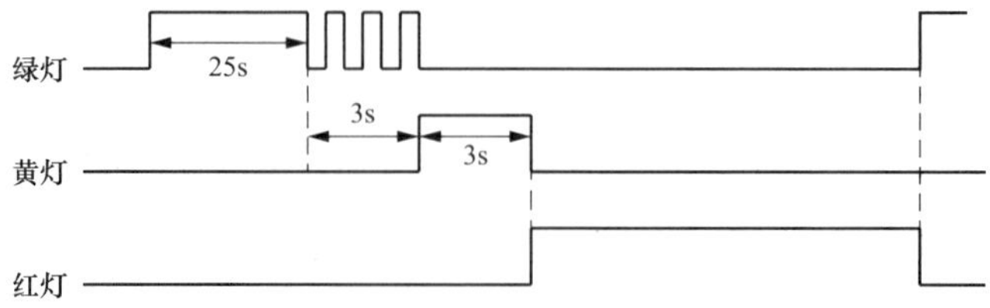

图 5-17　时序图

2. 某三地运料小车，启动按钮 SB1 后小车先在原点（左限位 SQ1 处）装料（YV1）10s，然后小车右行至中限位 SQ2 处停止并卸料（YV2）4s，卸料完毕后小车再次右行至右限位 SQ3 处停止卸料（YV2）6s，卸料完毕后小车左行退回原点位置开始下一个循环。请画出顺序功能图并用启保停顺序控制设计法设计程序。

3. 有红黄绿三只彩灯，控制要求如下，请画出顺序功能图并用启保停顺序控制设计法设计程序。

（1）按下启动按钮 SB1 后，红灯单独闪烁 3 次，之后黄灯单独闪烁 3 次，之后蓝灯单独闪烁。

（2）按下停止按钮 SB2 后，三只彩灯一起亮 3s 后熄灭。

任务2　剪板机的 PLC 控制

5.2.1　任务概述

图 5-18 所示为某剪板机的示意图。原始状态时，压钳和剪刀均在上方原位，并压合 SQ2 和 SQ4。按下启动按钮，送板料车开始启动，当板料送到位（SQ1 动作）后，送板料车停止，压钳下压，碰到 SQ3 后停止下压，剪刀下行，剪断板料，延时 10s，剪刀退回，碰到 SQ4 剪刀停止。压钳退回碰到 SQ2 停止，完成一个工作周期，剪完 3 块板料后停止循环。循环过程中如按下停止按钮，则完成本周期剩余动作后回到原位等待。

5.2.2　任务资讯

1. 置位、复位指令顺序控制设计法

图 5-19 所示为以转换为中心的编程方式设计的梯形图与功能表图的对应关系。图 5-19 中要实现 X_i 对应的转换必须同时满足两个条件：前级步为活动步（$M_{i-1}=1$）和转换条件满足（$X_i=1$），所以用 M_{i-1} 和 X_i 的动合触点串联组成的电路来表示上述条件。两个条件同时满足时，该电路接通时，此时应完成两个操作：将后续步变为活动步（用 SET M_i 指令将 M_i 置位）和将前级步变为不活动步（用 RST M_{i-1} 指令将 M_{i-1} 复位）。这种编程方式与转换实现的基本规则之间有着严格的对应关系，用它编制复杂的功能表图的梯形图时，更能显示出它的优越性。

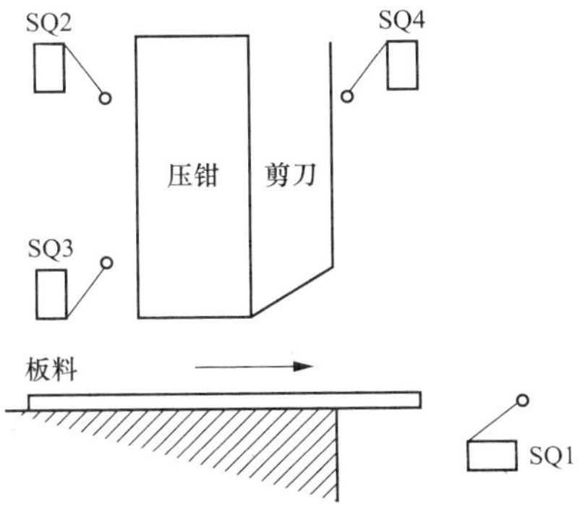

图 5-18　剪板机示意图

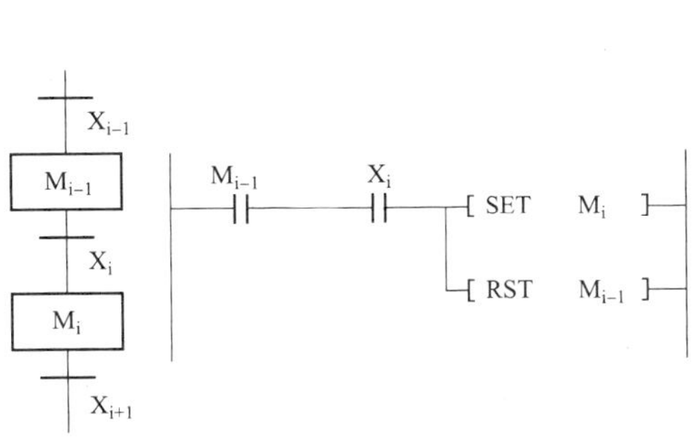

图 5-19　SET、RST 指令设计法基本思路

图 5-20 所示为某信号灯控制系统的时序图、功能表图和梯形图。初始步时仅红灯亮，按下启动按钮 X0，4s 后红灯灭、绿灯亮，6s 后绿灯和黄灯亮，再过 5s 后绿灯和黄灯灭、红灯亮。按时间的先后顺序，将一个工作循环划分为 4 步，并用定时器 T0～T3 来为 3 段时间定时。开始执行用户程序时，用 M8002 的动合触点将初始步 M300 置位。按下启动按钮 X0 后，梯形图第 2 行中 M300 和 X0 的动合触点均接通，转换条件 X0 的后续步对应的 M301 被置位，前级步对应的辅助继电器 M300 被复位。M301 变为“1”状态后，控制 Y0（红灯）仍然为“1”状态，定时器 T0 的线圈通电，4s 后 T0 的动合触点接通，系统将由第 2 步转换到第 3 步，依此类推。

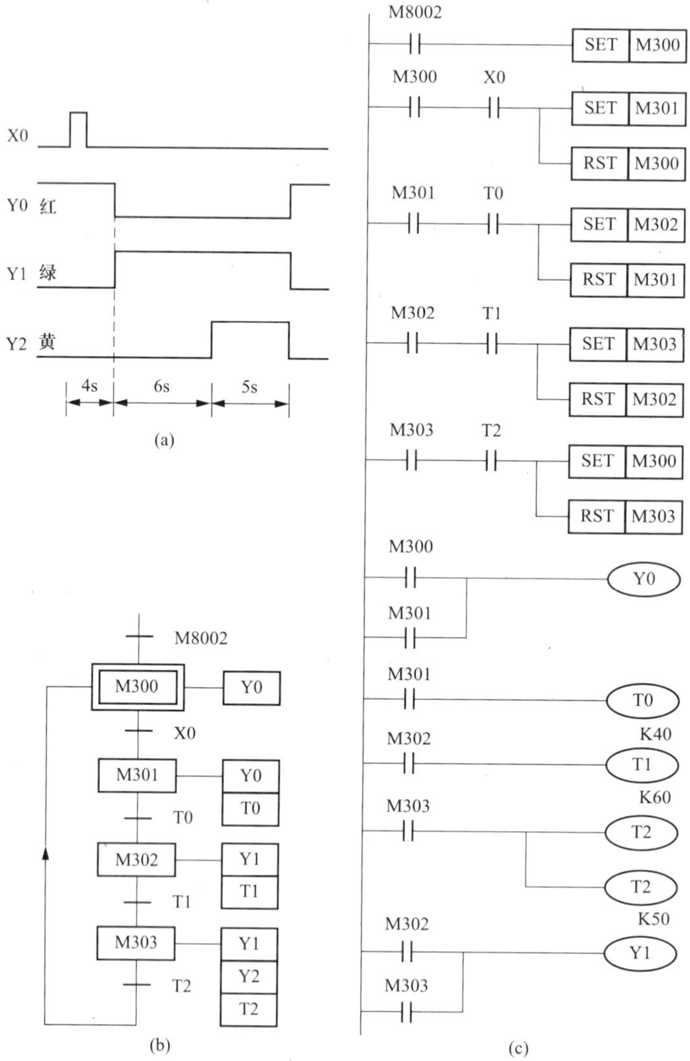

图 5-20　某信号灯控制系统

（a）时序图；（b）功能表图；（c）梯形图

使用这种编程方式时，不能将输出继电器的线圈与 SET、RST 指令并联，这是因为图 5-20 中前级步和转换条件对应的串联电路接通的时间是相当短的，转换条件满足后前级步马上被复位，该串联电路被断开，而输出继电器线圈至少应该在某一步活动的全部时间内接通。

2. 回原点停止方式实现方法

所谓回原点停止指的是在循环过程中如按下停止按钮，则完成本周期剩余动作后回到原位等待，该功能可以通过“停止记忆”程序和在第一步的循环条件中串联停止记忆信号的动断触点来实现。图5-21所示为“停止记忆”梯形图程序，按下停止按钮（X1），停止记忆信号M10得电自锁，直至按下启动按钮（X0），切断M10。该程序的作用为当中途按下停止按钮后，M10得电，相当于“记忆”住了停止信号，即使松开停止按钮也不会消除，除非按下启动按钮。然后将M10的动断触点串联在第一步的循环条件中，这样在循环过程中如按下停止按钮后，不会立即停止，而是执行完本周起剩余动作后因为无法循环执行第一步而停止等待，从而实现回原点停止。

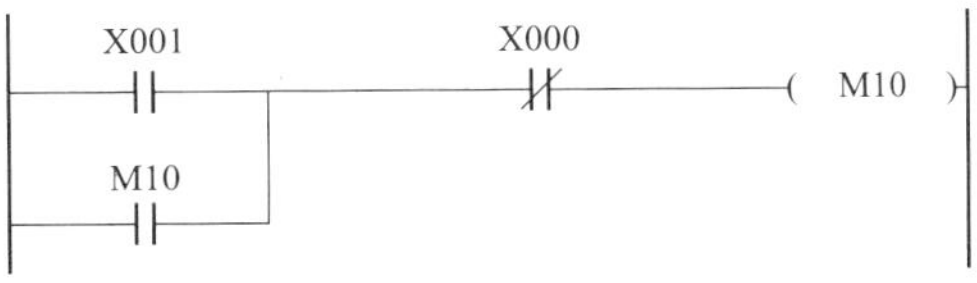

图5-21　“停止记忆”程序

5.2.3　任务实施

1. I/O分配

剪板机控制的I/O分配表见表5-4。

表5-4　剪板机控制I/O分配

输入设备			输出设备		
设备名称	文字符号	输入地址	设备名称	文字符号	输出地址
启动按钮	SB1	X0	板料车右行交流接触器	KM1	Y0
停止按钮	SB2	X1	压钳下行交流接触器	KM2	Y1
板料右限位开关	SQ1	X2	压钳上行交流接触器	KM3	Y2
压钳上限位开关	SQ2	X3	剪刀下行交流接触器	KM4	Y3
压钳下限位开关	SQ3	X4	剪刀上行交流接触器	KM5	Y4
剪刀上限位开关	SQ4	X5			

2. 硬件接线

（1）主电路。图5-22所示为剪板机控制主电路，M1为板料车进料电动机，M2为压钳电动机，M3为剪刀电动机。M1只需要单向运行，M2和M3需要正、反转，三台电动机均需要过载保护。

（2）控制电路。图5-23所示为剪板机的PLC控制电路，剪刀和压钳的输出回路需要互锁。

3. 程序设计

（1）顺序功能图。图5-24所示为剪板机控制顺序功能图。

通过初始化脉冲M8002激活初始步M0并将M1～M5全部复位。M1～M5分别代表板料右进、压钳下行、剪刀下行、剪刀上行和压钳上行五个工步。通过初始化脉冲

M8002 置位初始步并复位其他工步。最后一步压钳上行满足压钳上限位信号 X3 得电时，若未按下停止按钮且计数器也未到 3 次则返回第一步连续循环，若按下过停止按钮或计数器计数值到了 3 次则返回初始步自动停止。

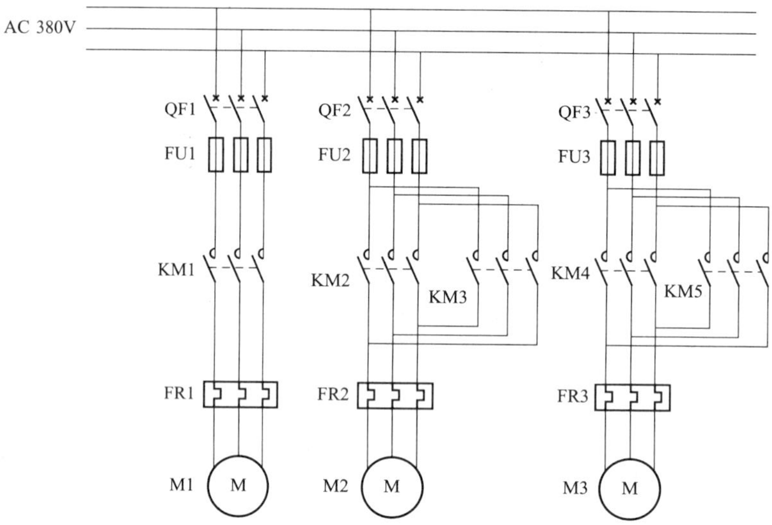

图 5-22　剪板机控制主电路

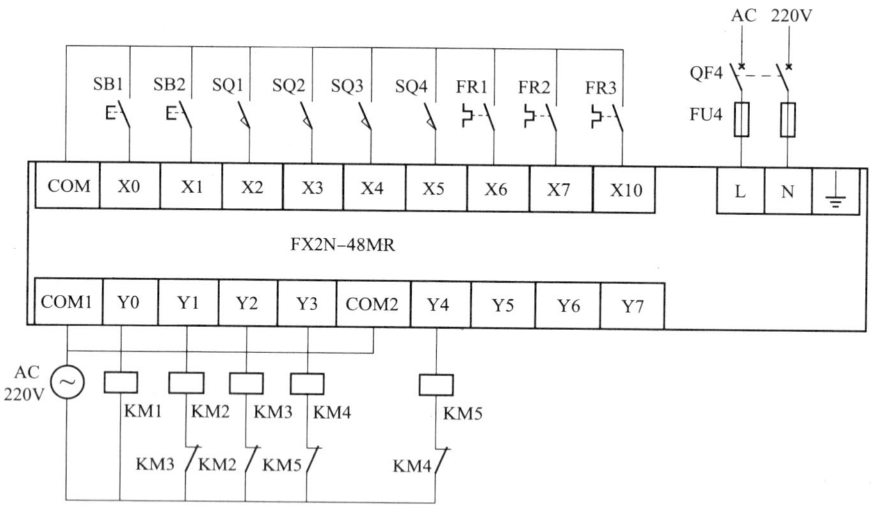

图 5-23　剪板机控制的 PLC 控制电路

（2）梯形图程序。图 5-25 所示为剪板机控制梯形图，第 0～39 步程序通过 SET、RST 指令实现 M0～M5 的转换，第 40～52 步程序为各步要实现的动作，第 53～56 步程序为停止记忆程序，第 57～63 步程序为加工计数程序，最后一部分为电动机过载时的程序。

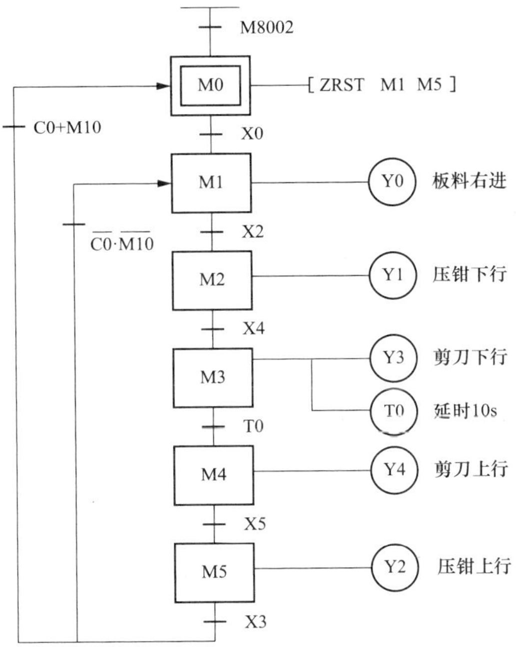

图 5-24　剪板机控制顺序功能图

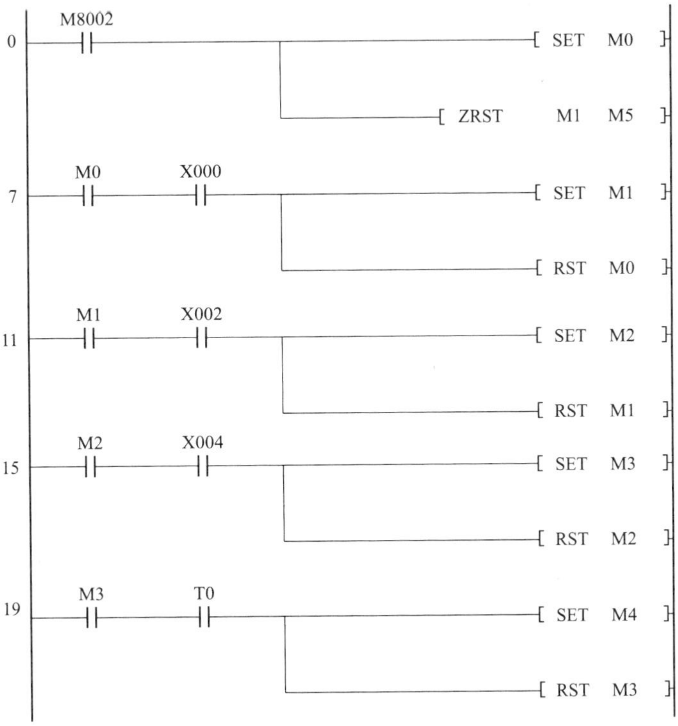

图 5-25　剪板机控制梯形图（一）

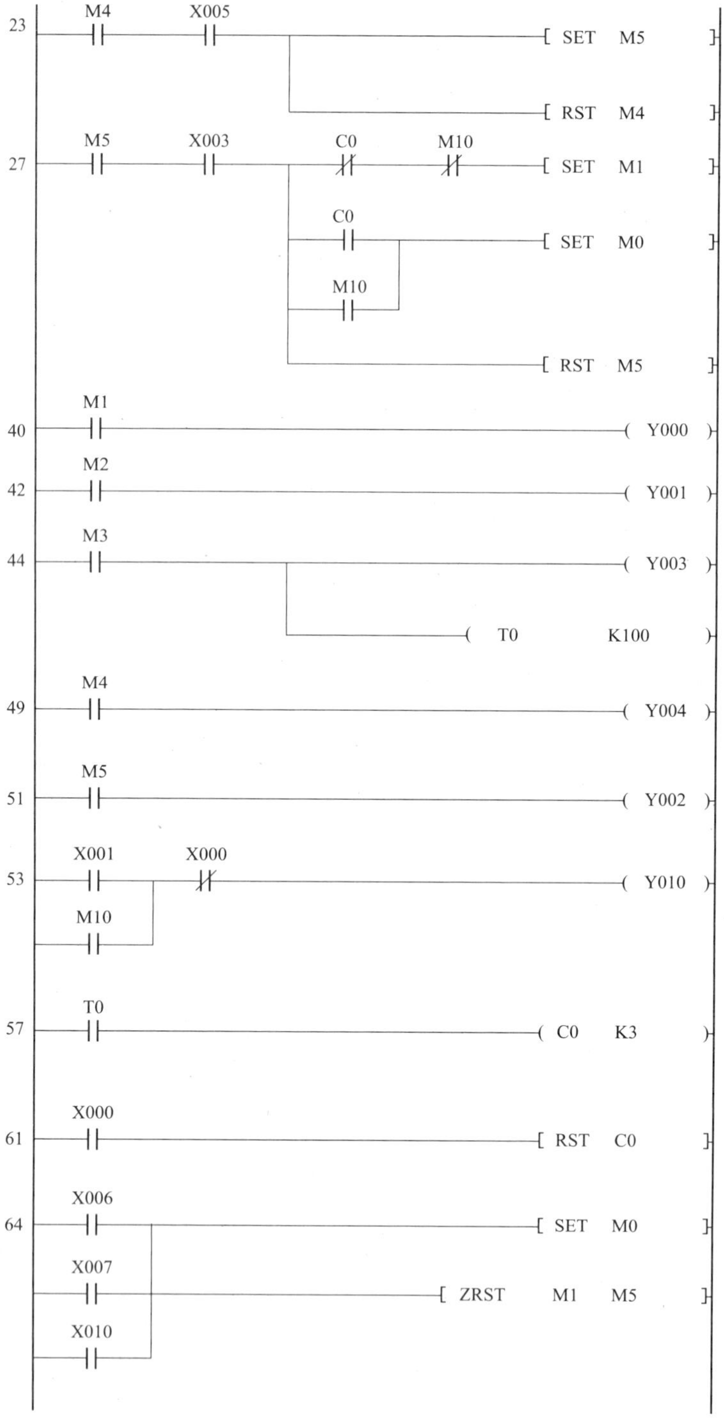

图 5-25 剪板机控制梯形图（二）

5.2.4 思考与拓展

1. 仅有两步的小闭环如何实现

图 5-26（a）所示顺序功能图中有些有两步组成的小闭环，用图 5-26（b）的梯形图

不能正常工作。如M1和X0均为ON状态时，M2的启动电路接通，但是这时与M2的线圈相串联的M1的动断触点却是断开的，所以M2的线圈不能“通电”。出现上述问题的根本原因在于步M1既是步M2的前级步，又是它的后续步。

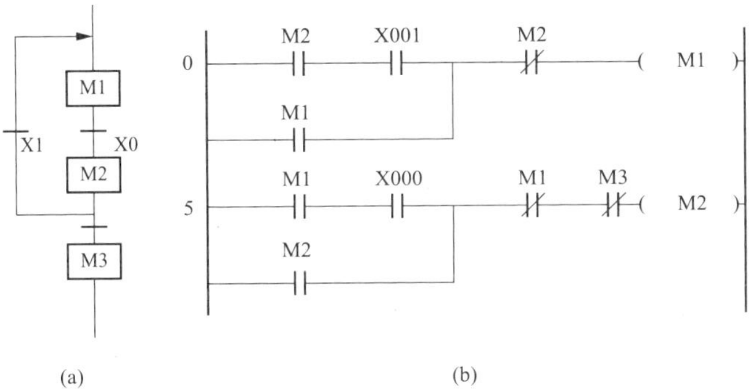

图5-26　仅有两步的小闭环程序

(a) 顺序图；(b) 不能工作的梯形图

如果用转换条件X0和X1的动断触点分别代替后续步M2和M1的动断触点如图5-27所示，将引发出另一问题。假设步M1为活动步时X0变为ON状态，执行修改后的图5-27中第1个启-保-停电路时，因为X0为ON状态，它的动断触点断开，使M1的线圈断电。M1的动合触点断开，使控制M2的启-保-停电路的启动电路开路，因此不能转换到步M2。

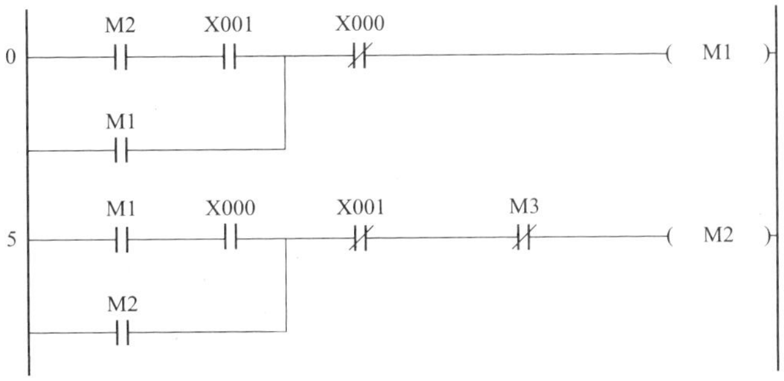

图5-27　不能工作的梯形图

为了解决这一问题，应该在此梯形图中增设一个受X0控制的中间元件M10，如图5-28所示，用M10的动断触点取代修改后的图5-27中X0的动断触点。如果M1为活动步时X0变为ON状态，执行图5-28中的第1个启-保-停电路时，M10尚为OFF状态，它的动断触点闭合，M1的线圈通电，保证了控制M2的启-保-停电路的启动电路接通，使M2的线圈通电。执行完图5-28中最后一行的电路后，M10变为ON状态，在下一个扫描周期使M1的线圈断电。

2. 两种液体混合搅拌系统的顺序控制系统设计

(1) 控制要求。图5-29所示为两种液体混合装置，SL1、SL2、SL3为液面传感器，液体A、B阀门与混合液体阀门由电磁阀YV1、YV2、YV3控制，M为搅动电动机。初始状态下液体A、B阀门关闭，容器内没有液体。

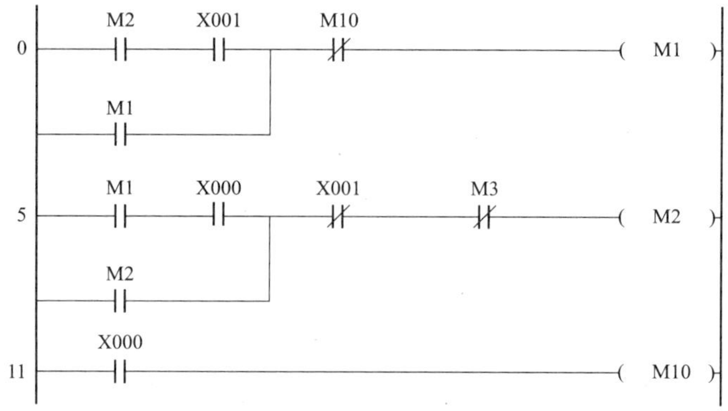

图 5-28　合理的梯形图程序

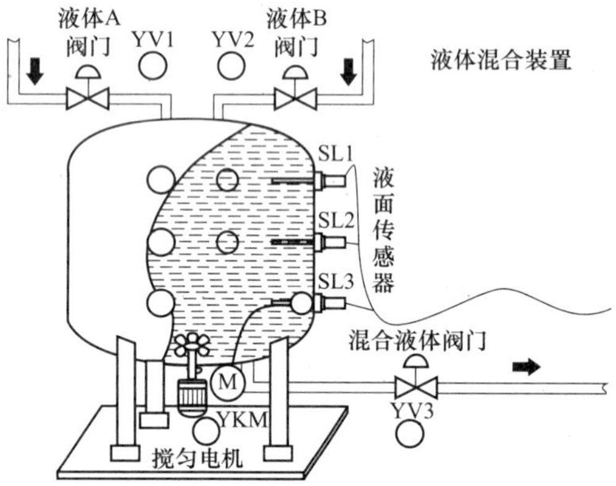

图 5-29　两种液体混合装置

按下启动按钮 SB1，液体 A 阀门打开，液体 A 流入容器，液位上升。当中液位开关 SL2 动作时，液体 A 阀门关闭，液体 B 阀门打开。当高液位开关 SL1 动作时，液体 B 阀门关闭，搅动电动机开始搅动。搅动电动机工作 6s 后停止搅动，混合液体阀门打开，开始放出混合液体。当液面下降到低液位开关 SL3 复位时，SL3 由接通变为断开，再过 5s 后，容器放空，混合液阀门关闭，开始下一周期。按下停止按钮 SB2，完成本周期剩余动作后等待。

（2）I/O 分配。本任务中，输入设备主要有启动按钮 SB1、停止按钮 SB2、上液位传感器 SL1、中液位传感器 SL2、下液位传感器 SL3、热继 FR，输出设备主要是 A 电磁阀 YV1、B 电磁阀 YV2、混合液放液电磁阀 YV3 和搅拌电动机接触器 KM1，它们的 I/O 点分配见表 5-5。

表 5-5　　液体混合搅拌系统 I/O 分配表

输入设备			输出设备		
设备名称	文字符号	输入地址	设备名称	文字符号	输出地址
启动按钮	SB1	X0	电磁阀 A	YV1	Y0
停止按钮	SB2	X1	电磁阀 B	YV2	Y1
上液位传感器 SL1	SQ1	X2	放液电磁阀 C	YV3	Y2
中液位传感器 SL2	SQ2	X3	接触器	KM1	Y3
下液位传感器 SL3	SQ3	X4			
热继电器	FR1	X5			

（3）电气原理图。图 5-30 所示为图液体混合搅拌系统的电气原理图。

（4）程序设计。

1）顺序功能图设计。液体混合搅拌系统的顺序功能图见图 5-31。

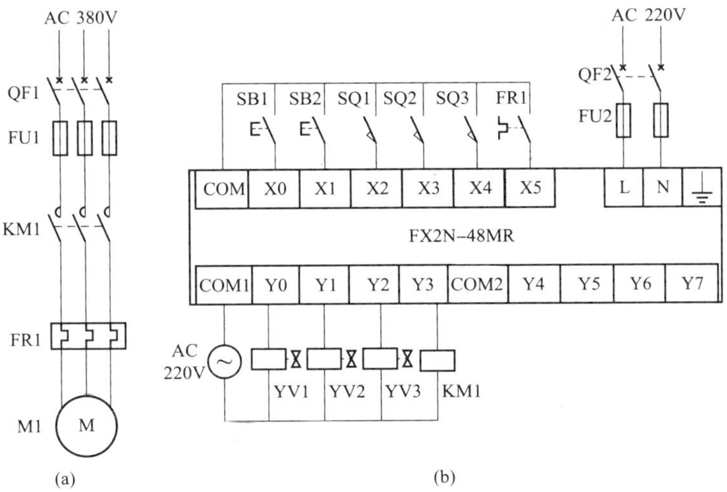

图 5-30 液体混合搅拌系统电气原理图

（a）主电路；（b）控制电路

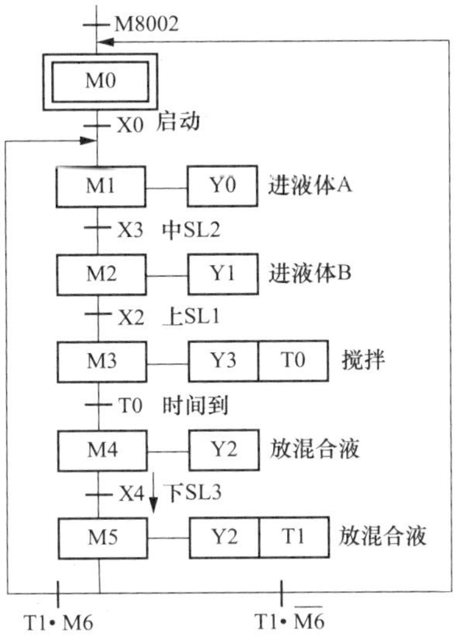

图 5-31 液体混合搅拌系统顺序功能图

2）梯形图程序。梯形图程序如图 5-32 所示。

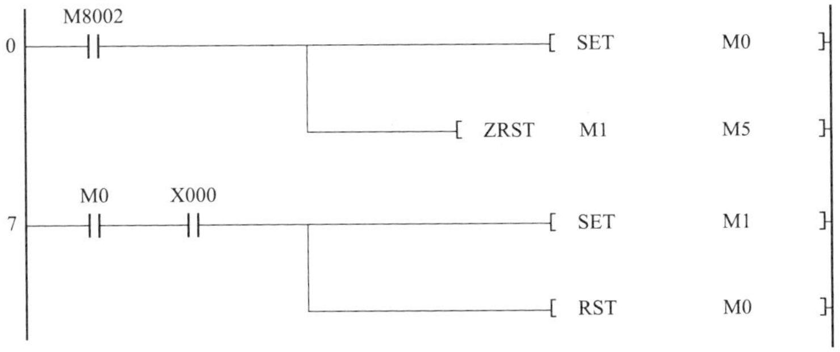

图 5-32 液体混合搅拌系统梯形图（一）

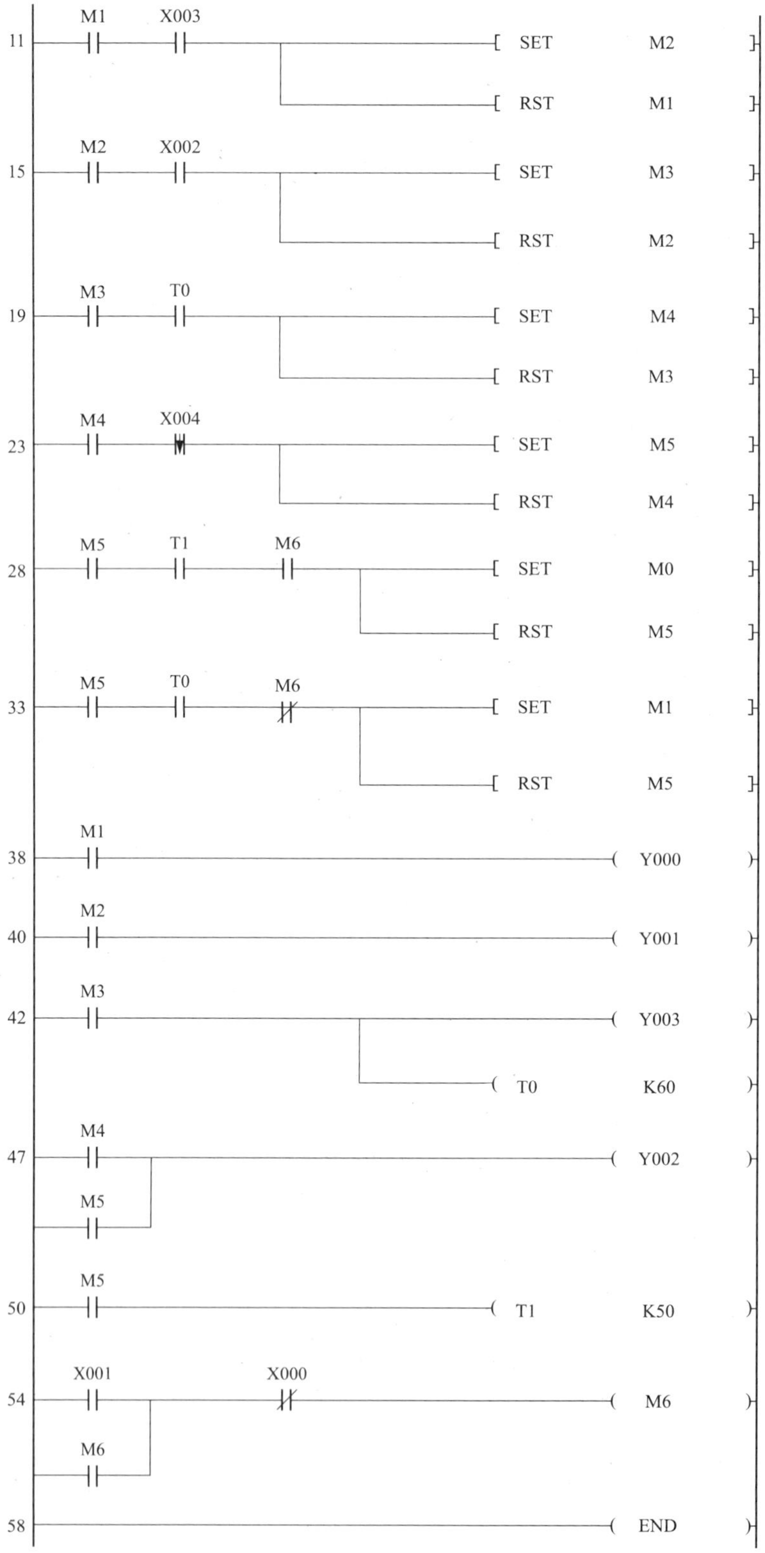

图 5-32　液体混合搅拌系统梯形图（二）

巩固练习

一、简答题

1. 简述置位复位指令顺序控制设计法的基本思路。

2. 简述回原点停止的实现方法。

二、设计题

1. 按下启动按钮后6个指示灯每隔1s顺序点亮，最后6个灯都亮，全亮2s后熄灭2s，然后循环上述步骤，有回原点停止功能。用置位复位指令顺序控制设计法设计梯形图程序。

2. 三台电动机，按下启动按钮时，M1先启动，运行2s后M2启动，再运行3s后M3启动；按下停止按钮时，M3先停止，3s后M2停止，2s后M1停止。有回原点停止功能。用置位复位指令顺序控制设计法设计梯形图程序。

3. 有红黄绿三只彩灯，控制要求如下，用置位复位指令顺序控制设计法设计梯形图程序。

（1）按下启动按钮SB1后，红灯单独亮3s，之后红、黄灯同亮3s，之后红、黄、蓝灯同亮3s，之后同灭3s，如此循环；

（2）按下停止按钮SB2后，三只彩灯一起闪烁3次后熄灭（闪烁频率为1Hz）。

4. 某儿童游乐园游艺飞机的控制要求如下：按下飞机启动按钮后，飞机开始围立柱做低速旋转，15s后飞机围绕立柱作高速旋转；又经过1min，飞机升空，升空到位后继续围绕立柱作高速旋转1min，然后下降；下降到位后，继续围绕立柱作高速旋转1min，然后转为低速旋转，经过15s后停止运动。其I/O分配见表5-6。请设计顺序功能图程序并用置位复位指令顺序控制设计法设计梯形图程序。

表5-6　　游乐园飞机I/O分配

输入设备			输出设备		
设备名称	文字符号	输入地址	设备名称	文字符号	输出地址
启动按钮	SB1	X0	飞机低速旋转接触器	KM1	Y0
停止按钮	SB2	X1	飞机高速旋转接触器	KM2	Y1
下降手动按钮	SB3	X2	飞机高速旋转接触器	KM3	Y2
上限位行程开关	SQ1	X3	飞机上升接触器	KM4	Y3
下限位行程开关	SQ2	X4	飞机下降接触器	KM5	Y4

任务3　洗衣机的PLC控制

5.3.1　任务概述

启动时，首先进水，到高水位时停止进水，开始洗涤。正转洗涤10s，暂停5s后反转洗涤10s，暂停5s后正转洗涤，如此反复10次。洗涤结束后，开始排水，当水位下降到低水位时，进行脱水（同时排水），脱水时间为20s。这样完成一次洗涤，脱水完成后蜂鸣器报警3s自动停机。

5.3.2 任务资讯

1. 状态继电器 S

状态继电器 S 主要用于配合顺序控制指令 STL 实现顺序控制系统的编程。如果用状态继电器 S 表示步，初始步用初始状态继电器 S0～S9 表示，回原点状态用回零状态继电器 S10～S19 表示，普通工作步用 S20～S499 表示。

FX2N 共有 1000 个状态继电器，其分类．编号．数量及用途见表 5-7。

表 5-7　　FX2N PLC 的状态继电器

类别	元件编号	个数	用途及特点
初始状态	S0～S9	10	用作 SFC 图的初始状态
返回状态	S10～S19	10	在多运行模式控制当中，用作返回原点的状态
通用状态	S20～S499	480	用作 SFC 图的中间状态，表示工作状态
掉电保持状态	S500～S899	400	具有停电保持功能，停电恢复后需继续执行的场合，可用这些状态元件
信号报警状态	S900～S999	100	用作报警元件使用

2. 顺序控制指令 STL

步进梯形指令（Step Ladder Instruction）简称为 STL 指令。FX 系列就有 STL 指令和 RET 复位指令，利用这两条指令，可以很方便地编制顺序控制梯形图程序。

FX2N 系列 PLC 的状态器 S0～S9 用于初始步，S10～S19 用于返回原点，S20～S499 为通用状态，S500～S899 有断电保持功能，S900～S999 用于报警。用它们编制顺序控制程序时，应与步进梯形指令一起使用。FX 系列还有许多用于步进顺控编程的特殊辅助继电器以及使状态初始化的功能指令 IST，使 STL 指令用于设计顺序控制程序更加方便。

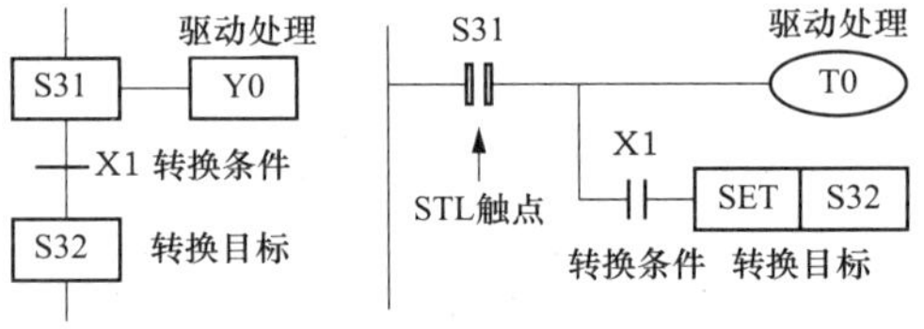

图 5-33　STL 指令用法

使用 STL 指令的状态器的动合触点称为 STL 触点，它们在梯形图中的元件符号如图 5-33 所示，可以看出功能表图与梯形图之间的对应关系，STL 触点驱动的电路块具有三个功能：对负载的驱动处理、指定转换条件和指定转换目标。

除了后面要介绍的并行序列的合并对应的梯形图外，STL 触点是与左侧母线相连的动合触点，当某一步为活动步时，对应的 STL 触点接通，该步的负载被驱动。当该步后面的转换条件满足时，转换实现，即后续步对应的状态器被 SET 指令置位，后续步变为活动步，同时与前级步对应的状态器被系统程序自动复位，前级步对应的 STL 触点断开。

使用 STL 指令时应该注意以下一些问题：

（1）最后一个电路结束时一定要使用 RET 指令。

（2）STL 触点可以直接驱动或通过别的触点驱动 Y、M、S、T 等元件的线圈，STL 触点也可以使 Y、M、S 等元件置位或复位。

（3）STL 触点断开时，CPU 不执行它驱动的电路块，即 CPU 只执行活动步对应的程序。在没有并行序列时，任何时候只有一个活动步，因此大大缩短了扫描周期。

（4）由于 CPU 只执行活动步对应的电路块，使用 STL 指令时允许双线圈输出，即同一元件的几个线圈可以分别被不同的 STL 触点驱动。实际上在一个扫描周期内，同一元件的几条 OUT 指令中只有一条被执行。

（5）STL 指令只能用于状态寄存器，在没有并行序列时，一个状态寄存器的 STL 触点在梯形图中只能出现一次。

（6）STL 触点驱动的电路块中不能使用 MC 和 MCR 指令，但是可以使用 CJP 和 EJP 指令。当执行 CJP 指令跳入某一 STL 触点驱动的电路块时，不管该 STL 触点是否为“1”状态，均执行对应的 EJP 指令之后的电路。

（7）与普通的辅助继电器一样，可以对状态寄存器使用 LD、LDI、AND、ANI、OR、ORI、SET、RST、OUT 等指令，这时状态器触点的画法与普通触点的画法相同。

（8）使状态器置位的指令如果不在 STL 触点驱动的电路块内，执行置位指令时系统程序不会自动将前级步对应的状态器复位。

3. STL 顺控指令设计法

图 5-34 所示小车一个周期内的运动路线由 4 段组成，它们分别对应于 S31～S34 所代表的 4 步，S0 代表初始步，0 通过初始化脉冲 M8002 置位。

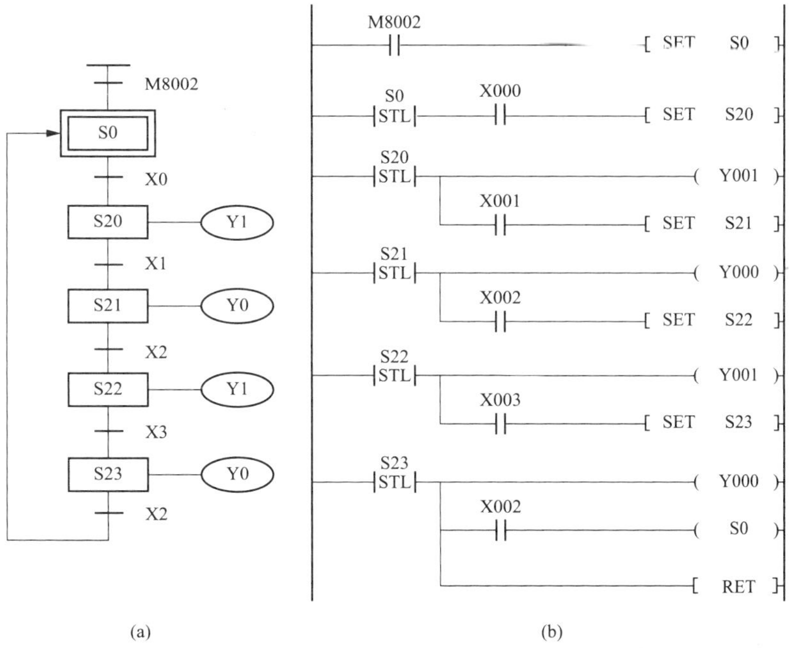

图 5-34　小车控制顺序功能图与梯形图

（a）顺序功能图；（b）梯形图

5.3.3　任务实施

1. I/O 分配

洗衣机控制 I/O 分配见表 5-8 所示。

表 5-8　　洗衣机控制 I/O 分配

输入设备			输出设备		
设备名称	文字符号	输入地址	设备名称	文字符号	输出地址
启动按钮	SB1	X0	进水电磁阀	YV1	Y0
停止按钮	SB2	X1	正转交流接触器	KM1	Y1
高水位开关	SQ1	X2	反转交流接触器	KM2	Y2
低水位开关	SQ2	X3	排水电磁阀	YV2	Y3
热继电器	FR1	X4	脱水电磁阀	YV3	Y4
			蜂鸣器	HA1	Y5

2. 硬件接线

图 5-35 所示为洗衣机控制的主电路和 PLC 控制电路。

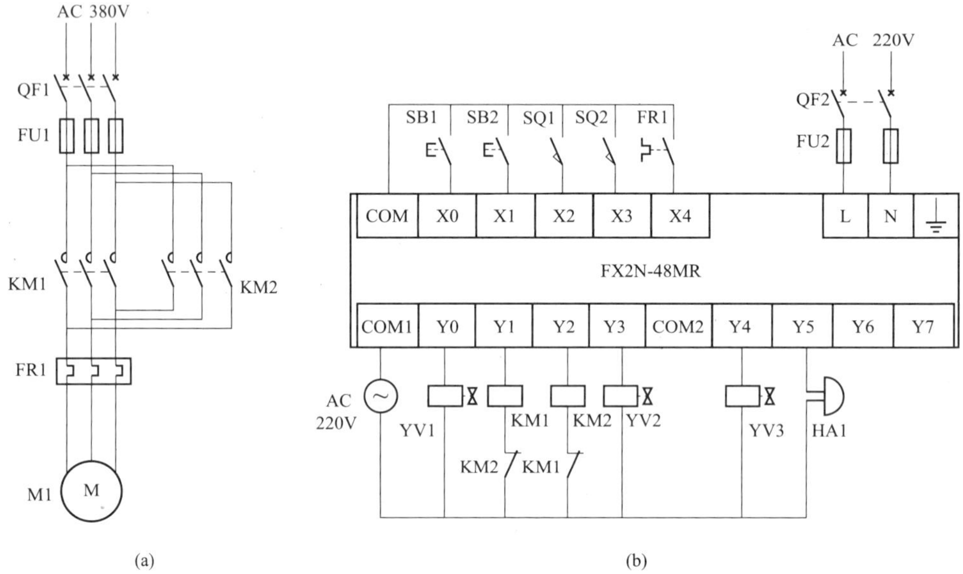

图 5-35　洗衣机控制电气原理图

（a）主电路；（b）PLC 控制电路

3. 程序设计

（1）顺序功能图。图 5-36 所示为洗衣机控制的顺序功能图，通过初始化脉冲 M8002 置位初始步 S0 并复位其他工步，S20～S27 分别代表进水、洗衣机正转 10s、暂停 5s、反转 10s、暂停 5s、排水至低水位、排水并脱水 20s 和报警 3s 这 8 个工步。

（2）梯形图程序。图 5-37 所示为洗衣机控制的梯形图，第 0～79 步程序为通过 STL 顺控指令实现 S0～S27 的转换，通过初始步和电动机过载信号置位初始步并复位其他步。

当状态继电器 S24 被激活 5s 后，若计数器计数值未到 10 次且停止记忆信号 M10 也未得电则状态继电器 S20 被激活，继续正反转洗涤；若计数器计数值到 10 次或停止记忆信号 M10 得电则状态继电器 S25 被激活，停止正反转洗涤，开始排水脱水。

当状态继电器 S25 被激活后开始排水，当水位低于低液位开关 SQ2 时，X3 由通到断，因此使用 X3 的下降沿信号作为转移条件。

最后在转移结束时必须要添加 RET 指令。

第 80～86 步程序为计数器计数及复位程序，第 87～90 步程序为停止记忆程序，该程序的作用为当中途按下停止按钮后，M10 得电，相当于“记忆”住了停止信号，即使松开停止按钮也不会消除，除非按下启动按钮。

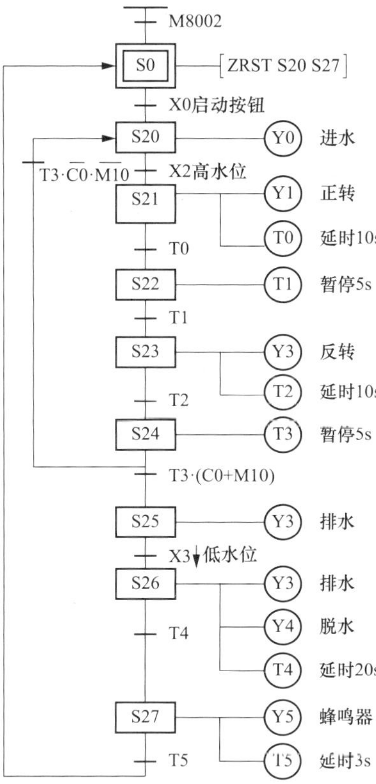

图 5-36　洗衣机控制顺序功能图

5.3.4　思考与拓展

1. 大、小球分选传送机械控制系统

图 5-38 所示的传送机分选装置可以分检出大、小铁球。如果传送机底部的电磁铁吸住的是小铁球，则将小铁球放入小球筐；如果吸住大铁球，就将大铁球放入大球筐。传送机械的上下运动由一台电动机带动，左右运动则由另一台电动机带动。

初始状态下，传送机停在左上位置，电磁铁不得电。按下启动按钮后，电动机在传送机的带动下，下降到混合球筐中。机械臂下降时，当电磁铁压到大球时，下限位开关 SQ1 断开，压着小球时，SQ1 接通，以此判断压到的是大球还是小球。延时 1s 后，机械手臂上升，到上限位 SQ2 处变为右行，若吸住的是小球，则压下 SQ3 时变为下降，若吸住的是大球，则压下 SQ4 时，变为下降。接近开关为 ON 时停止下降，电磁铁断电，将球放至筐中。1s 后变为上升，压下 SQ2 时变为左行，压下左限位 SQ5 时，停止在初始位置。械臂的左右移动分别由 Y4、Y3 控制，上升下降分别由 Y2、Y0 控制。电磁铁由 Y1 控制。

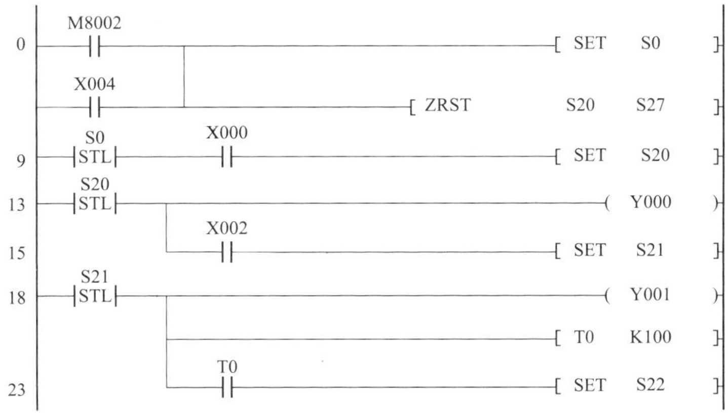

图 5-37　洗衣机控制梯形图（一）

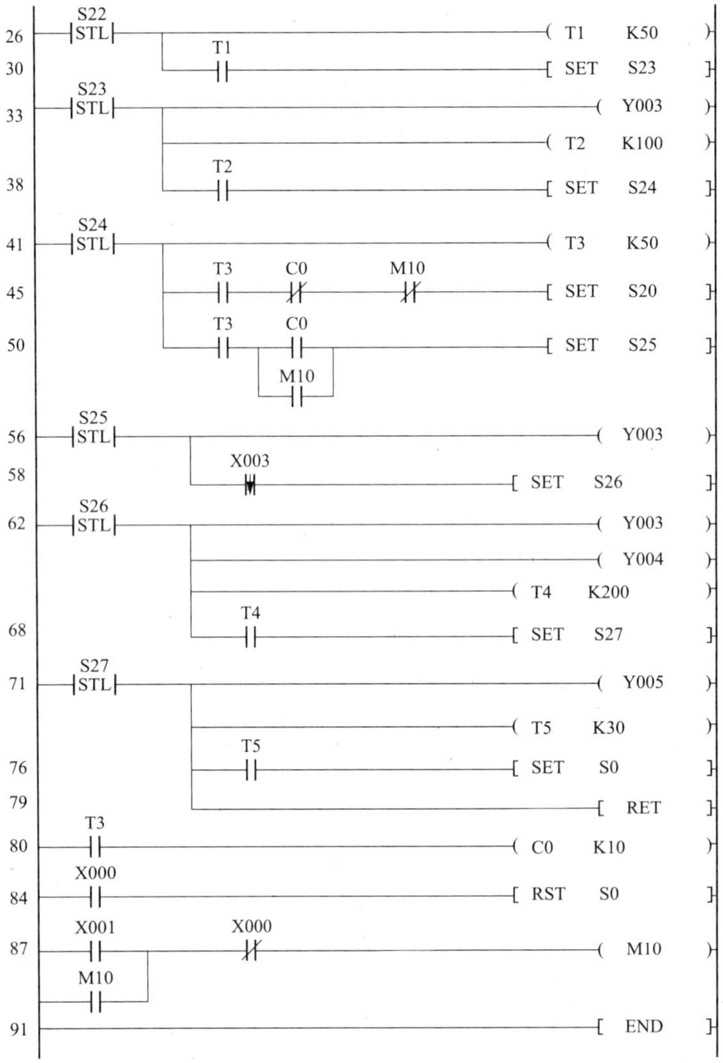

图 5-37 洗衣机控制梯形图（二）

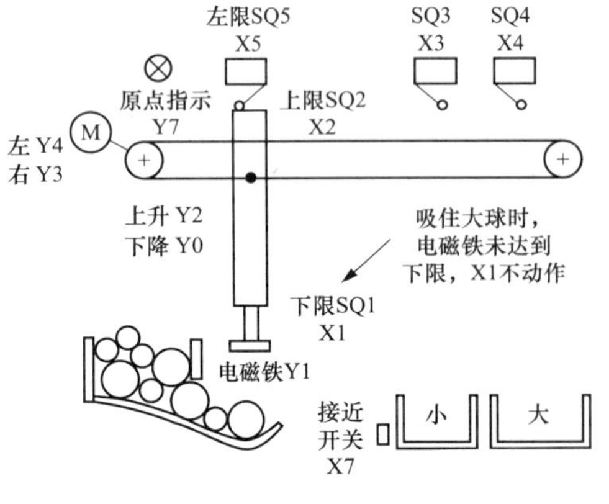

图 5-38 大、小铁球分选传送机械控制系统图

（1）I/O 分配。将各 I/O 作点数分配见表 5-9。

（2）程序设计。

1）顺序功能图。根据装置的工作要求画出顺序功能图，如图 5-39 所示。

2）梯形图。根据图 5-39 所示的顺序功能图画出步进梯形图，如图 5-40 所示。

2. 十字路口交通信号灯控制

现有一十字路口交通信号灯。控制要求如下：

表 5-9　　大、小铁球分选传送装置 I/O 分配表

输入设备			输出设备		
设备名称	文字符号	输入地址	设备名称	文字符号	输出地址
启动按钮	SB1	X0	下降接触器	KM1	Y0
下限位开关	SQ1	X1	电磁铁	YA1	Y1
上限位开关	SQ2	X2	上升接触器	KM2	Y2
右限位开关	SQ3	X3	右行接触器	KM3	Y3
右限位开关	SQ4	X4	左行接触器	KM4	Y4
左限位开关	SQ5	X5			
接近开关	SQ6	X7			

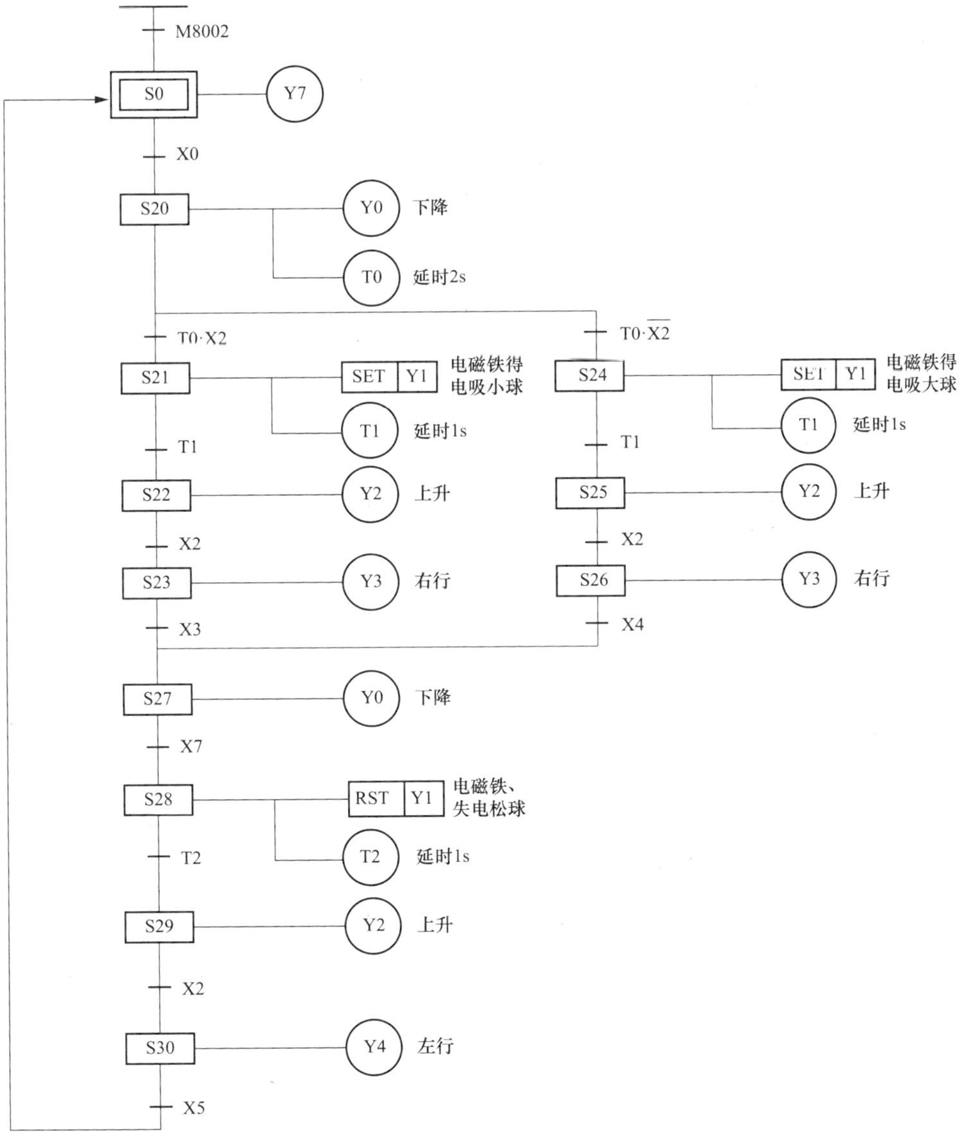

图 5-39　大、小铁球分选传送控制顺序功能图

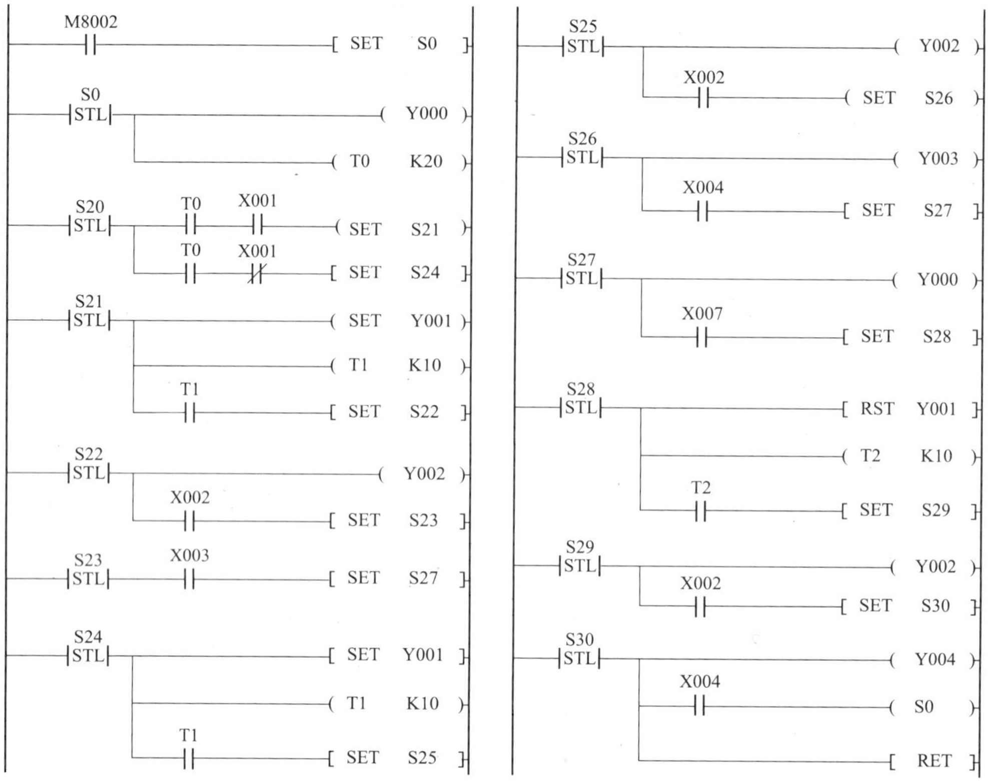

图 5-40　大、小铁球分选传送装置步进梯形图

（1）按下启动按钮后，东西红灯亮，并维持 25s。东西红灯亮的同时，南北绿灯也亮，维持 20s 后，南北绿灯闪烁 3s，之后熄灭；然后变为南北黄灯亮，2s 后熄灭。之后，南北红灯亮，东西绿灯亮。

（2）南北红灯亮 30s 后熄灭。东西绿灯亮 25s 后变为闪烁，闪烁 3s 后熄灭，然后东西黄灯亮 2s 后熄灭。之后，东西红灯亮，南北绿灯亮。

（3）信号灯按以上方式周而复始地工作。

（4）按下停止按钮后，信号灯执行完一个周期后停止工作。

I/O 分配及外部接线如下：

（1）I/O 分配。将各 I/O 作点数分配见表 5-10。

表 5-10　　十字路口交通灯的 I/O 分配

输入设备			输出设备		
设备名称	文字符号	输入地址	设备名称	文字符号	输出地址
启动按钮	SB1	X0	东西红灯	HL1	Y0
停止按钮	SB2	X1	东西绿灯	HL2	Y1
			东西黄灯	HL3	Y2
			南北红灯	HL4	Y3
			南北绿灯	HL5	Y4
			南北黄灯	HL6	Y5

（2）PLC 外部接线图。画出十字路口交通灯的 PLC 外部接线图，如图 5-41 所示。

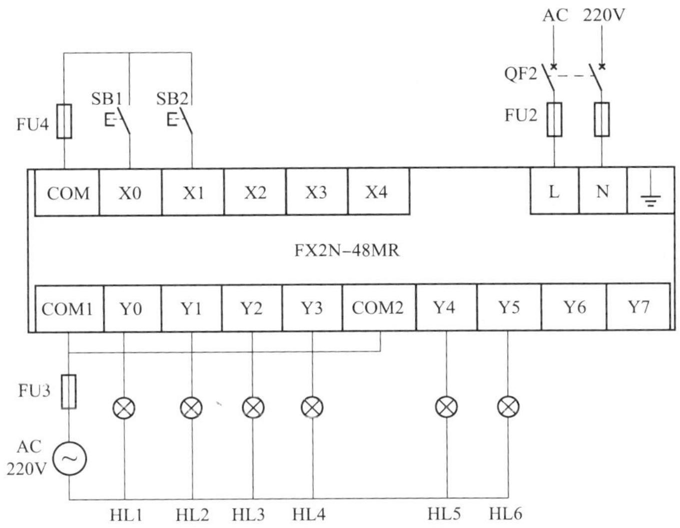

图 5-41　十字路口交通灯的 PLC 外部接线

（3）程序设计。

1）顺序功能图。根据十字路口交通灯的控制要求，画出顺序功能图，如图 5-42 所示。

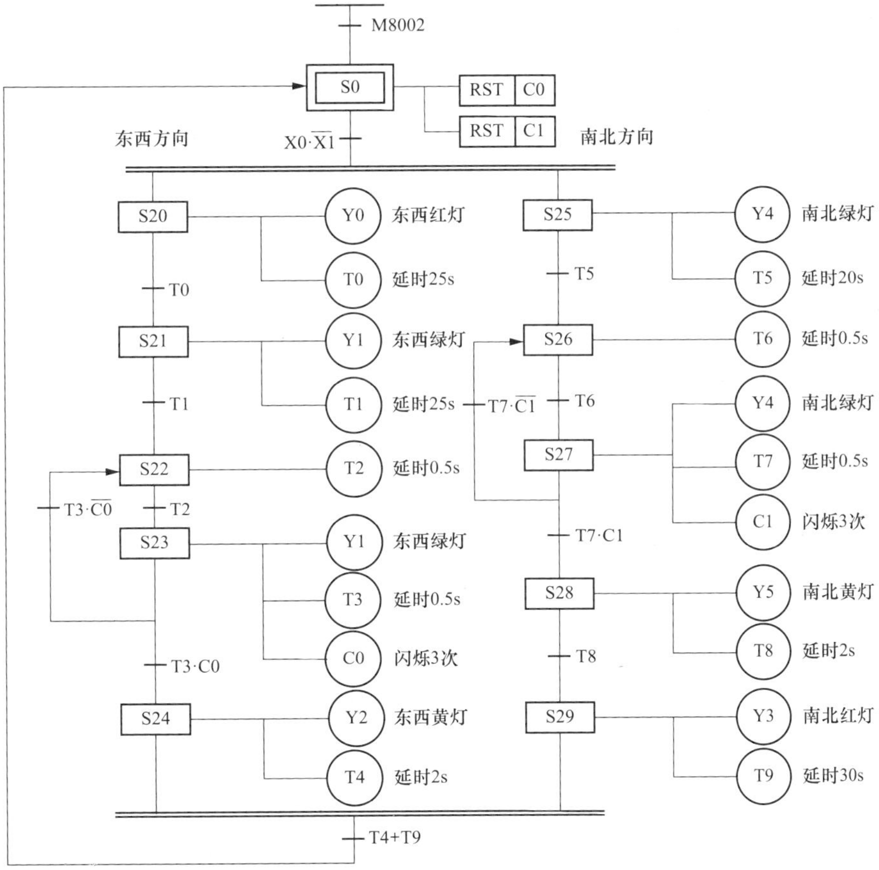

图 5-42　十字路口交通灯的顺序功能图

2）梯形图。根据图 5-42 所示的顺序功能图画出步进梯形图，如图 5-43 所示。

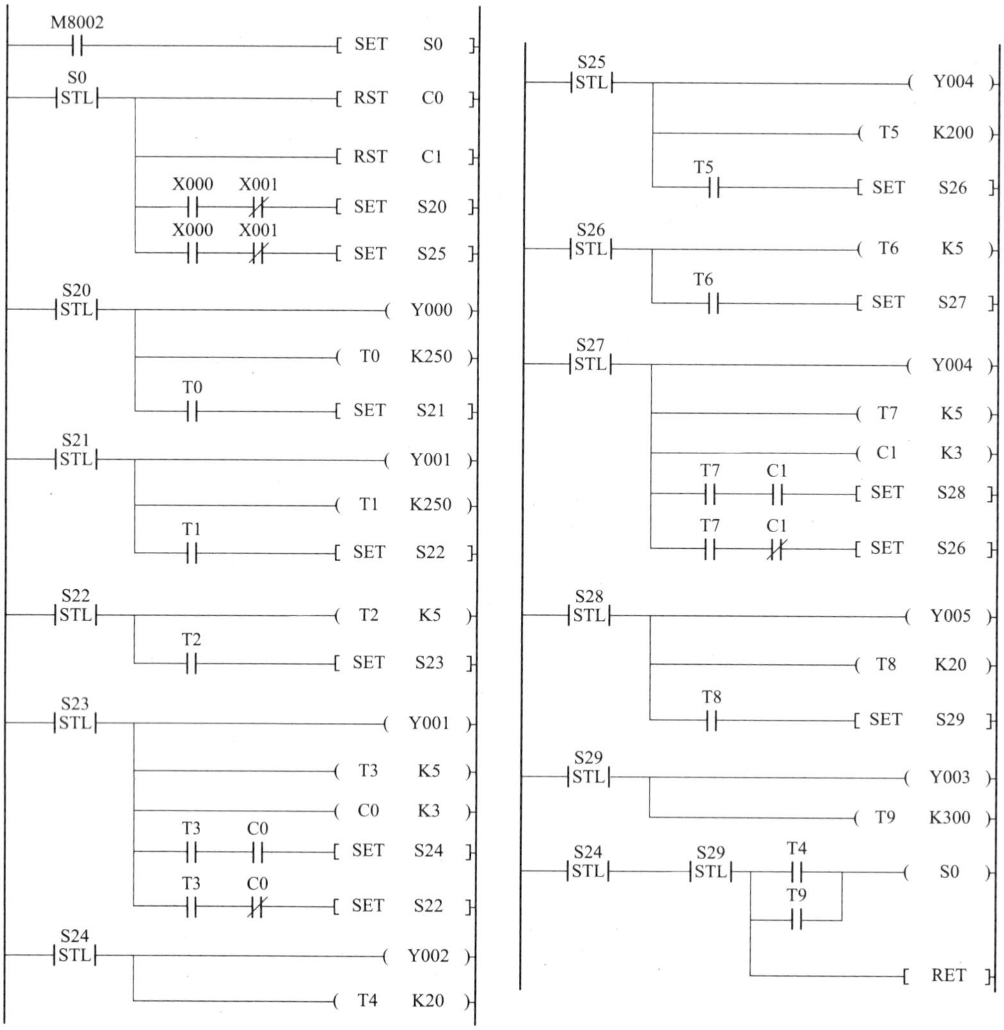

图 5-43　十字路口交通灯的步进梯形图

巩 固 练 习

一、选择题

1. 在 SFC 中，初始状态一般通过（　　）激活。

A. M8000　　B. M8002　　C. M8011　　D. M8012

2. 步进开始指令为（　　）。

A. STL　　B. LD　　C. SET　　D. PLS

3. 在顺序功能图中，活动步指的是（　　）

A. 第一步　　B. 最后一步　　C. 任意一步　　D. 处于激活状态那步

4. 顺序控制指令中，初始状态继电器指的是（　　）。

A. S0-S9　　B. S20-S29　　C. S30-S39　　D. S40-S49

5. STL 指令不能驱动（　　）的线圈。

A. Y　　B. S　　C. M　　D. X

二、设计题

1. 清洗车如图 5-44 所示，控制要求如下：开始清洗车在 O 点位置，闭合启动开关后清洗车自动右行，到达 A 位置后打开阀 a 加入洗涤液，30s 后车继续右行；到达 B 位置，打开阀 c 加入清水，2min 后关闭阀门继续右行；到 C 位置，打开阀 d 放出清洗车内液体，1min 后清洗液放空，然后清洗车自动返回。到达 A 位置，打开阀 b 加入消毒液，30s 后关闭阀门，清洗车右行；至 b 位置，打开阀 c 加入清水，2min 后关闭阀门；清洗车右行，到达 C 位置后，打开阀 d 放出清洗车液体，1min 后放空，清洗车左行，返回到 O 点位置，完成一个清洗周期。

给输入输出设备分配 I/O 端，画出顺序功能图，并用 STL 顺控指令设计法设计梯形图。

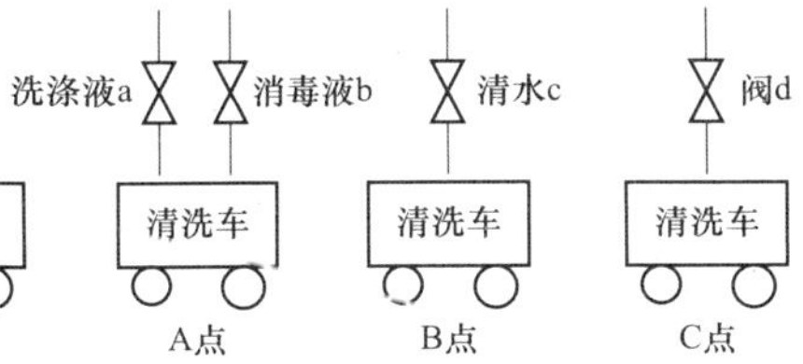

图 5-44　清洗车示意图

2. 设计一个煮咖啡时物料混合的 SFC 程序。当按下启动按钮 SB1 后，制作一杯咖啡所需要的 4 种成分开始同时混合：

（1）热水阀打开，加热水 1s；

（2）加糖阀打开，加糖 2s；

（3）牛奶阀打开，加牛奶 2s；

（4）加咖啡阀打开，加咖啡 2s。

2s 后物料混合结束。在程序运行期间，再次按下启动按钮 SB1 将不起作用。按下停止按钮 SB2，完成一个周期后停止。

给输入/输出设备分配 I/O 端，画出顺序功能图，并用 STL 顺控指令设计法设计梯形图。

项目 6

三菱FX系列PLC功能指令应用

任务 1　抢答器的 PLC 控制

6.1.1　任务概述

用 PLC 实现一个 3 组优先抢答器的控制，要求在主持人按下开始按钮后，3 组抢答按钮按下任意一个按钮后，主持人前面的七段数码管能实时显示该组的编号，同时锁住抢答器，使其他组按下抢答按钮无效。若主持人按下停止按钮，则不能进行抢答，且数码管无显示，如图 6-1 所示。

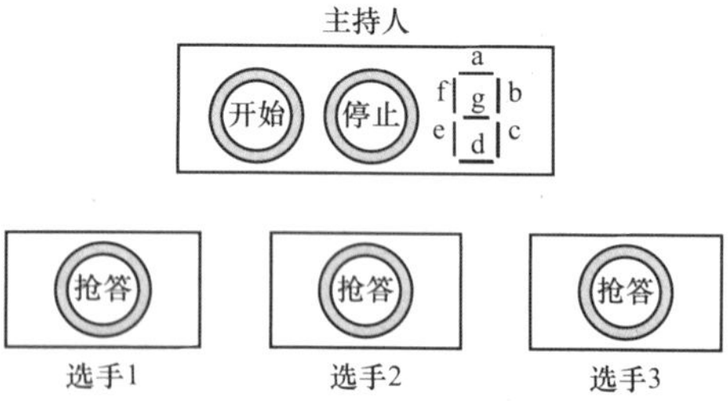

图 6-1　抢答器控制示意图

6.1.2　任务资讯

1. 功能指令结构

功能指令实际上是为方便用户使用而设置的功能各异的子程序调用指令，功能指令的结构如图 6-2 所示。

指令名称	操作数			
	源操作数S	辅助操作数m	目的操作数D	辅助操作数n

图 6-2　功能指令的结构

功能指令一般由指令名称和操作数两部分组成。指令名称用以表示指令实现的功能，通常用指令功能的英文缩写形式作助记符。例如，传送指令 MOV 实际是 MOVE 的缩写。每条指令都对应于一个编号，用 FNC□□表示，指令不同，编号也不同。例如 MOV 指令的编号是 FNC12。FX2N 系列可编程控制器的编号范围是 FNC00～FNC246。

操作数是指令执行时使用的或产生的数据，分为源操作数 S、辅助操作数 m、目的操作数 D 和辅助操作数 n。操作数可能存储在存储单元（如数据寄存器 D 中），可能以变址的方式储存，也可能以数值形式直接出现在指令中（常用 H 或 K 指定）。在一条指令中，源操作数、目的操作数、辅助操作数每种可能有多个，也可能没有。

源操作数是指令执行时使用的数据。指令执行后，只要不被覆盖，源操作数就保持不变。目的操作数是指令执行时产生的数据。辅助操作数是对源操作数或目的操作数做某种说明或限定的数。

如图6-3所示，当满足条件X001接通时，执行ADD指令。将D1中的内容与D0中的内容相加，把相加的结果放到D10中。其中ADD是指令名称，D0、D1都是源操作数，D10是目的操作数。当满足条件X005接通时，对D0开始的连续6个数据寄存器（即D0～D5）中的数据取平均值，结果放到D12V中。其中，MEAN是指令名称，D0是源操作数，D12V是变址方式的目的操作数，K6是辅助操作数，用来说明是从D0开始的6个寄存器中的数据。

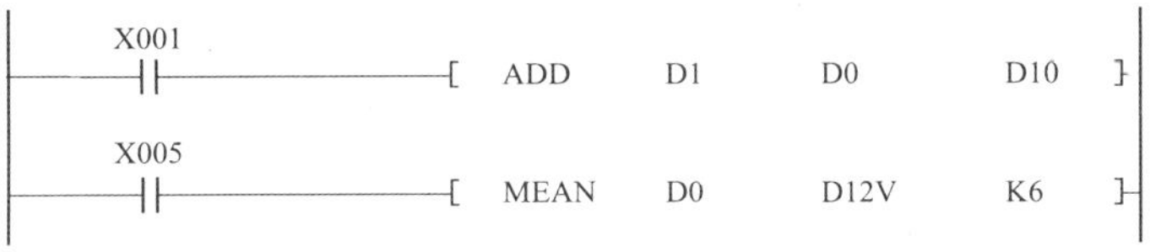

图6-3　功能指令的格式

2. 数据寄存器D和位元件组合

（1）数据寄存器D。数据寄存器是用来存储数值的编程软元件，一个数据寄存器可以存放16位数据，即一个字的数据。如果想要存储两个字的数据则需要两个编号相邻的数据寄存器进行存储。例如，用D1和D2存储双字，前者存放低16位，后者存放高16位。字或双字的最高位为符号位，0表示正数，1表示负数，如图6-4所示。

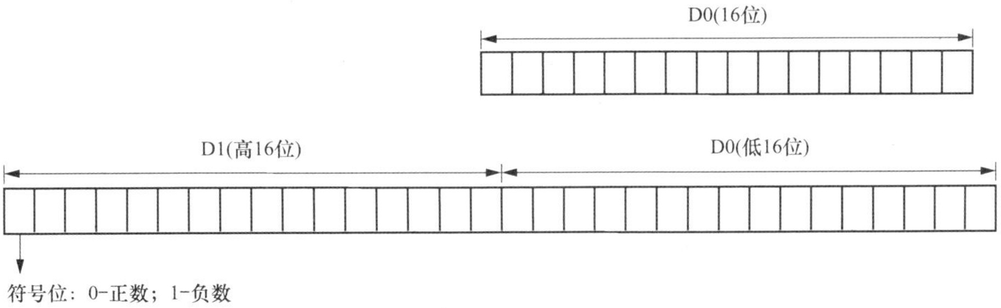

图6-4　数据寄存器表示数的含义

FX2N系列PLC的数据寄存器主要分为通用数据寄存器、断电保持数据寄存器、特殊数据寄存器和文件寄存器。

1）通用数据寄存器（D0～D199），共200点。当M8033为ON时，D0～D199有断电保护功能；当M8033为OFF时则无断电保护，当PLC由RUN→STOP或停电时，数据全部清零。

2）断电保持数据寄存器（D200～D7999），共7800点。当PLC由RUN→STOP时，其值保持不变。根据参数设定可以改变断电保持数据寄存器的范围。当断电保持数据寄存器用作一般用途时，须在程序起始步用RST或ZRST指令清空其内容。

3）特殊数据寄存器（D8000～D8255），共256点。特殊数据寄存器的作用是用来监控PLC的运行状态，如扫描时间、电池电压等。未加定义的特殊数据寄存器，用户不能使用，具体可参见用户手册。

4）文件寄存器（D1000～D7999），文件寄存器实际是一类专用数据寄存器，用于存储大量的数据。文件寄存器以500点为单位，可被外部设备存取，FX2N系列PLC可以通过块传送指令来改变其内容。

（2）位元件组合。只有ON/OFF的元件称为位元件。例如，X、Y、M、S。处理数据的元件称为字元件，例如，T、C、D等。此外，可以用几个位元件一起来构成字元件。

将连续的4个位元件作为一组，以地址编号最小的作为首元件，在连续位元件的首元件前加Kn，可以构成位元件的组合，例如，KnY0、KnX20、KnM10。K2Y0表示由Y0开始的两组位元件，即K2Y0表示Y0～Y7组成的8位数据，其中Y0为最低位，Y7为最高位。首元件地址编号可以任意选取，但通常采用以0结尾的地址编号。

表示16位数据时可以取K1～K4，其中最高位为符号位。表示32位数据时可以取K1～K8，其中最高位为符号位。

当一个16位数据传送到KnY0，若$n \leqslant 3$，则只传送相应的低位数据，较高位数据不传送。32位数据的传送也一样。若将4位数据传送到8位的组合中，则将数据传送到组合低4位中，高4位用0补齐。

3. 功能指令的数据长度和执行方式

（1）功能指令的数据长度。功能指令可以处理16位和32位数据。如图6-5所示，指令第一行当X001接通时，将D1中的16位数据与D0中的16位数据相加，结果放到D10中。指令第二行，当X003接通时，将D12、D13当中的数据构成的32位数与D10、D11中的数据构成的32位数相加，结果放到D16、D17中。

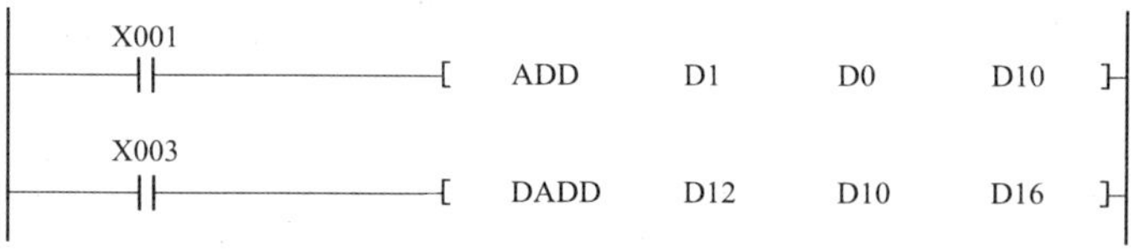

图6-5 功能指令的数据长度

（2）指令执行形式。功能指令有连续执行型和脉冲执行型两种执行方式，其中脉冲执行型在指令名称后面加P表示。

如图6-6所示，第一行指令为连续执行型，当X001接通时，ADD指令每个周期都被执行一次。某些指令在使用连续执行形式时应谨慎，例如，XCH、INC、DEC等。图6-6第二行指令为脉冲执行型。仅在X002由OFF变为ON的瞬间执行一个扫描周期。不需要连续执行时，使用脉冲执行方式可以节省扫描时间。

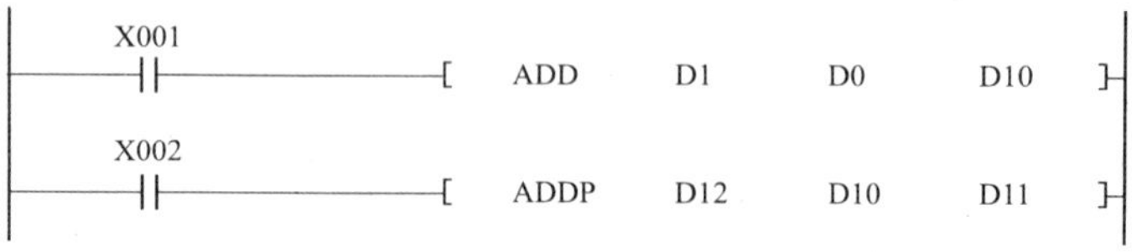

图6-6 功能指令的执行形式

4. 数据传送指令 MOV

MOV 指令的名称、功能、操作数、梯形图形式见表 6-1。

表 6-1　　MOV 指令说明

指令名称	功能	操作数		梯形图形式
		(S.)	(D.)	
MOV	字传送	K、H、KnX、KnY、KnM、KnS、T、C、D、V、Z	KnY、KnM、KnS、T、C、D、V、Z	X001 ─┤├─[MOV (S.) (D.)]

MOV 指令执行时，将源操作数（S.）中的内容传送到日的操作数（D.）中。传送 32 位数据应使用 D 前缀。MOV 指令的用法如图 6-7 所示。当 X000 接通时，将十进制数 0 传送到数据寄存器 D0；当 X001 由断到通时，将 D0 内的数值传送到 D1 中；当 X002 接通时，将定时器 T0 的当前值传送到 D2 中；当 X003 接通时，将 D10 和 D11 内的数值传送到 D20 和 D21 中。

5. 七段译码指令 SEGD 和七段数码管

（1）七段数码管。数码管的一种是半导体发光器件，数码管可分为七段数码管和八段数码管，区别在于八段数码管比七段数码管多一个用于显示小数点的发光二极管单元 DP（decimal point），其基本单元是发光二极管。图 6-8 所示为七段数码管，若显示“1”则应 b、c 段点亮。

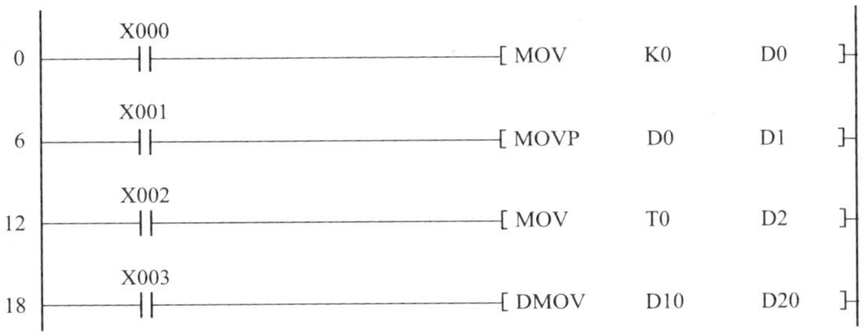

图 6-7　MOV 指令的用法

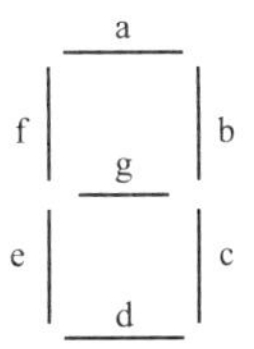

图 6-8　七段数码管

（2）七段译码指令 SEGD。EGD 指令的名称、功能、操作数、梯形图形式见表 6-2。

注意：三菱 FX2N 系列 PLC 可以使用 SEGD 指令，但是 FX1N 系列 PLC 不能使用。

表 6-2　　SEGD 指令说明

指令名称	功能	操作数		梯形图形式
		(S.)	(D.)	
SEGD	七段码译码	K、H、KnX、KnY、KnM、KnS、T、C、D、V、Z	KnY、KnM、KnS、T、C、D、V、Z	X003 ─┤├─[SEGD (S.) (D.)]

SEGD 指令将（S.）指定元件的低 4 位所确定的十六进制数译成驱动七段码显示的数据，并存入（D）中，（D）的高 8 位不变。SEGD 指令的用法如图 6-9 所示，当 X000 接通时，将数据寄存器 D0 中保存的数值在 Y0～Y6 控制的 7 段数码管上以十进制的形式显示出来。

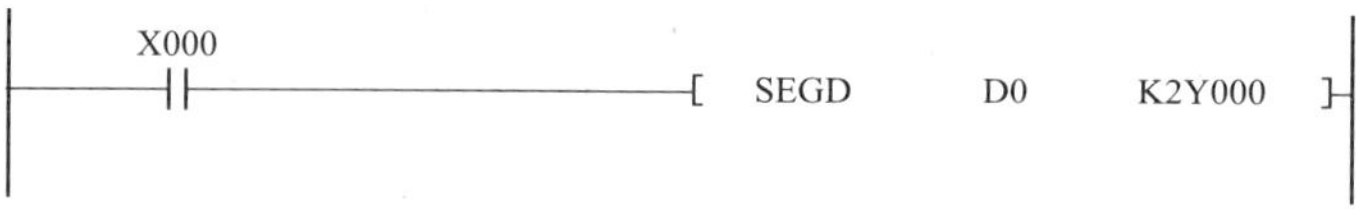

图 6-9　SEGD 指令的用法

6.1.3　任务实施

1. I/O 分配

本任务中用于显示小组编号的显示器为 1 个七段数码管，由 a～g 七个数码管组成，可以显示 1～9 的数字。

表 6-3 为抢答器控制的 I/O 分配表。

表 6-3　抢答器控制 I/O 分配表

输入设备			输出设备		
设备名称	文字符号	输入地址	设备名称	文字符号	输出地址
主持人开始按钮	SB1	X0	数码管 a 段	HL1	Y0
主持人停止按钮	SB2	X1	数码管 b 段	HL2	Y1
第一组抢答按钮	SB3	X2	数码管 c 段	HL3	Y2
第一组抢答按钮	SB4	X3	数码管 d 段	HL4	Y3
第一组抢答按钮	SB5	X4	数码管 e 段	HL5	Y4
			数码管 f 段	HL6	Y5
			数码管 g 段	HL7	Y6

2. 硬件接线

图 6-10 所示为抢答器控制的 PLC 外部接线图。

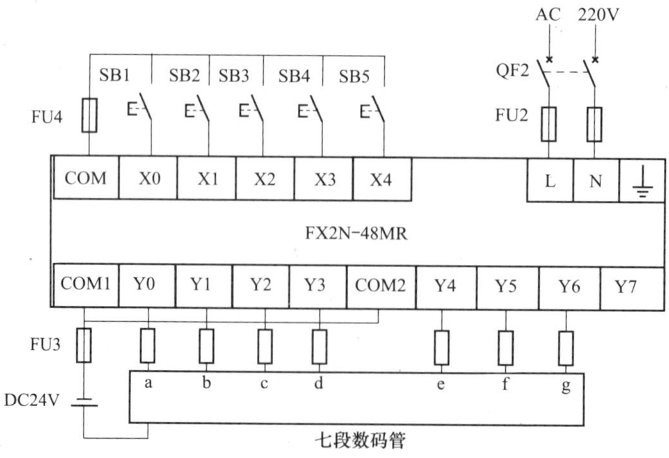

图 6-10　抢答器控制 PLC 外部接线图

3. 程序设计

图6-11所示为抢答器控制梯形图程序。第1段为主持人的开始和停止控制，M0作为连锁信号串在下面3个小组的抢答控制程序中。第2～4段为3个小组抢答控制，M1～M3中哪一个得电表示哪一个小组抢答成功，通过互锁使得后抢答的小组抢答无效。

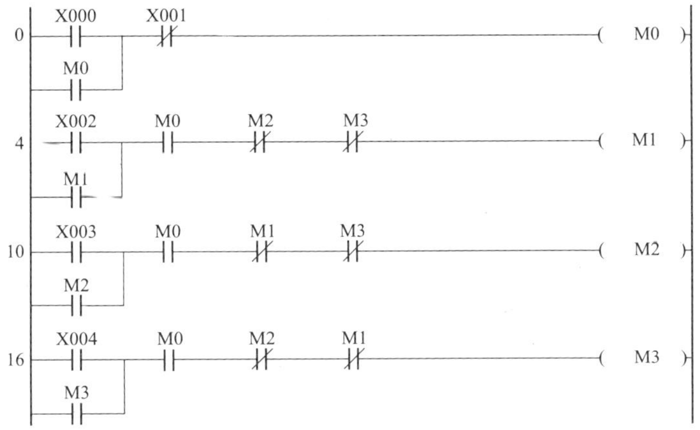

图6-11　抢答器控制梯形图程序（一）

图6-12中前3段程序通过MOV传送指令将抢答成功的小组编号写入到寄存器D0中，第4段程序通过七段译码指令SEGD将D0中的数值在Y0～Y6控制的七段数码管上显示相应的数值。第5段程序通过区间复位指令ZRST使得主持人按下停止按钮时将Y0～Y6全部复位。

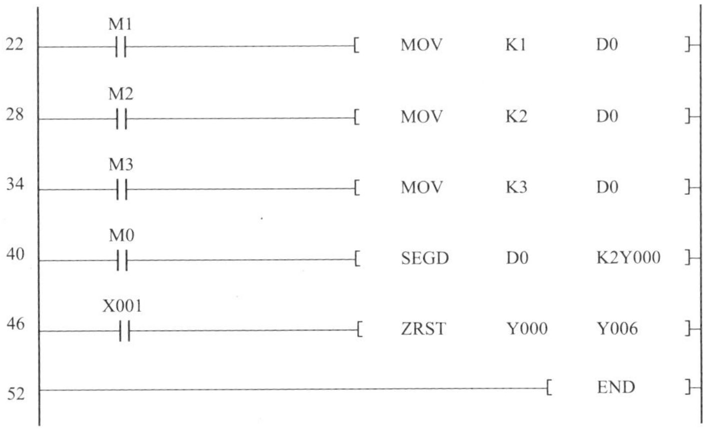

图6-12　抢答器控制梯形图程序（二）

6.1.4　思考与拓展

1. 如何实现选手犯规控制

假设在本任务的基础上增加选手犯规的控制要求，即每组选手前有一个犯规指示灯，如果在主持人按下开始按钮之前按下抢答按钮，则该组选手的犯规指示灯点亮，主持人按停止按钮才能熄灭。

假设用Y10、Y11、Y12三个输出点分别控制三组选手的犯规指示灯，则相应的犯规控制程序如图6-13所示，M0动断触点闭合时说明主持人尚未按下启动按钮允许抢答，此时如果选手按下抢答按钮则该选手的犯规指示灯点亮。

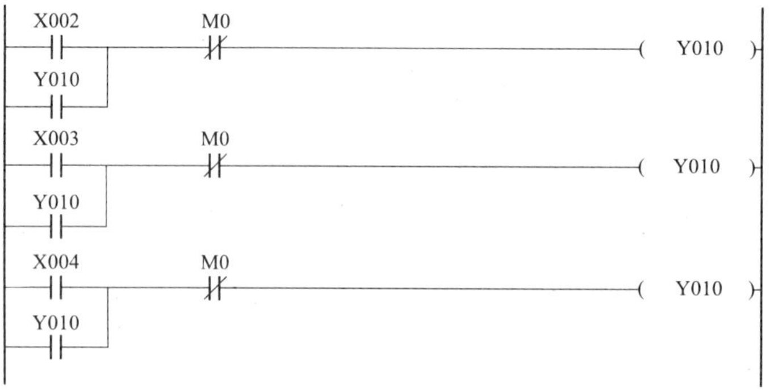

图6-13　抢答器犯规控制梯形图程序

2. 如何实现无人抢答延时重新开始的控制

假设在本任务的基础上增加无人抢答延时重新开始的控制要求，即主持人按下开始按钮后的3s内若无人抢答则该轮抢答作废，选手即使再按下抢答按钮也无效，必须等主持人再次按下开始按钮才能开始下一轮抢答。

如图6-14所示，主持人按下启动按钮后，M0得电自锁，若3s内3组选手均无人抢答，则T0的动断触点切断M0线圈，必须等主持人再次按下开始按钮才能开始下一轮抢答。

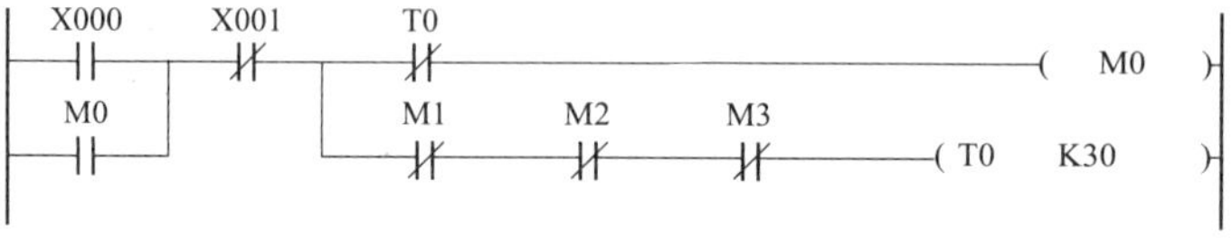

图6-14　抢答器延时重启梯形图程序

3. FX1N系列PLC如何实现数码管显示控制

FX1N系列PLC无法使用七段译码指令SEGD，假设本任务用FX1N系列PLC来实现，则程序应如何设计呢？

三组选手抢答成功时，要求七段数码管分别显示1、2、3。数码管显示1时数码管的b、c两段点亮；数码管显示2时数码管的a、b、d、e、g五段点亮；数码管显示3时数码管的a、b、c、d、g五段点亮，因此可以将图6-12所示的梯形图用图6-15所示的梯形图替换。

4. 其他常用传送类指令

（1）取反传送指令CM1。CM1指令的名称、功能、操作数、梯形图形式见表6-4。

CM1指令执行时，将源操作数（S.）中的二进制数逐位取反后传送到目的操作数（D.）中。若（S.）为常数，则先自动转换为二进制数，然后再执行取反传送。CM1指令的用法如图6-16所示。

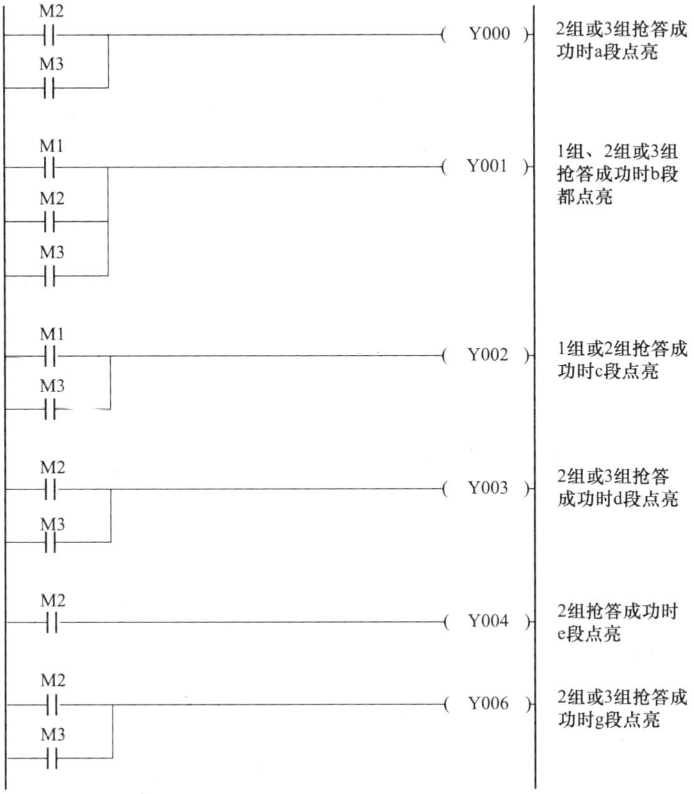

图 6-15　FX1N 系列 PLC 抢答器抢答数码显示梯形图程序

表 6-4　　CM1 指令说明

指令名称	功能	操作数		梯形图形式
		(S.)	(D.)	
CM1	把原数取反后传送	K、H、KnX、KnY、KnM、KnS、T、C、D、V、Z	KnY、KnM、KnS、T、C、D、V、Z	X003 ─┤├─[CML (S.) (D.)]

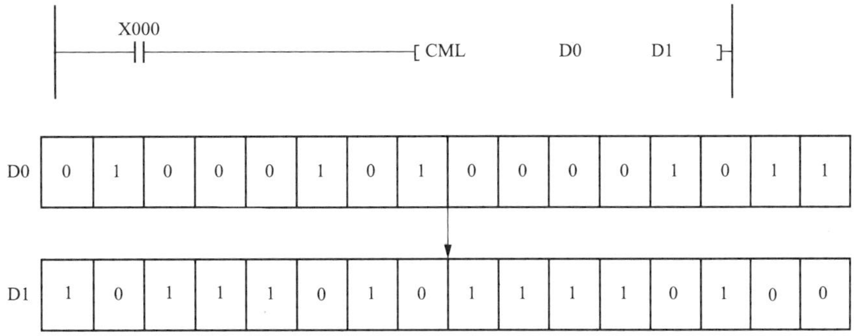

图 6-16　CM1 指令的用法

（2）块传送指令 BMOV。BMOV 指令的名称、功能、操作数、梯形图形式见表 6-5。

表 6-5　　**BMOV 指令说明**

指令名称	功能	操作数 (S.)	操作数 (D.)	操作数 n	梯形图形式
BMOV	传送数据块内容	K、H、KnX、KnY、KnM、KnS、T、C、D、V、Z	KnY、KnM、KnS、T、C、D、V、Z	K、H，n 不超过 512	X004 —||— [BMOV (S.) (D.) n]

BMOV 指令执行时，将源操作数（S.）指定元件开始的连续 n 点分别传送到目的操作数（D.）指定元件开始的连续 n 点中。当使用位元件时，源操作数和目的操作数位数必须相同。M8024 为 ON 时，传送方向反转。BMOV 指令的用法如图 6-17 所示。

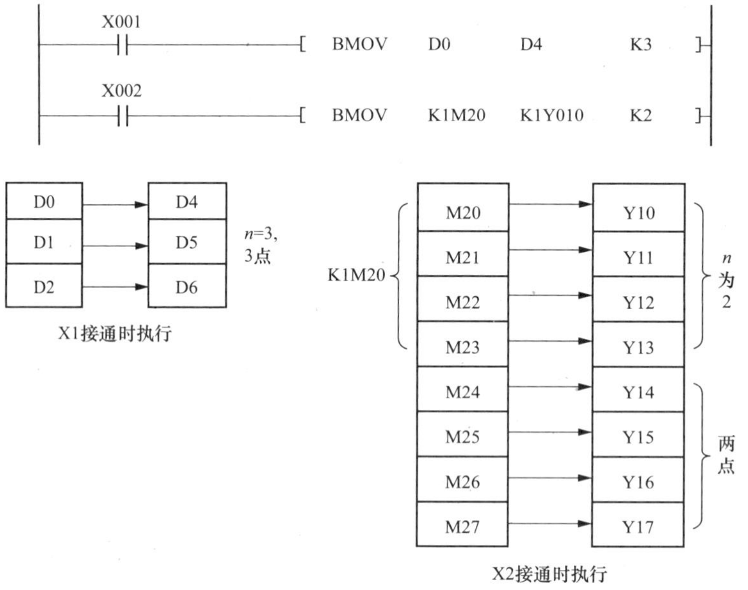

图 6-17　BMOV 指令的用法

（3）多点传送指令 FMOV。FMOV 指令的名称、功能、操作数、梯形图形式见表 6-6。

表 6-6　　**FMOV 指令说明**

指令名称	功能	操作数 (S.)	操作数 (D.)	操作数 n	梯形图形式
FMOV	在多个目标元件中传送相同数据	K、H、KnX、KnY、KnM、KnS、T、C、D、V、Z	KnY、KnM、KnS、T、C、D、V、Z	K、H，n 不超过 512	X005 —||— [FMOV (S.) (D.) n]

FMOV 指令执行时，向目的操作数（D.）指定元件开始的连续 n 点传送由源操作数（S.）指定的同一内容。FMOV 指令的用法如图 6-18 所示。

（4）字交换指令 XCH。XCH 指令的名称、功能、操作数、梯形图形式见表 6-7。

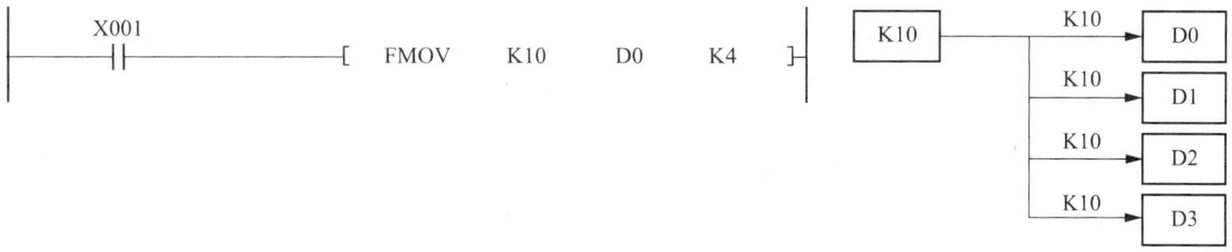

图 6-18　FMOV 指令的用法

表 6-7　XCH 指令说明

指令名称	功能	操作数		梯形图形式
		(D1.)	(D2.)	
XCH	交换指定单元的内容	KnY、KnM、KnS、T、C、D、V、Z		X000 —[XCH (D1.) (D2.)]

XCH 指令执行时，两目标元件之间的内容进行交换。当 M8160 为 ON，且两目标操作数指定同一软元件时，将交换数据低 8 位和高 8 位。应注意，当采用连续执行型时，每个扫描周期都进行数据交换，推荐使用 XCHP。XCH 指令的用法如图 6-19 所示。

图 6-19　XCH 指令的用法

（5）字节交换指令 SWAP。SWAP 指令的名称、功能、操作数、梯形图形式见表 6-8。

表 6-8　SWAP 指令说明

指令名称	功能	操作数	梯形图形式
		(S.)	
SWAP	字节交换	KnY、KnM、KnS、T、C、D、V、Z	X000 —[SWAP (S.)]

SWAP 指令为字节交换指令。指令执行时，将源操作数所指定的每个元件的高 8 位与低 8 位进行交换，交换后的结果仍存到源操作数中。SWAP 指令的用法如图 6-20 所示。

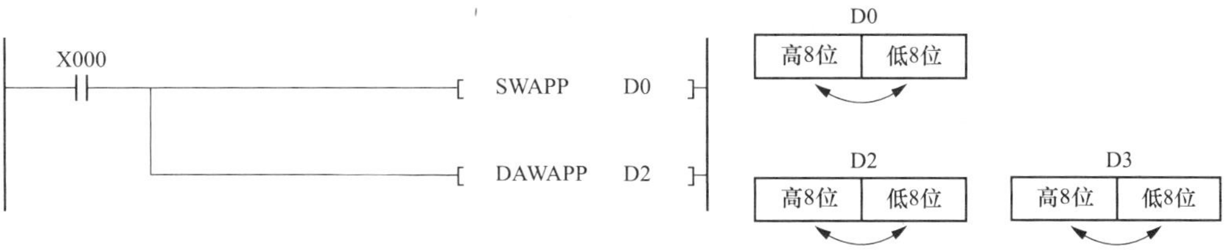

图 6-20　SWAP 指令的用法

5. 数据处理指令

（1）BCD 变换、IN 变换指令。BCD、BIN 指令的名称、功能、操作数、梯形图形式见表 6-9。

表 6-9　　BCD. BIN 指令说明

指令名称	功能	操作数 (S.)	操作数 (D.)	梯形图形式
BCD	把二进制码变为 BCD 码	K、H、KnX、KnY、KnM、KnS、T、C、D、V、Z	KnY、KnM、KnS、T、C、D、V、Z	X000 ─┤├─ [BCD (S.) (D.)]
BIN	把 BCD 码变为二进制码			X010 ─┤├─ [BIN (S.) (D.)]

BCD 指令执行时，将（S.）中的二进制数变为 BCD 码，并将结果放到（D.）中。BIN 指令执行时将（S.）中的 BCD 码变为 BIN 码，并将结果放到（D.）中。从数字开关获取 BCD 数据信息时，须使用 BIN 指令。向七段显示器等输出时，须使用 BCD 指令转换数据。BCD、BIN 指令的用法如图 6-21 所示。

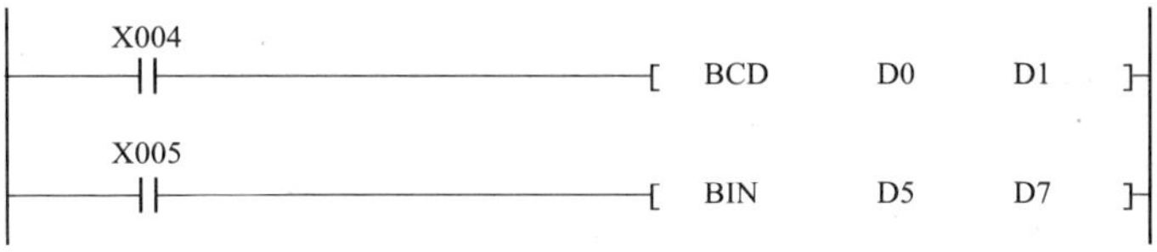

图 6-21　BCD、BIN 指令的用法

（2）平均值指令 MEAN。MEAN 指令的名称、功能、操作数、梯形图形式见表 6-10 所示。

表 6-10　　MEAN 指令说明

指令名称	功能	操作数 (S.)	操作数 (D.)	操作数 n	梯形图形式
MEAN	求平均值	KnX、KnY、KnM、KnS、T、C、D	KnY、KnM、KnS、T、C、D、V、Z	K、H，n=1～64	X005 ─┤├─ [MEAN (S.) (D.) n]

MEAN 指令执行时，将（S.）开始的连续 n 个元件中的数据求平均值，结果存放到（D.）中。MEAN 指令的用法如图 6-22 所示。

图 6-22　MEAN 指令的用法

巩固练习

一、选择题

1. 一个数据寄存器可以存放（　　）位数据。

A. 1　　B. 8　　C. 16　　D. 32

2. 字或双字的最高位为符号位，（　　）表示正数。

A. 0　　B. 1　　C. ＋　　D. －

3. 当（　　）为 ON 时，D0～D199 有断电保护功能。

A. M8000　　B. M8033　　C. M8002　　D. M8030

4. Y0～Y7 的位组合用（　　）表示。

A. K1Y0　　B. K2Y0　　C. K4Y0　　D. K8Y0

5. 功能指令为脉冲执行方式时需要在功能指令后面加（　　）的后缀。

A. D　　B. P　　C. PULSE　　D. M

二、判断题

1. 功能指令处理 32 位数据时需要在前面加 D。（　　）
2. 数据传送指令 MOV 的目的操作数可以是 KnX 位组合。（　　）
3. 数据传送指令 MOV 的目的操作数可以是常数。（　　）
4. 七段数码管显示数值 1 时应让 b 段和 c 段接通。（　　）
5. 三菱 FX1N 系列 PLC 可以使用七段译码指令 SEGD。（　　）

三、设计题

1. 当 X0 由通到断时，将定时器 T0 的当前值传送到数据寄存器 D0，设计梯形图程序。

2. 用传送指令 MOV 实现电动机的正、反转控制。

3. 用传送指令 MOV 实现电动机的星-三角减压启动控制。

4. 抢答器控制：主持人配备抢答“开始”和“复位”按钮各一个，以及“抢答”信号灯一盏；两名参赛选手每人配备“抢答”和“犯规”灯各一盏，一个“抢答”按钮。

（1）主持人按下“开始”按钮，此时主持人面前的“抢答”信号灯亮，提示各选手开始抢答。

（2）在主持人面前的抢答信号灯亮后，先按下“抢答”按钮的选手，他面前的“抢答”灯亮，后按下的选手无效。答题完毕，主持人按下“复位”按钮，使该选手的“抢答”灯熄灭。

（3）抢答结束后，主持人按下“复位”按钮，主持人面前的“抢答”信号灯熄灭，主持人开始准备下一道抢答题。若主持人面前的“抢答”信号灯亮 3s 内无人抢答，视作选手弃权，本题作废。同时主持人面前的“抢答”信号灯自动熄灭，主持人按下“复位”按钮准备下一道抢答题。

（4）在主持人面前的抢答信号灯未亮时，提前按下“抢答”按钮的选手被判犯规，他面前的“犯规”灯长亮，若有多名选手犯规，都会受到处罚。主持人按下“复位”按钮，可将该选手的“犯规”灯熄灭。

任务2　交通灯的PLC控制

6.2.1　任务概述

用 PLC 实现如图 6-23 所示的十字路口交通灯的控制，要求按下启动按钮后，东西方向绿灯亮25s，闪动3s，黄灯亮3s，红灯亮31s；南北方向红灯亮31s，绿灯亮25s，闪动3s，黄灯亮3s，如此循环。无论何时按下停止按钮，交通灯全部熄灭。

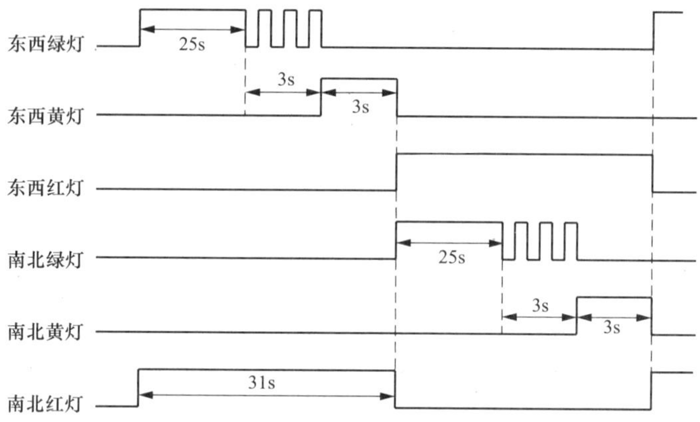

图6-23　十字路口交通灯控制时序图

6.2.2　任务资讯

1. 数值比较指令CMP

CMP指令的名称、功能、操作数、梯形图形式见表6-11。

表6-11　CMP指令说明

指令名称	功能	操作数			梯形图形式
		(S1.)	(S2.)	(D.)	
CMP	两数比较	K、H、KnX、KnY、KnM、KnS、T、C、D、V、Z		Y、M、S 3个连续元件	X001 ─┤├─[CMP (S1.) (S2.) (D.)]

CMP指令是将源操作数（S2.）中的内容与（S1.）中的内容作比较，比较的结果放到目的操作数（D.）中。（D.）只写出Y、M、S的首元件号，表示由首元件开始的连续3个软元件。CMP指令的用法如图6-24所示。

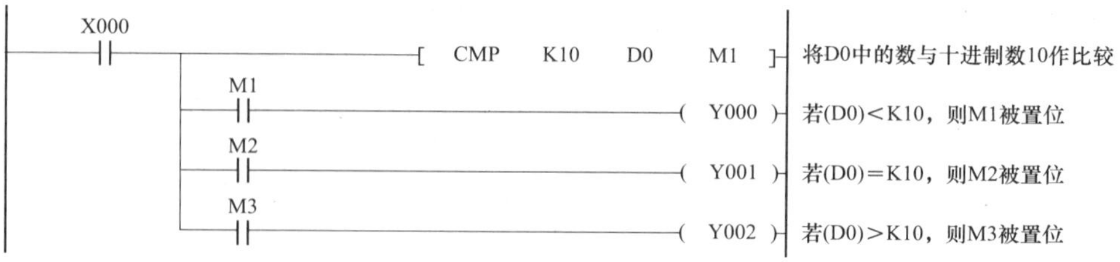

图6-24　CMP指令的用法

需要注意的是，X000接通时执行比较指令，执行完比较指令后，即使X000再断开，M1～M3的状态也不会发生变化，清除比较结果须使用RST或ZRST指令。

2. 触点比较指令

触点比较指令作用相当于一个触点，当满足一定条件时，触点接通。触点比较指令的名称、编号、操作数、梯形图形式见表6-12。

表 6-12　　触点比较指令说明

指令名称	功能	操作数		指令名称	功能	操作数	
		(S1.)	(S1.)			(S1.)	(S1.)
LD=	连接母线的触点比较相等指令			AND<>	串联触点比较不等指令		
LD>	连接母线的触点比较大于指令			AND≤	串联触点比较不大于指令		
LD<	连接母线的触点比较小于指令			AND≥	串联触点比较不小于指令		
LD<>	连接母线的触点比较不等指令			OR=	并联触点比较相等指令		
LD≤	连接母线的触点比较不大于指令	K、H、KnX、KnY、KnM、KnS、T、C、D、V、Z		OR>	并联触点比较大于指令	K、H、KnX、KnY、KnM、KnS、T、C、D、V、Z	
LD≥	连接母线的触点比较不小于指令			OR<	并联触点比较小于指令		
AND=	串联触点比较相等指令			OR<>	并联触点比较不等指令		
AND>	串联触点比较大于指令			OR≤	并联触点比较不大于指令		
AND<	串联触点比较小于指令			OR≥	并联触点比较不小于指令		

连接母线的触点比较指令，作用相当于一个与母线相连的触点，当满足相应的导通条件时，触点导通。串联、并联触点比较指令，作用相当于串联、并联一个触点，当被串联、并联的触点满足相应的导通体条件时，触点导通。例如，使用各类触点比较大于指令时，则当（S1.）>（S2.）时，触点导通，否则不导通。使用各类触点比较小于指令时，则当（S1.）<（S2.）时，触点导通，否则不导通。使用32位指令时，在指令的文字符号后面加D，比较符号不变。例如，32位串联触点不大于指令助记符为ANDD≤。

触点比较指令的用法如图6-25所示。当计数器C0的当前值等于100且X001不得电时，Y000得电；当定时器T0的当前值大于等于寄存器D0内的值则M100被置位；当X000接通时，若寄存器D0内的值小于D1内的值则Y001接通。

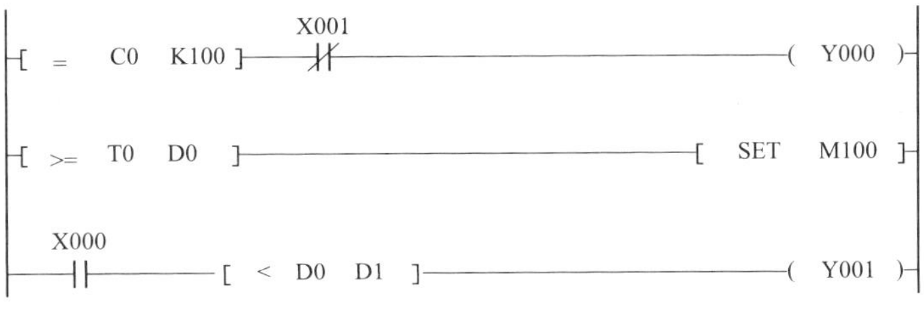

图6-25　触点比较指令的用法

6.2.3 任务实施

1. I/O 分配

表 6-13 为十字路口交通灯控制的 I/O 分配表。

表 6-13　　十字路口交通灯控制 I/O 分配表

输入设备			输出设备		
设备名称	文字符号	输入地址	设备名称	文字符号	输出地址
启动按钮 SB1	SB1	X0	东西方向绿灯	HL1	Y0
停止按钮 SB2	SB2	X1	东西方向黄灯	HL2	Y1
			东西方向红灯	HL3	Y2
			南北方向绿灯	HL4	Y3
			南北方向黄灯	HL5	Y4
			南北方向红灯	HL6	Y5

2. 硬件接线

图 6-26 所示为抢答器控制的 PLC 外部接线图。

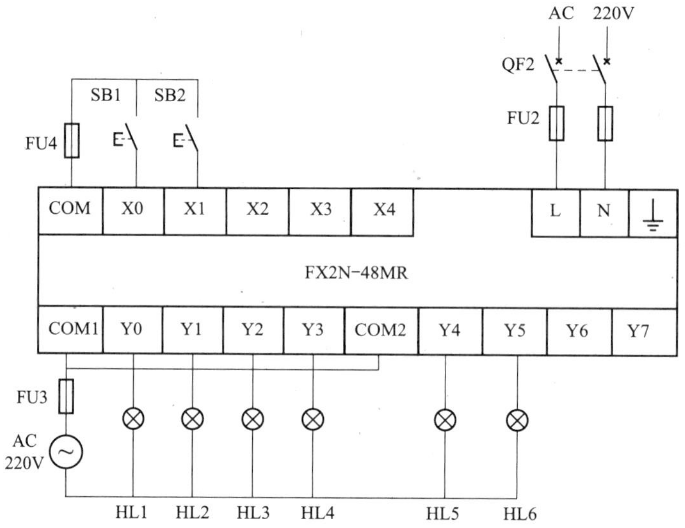

图 6-26　抢答器控制 PLC 外部接线图

3. 程序设计

图 6-27 所示为交通灯控制的梯形图程序，按下启动按钮后 M0 得电定时器 T0 开始延时，延时 62s 后 T0 的动断触点将 T0 线圈切断使得 T0 重新开始延时，如此循环往复，直到按下停止按钮。这一段程序设计的目的在于让定时器 T0 的当前值在 0～620 之间循环变化，正好对应交通灯的一个周期 62s（定时器 T0 为 100ms 定时器），然后通过将 T0 的当前值与第 0s、第 25s、第 28s 等一些时间节点进行比较，从而得到需要的控制结果。

例如，按下启动按钮后 M0 得电，当 T0 的当前值大于等于 280 且小于 310 时，说明时间在第 28～31s 之间，让 Y1 得电，东西方向的黄灯亮。

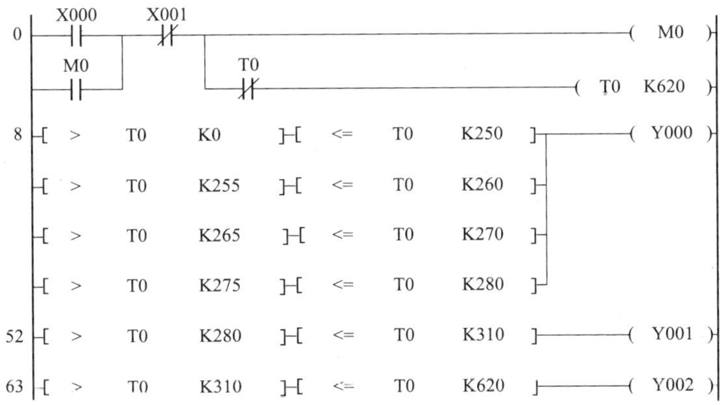

图 6-27　交通灯控制梯形图程序

图 6-28 所示为南北方向三个交通灯控制的梯形图程序。

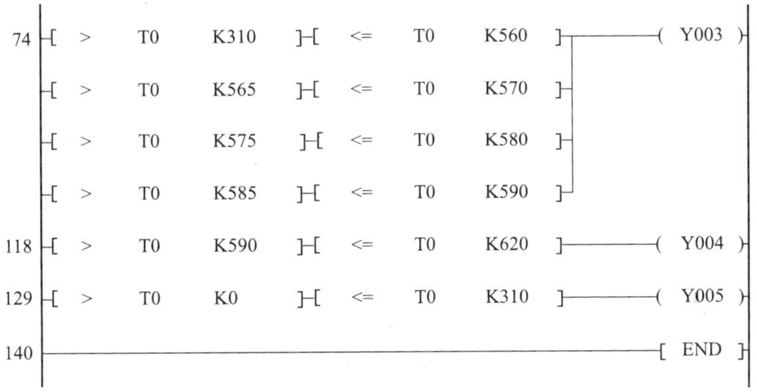

图 6-28　南北方向交通灯控制梯形图程序

6.2.4　思考与拓展

1. 使用特殊辅助继电器 M8013 产生 1s 的闪烁信号

特殊辅助继电器 M8013 是 1s 的时钟脉冲信号，可以用来控制指示灯闪烁，如图 6-29 所示，X000 得电以后，Y000 通 0.5s、断 0.5s，周而复始。

图 6-29　使用特殊辅助继电器 M8013 实现 1s 周期闪烁

2. 如何顺序控制设计法实现交通灯的控制

十字路口交通灯控制属于典型的顺序控制系统，可以采用顺序控制法来实现。图 6-30 所示的程序是将一个周期分为 6 个阶段（25、3、3、25、3、3s），用 M0 代表初始步，用 M1～M6 代表这 6 个工步，然后使用 S、R 指令实现顺序控制转换。图 6-31 所示的程序是产生一个断 0.5s、通 0.5s 的闪烁信号 M11。图 6-32 所示的程序是控制 6 个定时器的程序，图 6-33 所示的程序是 6 个指示灯对应的输出控制程序。

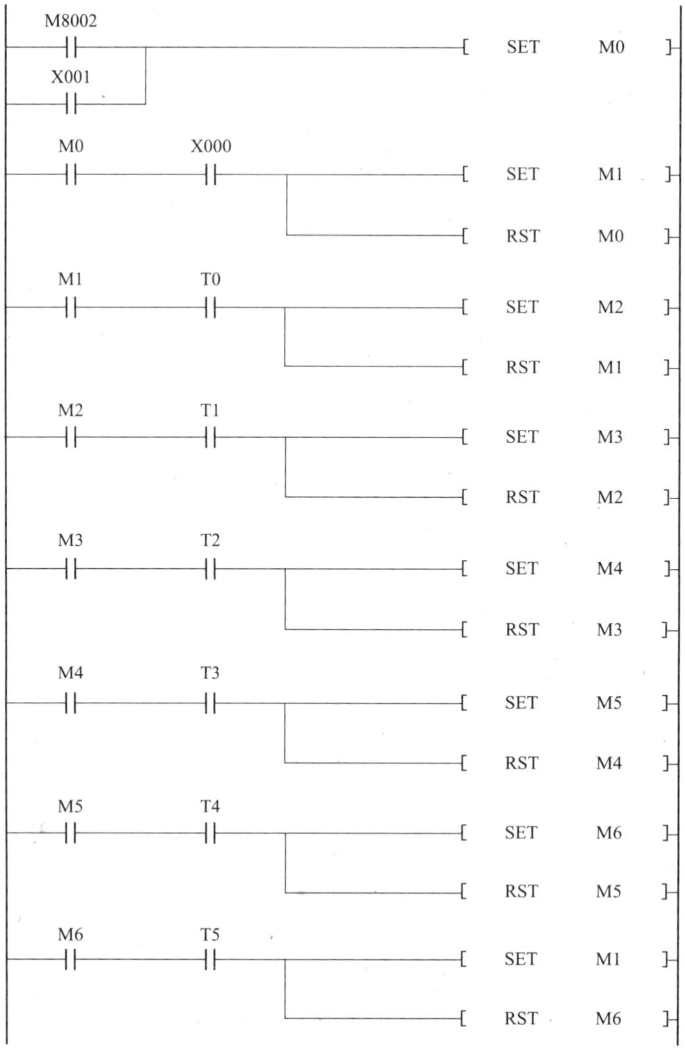

图 6-30 将一个周期分为 6 个阶段

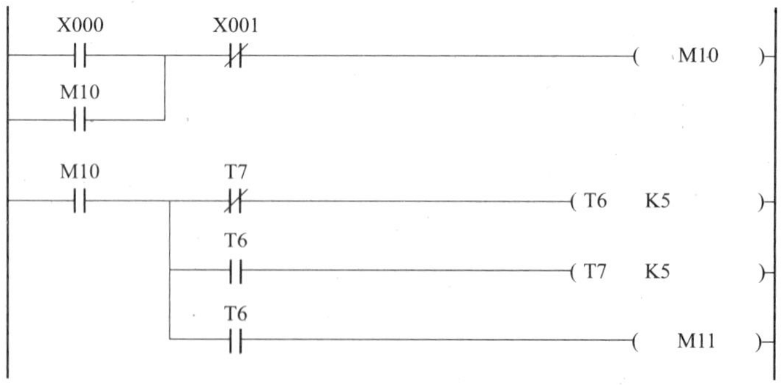

图 6-31 产生一个断 0.5s、通 0.5s 的闪烁信号 M11

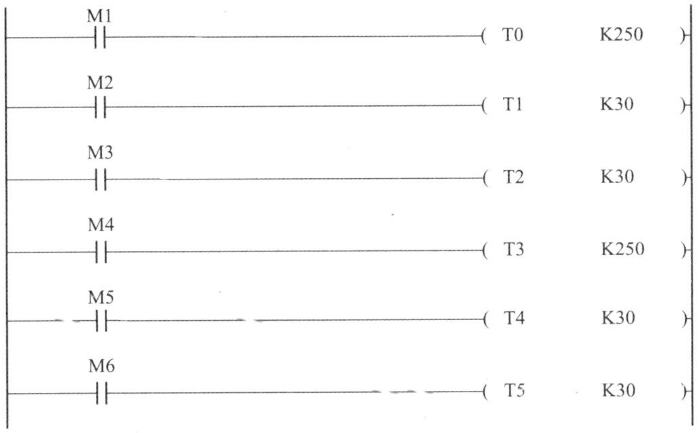

图 6-32　控制 6 个定时器的程序

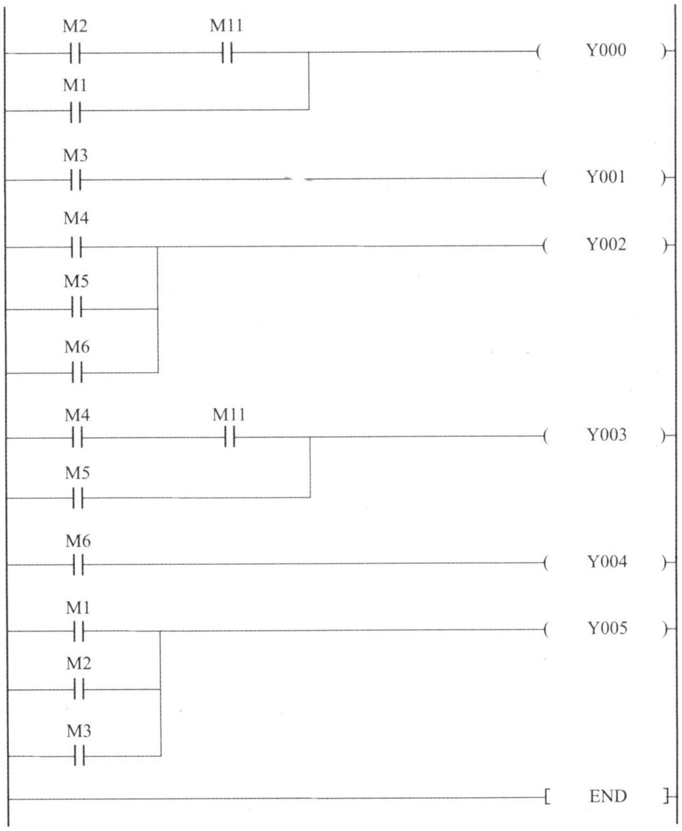

图 6-33　6 个指示灯对应的输出控制程序

3. 区间比较指令 ZCP

ZCP 指令的名称、功能、操作数、梯形图形式见表 6-14。

ZCP 指令执行时，将目标操作元件（S.）中的内容与（S1.）、（S2.）中的数据构成的区间作比较，比较的结果放到目的操作数（D.）指定首元件开始的连续 3 个软元件中。ZCP 指令的用法如图 6-34 所示。

表 6-14　ZCP 指令说明

指令名称	功能	操作数				梯形图形式
		(S1.)	(S2.)	(S.)	(D.)	
ZCP	一数与两数比较	K、H、KnX、KnY、KnM、KnS、T、C、D、V、Z			Y、M、S	X002 [ZCP (S1.) (S2.) (S.) (D.)]

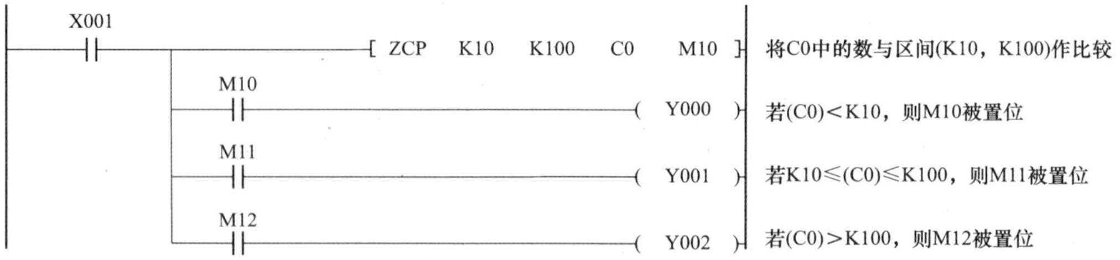

图 6-34　ZCP 指令的用法

与 CMP 指令相同，X001 接通时执行 ZCP 指令。执行完 ZCP 指令后，即使 X001 再断开，结果也保持不变。清除比较结果须使用 RST 或 ZRST 指令。

巩固练习

一、简答题

1. 比较指令 CMP 和区间比较指令 ZCP 有什么区别？

2. 触点比较指令如何使用？

二、设计题

1. 有红、黄、绿三只彩灯，用比较指令实现以下控制要求：

（1）按下启动按钮 SB1 后，红灯单独闪烁 3 次，之后黄灯单独闪烁 3 次，之后蓝灯单独闪烁 3 次，如此循环（闪烁频率均为 1Hz）；

（2）按下停止按钮 SB2 后，三只彩灯一起亮 3s 后熄灭。

2. 有红黄绿三只彩灯，用比较指令实现以下控制要求：

（1）按下启动按钮 SB1 后，红灯单独亮 3s，之后红、黄灯同亮 3s，之后红、黄、蓝灯同亮 3s，之后同灭 3s，如此循环；

（2）按下停止按钮 SB2 后，三只彩灯一起闪烁 3 次后熄灭（闪烁频率为 1Hz）。

任务 3　彩灯追灯的 PLC 控制

6.3.1　任务概述

PLC 上电运行后指示灯 HL1 点亮，按下按钮 SB1 后按照 HL1→HL16→HL1 的顺序间隔 1s 循环点亮 16 个指示灯，按下按钮 SB2 后则按相反的顺序间隔 1s 循环点亮相应的指示灯，任何时候只有一盏指示灯点亮。按下停止按钮 SB3 后，指示灯 HL1 点亮，等待再次循环。

6.3.2 任务资讯

1. 循环左移指令 ROL

ROL 指令的名称、功能、操作数、梯形图形式见表 6-15。

表 6-15　ROR、ROL 指令说明

指令名称	功能	操作数		梯形图形式
		(D.)	n	
ROL	循环左移 n 位	KnY、KnM、KnS、T、C、D、V、Z	K、H 16 位操作：$n\leqslant16$； 32 位操作：$n\leqslant32$	X001 —| |— [ROL (D.) n]

ROL 指令执行时，(D.) 中数据向左移动 n 位。最后一次移出的数据保存于 M8022 中。ROL 指令的用法如图 6-35 所示。

注意：三菱 FX2N 系列 PLC 可以使用 ROL 指令，但是 FX1N 系列 PLC 不能使用。

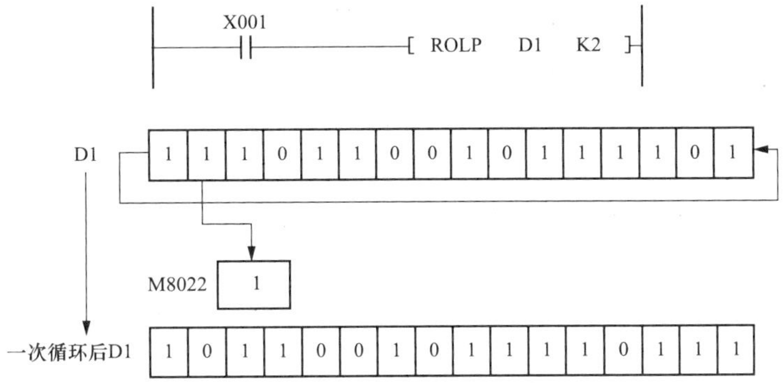

图 6-35　ROL 指令的用法

当使用 ROR、ROL 指令，并使用位组合元件时，只有 K4（16 位指令）和 K8（32 位指令）有效。采用连续执行型时，每个周期都执行循环移动。

2. 循环右移指令 ROR

ROR、ROL 指令的名称、功能、操作数、梯形图形式见表 6-16。

注意：三菱 FX2N 系列 PLC 可以使用 ROL 指令，但是 FX1N 系列 PLC 不能使用。

表 6-16　ROR、ROL 指令说明

指令名称	功能	操作数		梯形图形式
		(D.)	n	
ROR	循环右移 n 位	KnY、KnM、KnS、T、C、D、V、Z	K、H 16 位操作：$n\leqslant16$； 32 位操作：$n\leqslant32$	X000 —| |— [ROR (D.) n]

ROR 指令执行时，(D.) 中数据向右移动 n 位，最后一次移出的数据保存于 M8022 中。ROR 指令的用法如图 6-36 所示。

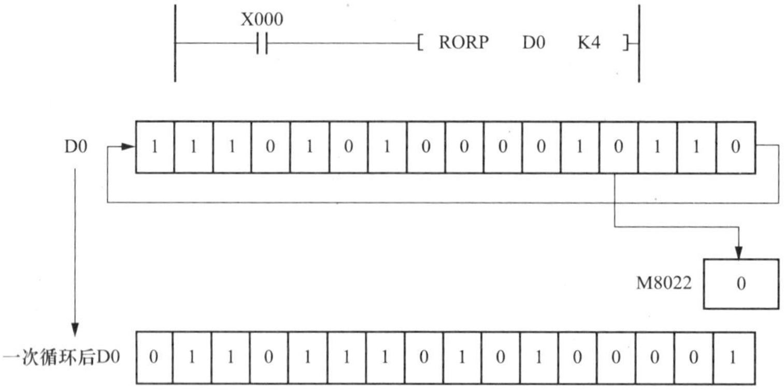

图 6-36　ROR 指令的用法

6.3.3　任务实施

1. I/O 分配

表 6-17 为彩灯追灯控制的 I/O 分配表

表 6-17　彩灯追灯控制 I/O 分配表

输入设备		输出设备			
设备名称	输入地址	设备名称	输出地址	设备名称	输出地址
按钮 SB1	X0	指示灯 HL1	Y0	指示灯 HL9	Y10
按钮 SB2	X1	指示灯 HL2	Y1	指示灯 HL10	Y11
停止按钮 SB3	X2	指示灯 HL3	Y2	指示灯 HL11	Y12
		指示灯 HL4	Y3	指示灯 HL12	Y13
		指示灯 HL5	Y4	指示灯 HL13	Y14
		指示灯 HL6	Y5	指示灯 HL14	Y15
		指示灯 HL7	Y6	指示灯 HL15	Y16
		指示灯 HL8	Y7	指示灯 HL16	Y17

2. 硬件接线

如图 6-37 所示为彩灯追灯控制的 PLC 外部接线图。

3. 程序设计

图 6-38 所示为交通灯控制的梯形图程序。

程序原理如下：

(1) PLC 上电或按下停止按钮 SB3 时，只有 Y0 得电，指示灯 HL1 点亮。

(2) 按下按钮 SB1 时，M0 得电自锁，定时器 T0 每隔 1s 自复位一次同时使位组合 K4Y0 循环左移位一次，指示灯将按照 1→16→1 的顺序循环点亮。

(3) 按下按钮 SB2 时，M1 得电自锁，定时器 T0 每隔 1s 自复位一次同时使位组合 K4Y0 循环右移位一次，指示灯将按照 16→1→16 的顺序循环点亮。

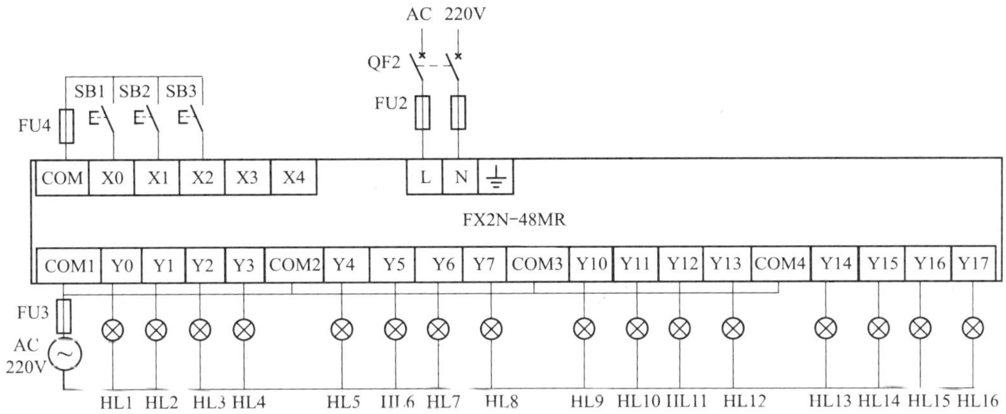

图 6-37 彩灯追灯控制 PLC 外部接线图

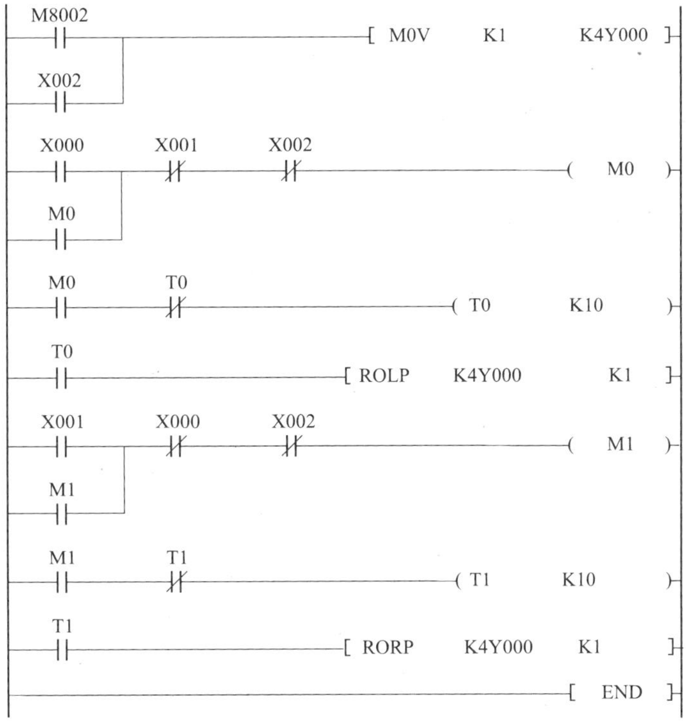

图 6-38 彩灯追灯控制 PLC 程序

6.3.4 思考与拓展

1. 带进位的循环移位指令 RCL/RCR

RCR、RCL 指令的名称、功能、操作数、梯形图形式见表 6-18。

RCR 指令执行时，（D.）中数据的最低位移入 M8022，而 M8022 中的数据移入（D.）中数据的最高位，连续移动 n 次。RCR 指令的用法如图 6-39 所示。

RCL 指令执行时，（D.）中数据的最高位移入 M8022，而 M8022 中的数据移入（D.）中数据的最低位，连续移动 n 次。RCL 指令的用法如图 6-40 所示。

表 6-18　　　　RCR、RCL 指令说明

指令名称	功能	操作数		梯形图形式
		(D.)	n	
RCR	带进位循环右移 n 位	KnY、KnM、KnS、T、C、D、V、Z	K、H 16 位操作：$n\leqslant16$； 32 位操作：$n\leqslant32$	X002 ─┤├─ [RCR (D.) n]
RCL	带进位循环左移 n 位			X003 ─┤├─ [RCL (D.) n]

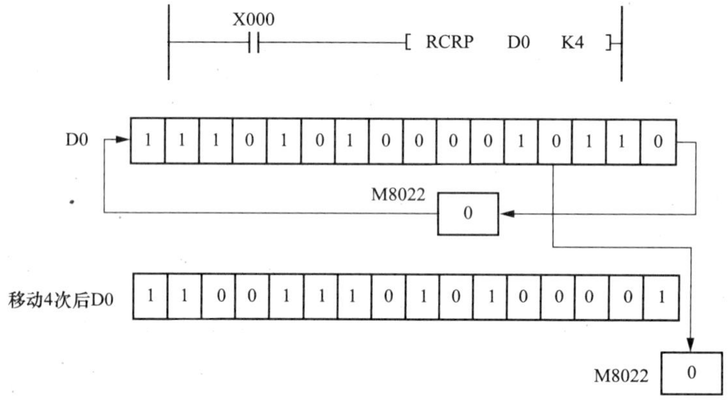

图 6-39　RCR 指令的用法

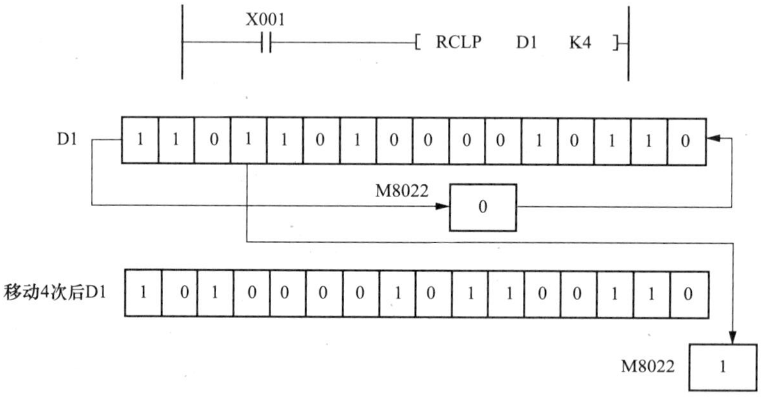

图 6-40　RCL 指令的用法

2. 移位指令 SFTR/SFTL

SFTR、SFTL 指令的名称、功能、操作数、梯形图形式见表 6-19。

SFTR 指令执行时，将（S.）指定元件开始的连续 n2 位传送到（D.）指定元件开始的连续 n1 位的最高的 n2 位中，低 n2 位溢出。采用脉冲型指令时，每执行一次 SFTR 指令向右移动 n2 位。移动范围在（D.）指定元件开始的连续 n1 位之内。SFTR 指令的用法如图 6-41 所示。

表 6-19　　SFTR、SFTL 指令说明

指令名称	功能	操作数				梯形图形式
		(S.)	(D.)	n1	n2	
SFTR	位右移	X、Y、M、S	Y、M、S	K、H n2≤n1≤1024		X004 ─┤├─[SFTR (S.) (D.) n1 n2]
SFTL	位左移					X005 ─┤├─[SFTL (S.) (D.) n1 n2]

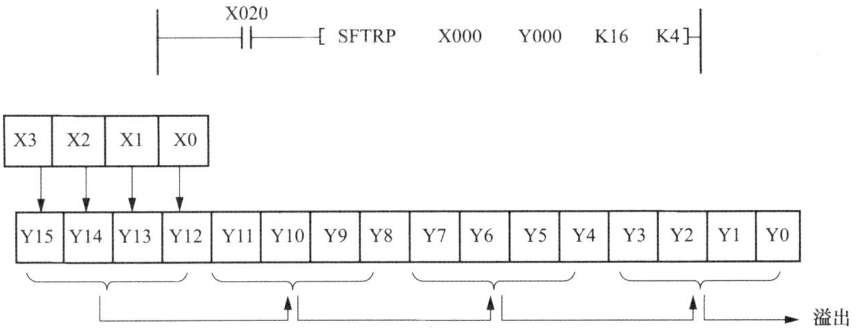

图 6-41　SFTR 指令的用法

SFTL 指令执行时，将（S.）指定元件开始的连续 n2 位传送到（D.）指定元件开始的连续 n1 位的最低的 n2 位中，高 n2 位溢出。采用脉冲型指令时，每执行一次 SFTL 指令向左移动 n2 位。移动范围在（D.）指定元件开始的连续 n1 位之内。SFTL 指令的用法如图 6-42 所示。

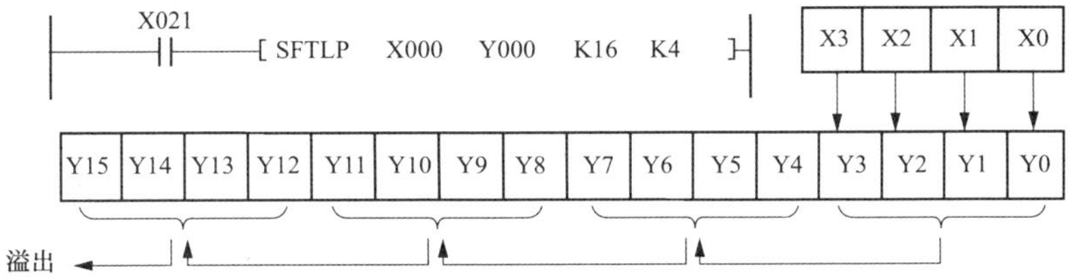

图 6-42　SFTL 指令的用法

ZRST 指令的名称、功能、操作数、梯形图形式见表 6-20。

表 6-20　　ZRST 指令说明

指令名称	功能	操作数		梯形图形式
		(D1.)	(D2.)	
ZRST	区间复位	Y、M、S、T、C、D		X000 ─┤├─[ZRST (D1.) (D2.)]

ZRST 指令执行时，将（D1.）至（D2.）间的所有同类元件复位。（D1.）与（D2.）必须为同类元件，而且（D1.）的地址编号应小于（D2.）的地址编号。ZRST 指令的用法如图 6-43 所示。

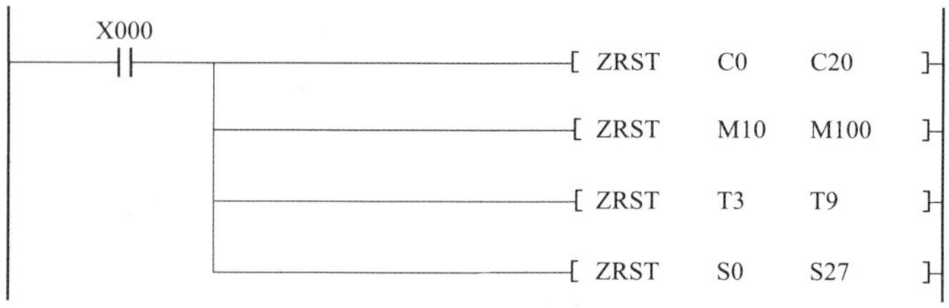

图 6-43 ZRST 指令的用法

巩固练习

一、简答题

1. 移位指令和循环移位指令有什么区别？

2. 区间复位指令如何使用？

二、设计题

1. 根据图 6-44 的时序图用移位指令实现三个灯的循环控制。

2. 天塔之光控制，如图 6-45 所示，按下启动按钮后，按以下规律显示：L1、L2、L9→L1、L5、L8→L1、L4、L7→L1、L3、L6→L1→L2、L3、L4、L5→L6、L7、L8、L9→L1、L2、L6→L1、L3、L7→L1、L4、L8→L1、L5、L9→L1→L2、L3、L4、L5→L6、L7、L8、L9→L1、L2、L9…如此循环，用移位指令实现。

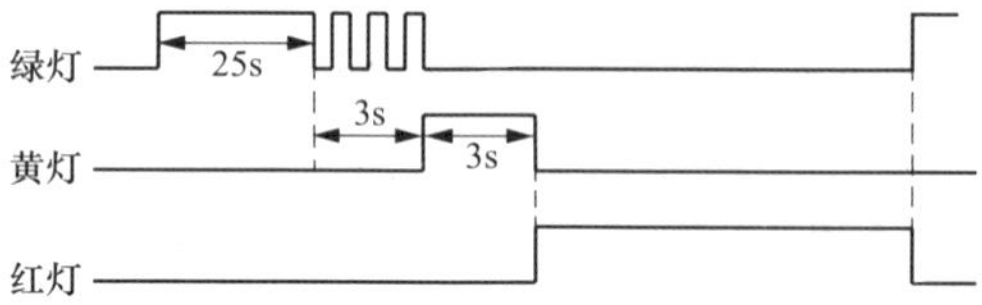

图 6-44 时序图

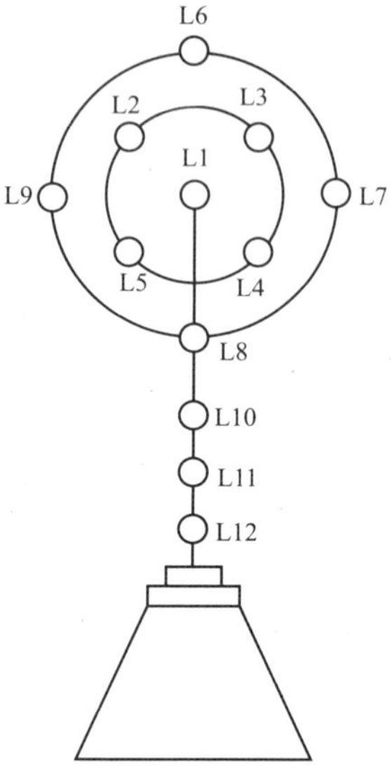

图 6-45 天塔之光控制

任务 4 9s 倒计时的 PLC 控制

6.4.1 任务概述

按下启动按钮 SB1 后，数码管显示 9，然后按秒递减，减到 0 时停止。递减过程中按下停止按钮SB2，数码管显示当前值，再次按下启动按钮SB1后，数码管重新从数字9开始递减。

6.4.2 任务资讯

1. 算术运算指令

（1）加法指令AND、减法指令SUB。

AND、SUB指令的名称、功能、操作数、梯形图形式见表6-21。

表6-21　　AND、SUB指令说明

指令名称	功能	操作数			梯形图形式
		（S1.）	（S2.）	（D.）	
ADD	二进制加法	K、H、KnX、KnY、KnM、KnS、T、C、D、V、Z		KnY、KnM、KnS、T、C、D、V、Z	X000 —||— [ADD (S1.) (S2.) (D.)]
SUB	二进制减法	K、H、KnX、KnY、KnM、KnS、T、C、D、V、Z		KnY、KnM、KnS、T、C、D、V、Z	X001 —||— [SUB (S1.) (S2.) (D.)]

AND指令执行时将（S1.）与（S2.）中的内容相加，结果放到目的操作数（D.）中。SUB指令执行时，把（S1.）中的数据减去（S2.）中的数据，结果放到目的操作数（D.）中。ADD、SUB指令使用方法如图6-46所示，当X000接通时，将数据寄存器D0内保存的数值和十进制常数3相加，和保存到D1中；当X001接通时，将数据寄存器D2内保存的数值减去数据寄存器D3内保存的数值，差保存到D4中；当X002由断到通时，执行一次加法指令，将数据寄存器D0内保存的数值加2，和保存到D0中。

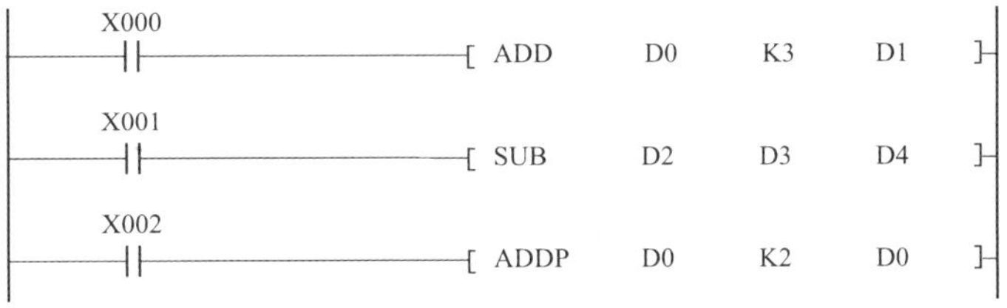

图6-46　ADD、SUB指令的使用方法

使用这两条指令时要注意，使用连续执行型指令时，每个周期都执行相加或相减，当一个源操作数与目的操作数指定相同软元件时，运算结果每个扫描周期都会发生变化，应特别注意。后面将要介绍的MUL、DIV等指令也许注意这种情况。

（2）乘法指令MUL、除法指令DIV。MUL、DIV指令的名称、功能、操作数、梯形图形式见表6-22。

MUL指令执行时将（S1.）与（S2.）中的内容相乘，结果放到目的操作数（D.）中。DIV指令执行时，把（S1.）中的数据除以（S2.）中的数据，结果放到目的操作数（D.）中。MUL、DIV指令使用方法如图6-47所示，当X003接通时，将数据寄存器D3和D5内保存的数值相乘，积保存到（D7，D8）两个寄存器中；当X004接通时，将数据寄存器D2内保存的数值除以D5内保存的数值，商保存到寄存器D6中，余数保存到寄存器D7中。

表 6-22　　**MUL、DIV 指令说明**

<table>
<tr><th rowspan="2">指令名称</th><th rowspan="2">功能</th><th colspan="3">操作数</th><th rowspan="2">梯形图形式</th></tr>
<tr><th>（S1.）</th><th>（S2.）</th><th>（D.）</th></tr>
<tr><td>MUL</td><td>二进制乘法</td><td colspan="2" rowspan="2">K、H、KnX、KnY、KnM、KnS、T、C、D、V、Z</td><td rowspan="2">KnY、KnM、KnS、T、C、D、V、Z</td><td>X002 —| |— [MUL (S1.) (S2.) (D.)]</td></tr>
<tr><td>DIV</td><td>二进制除法</td><td>X003 —| |— [DIV (S1.) (S2.) (D.)]</td></tr>
</table>

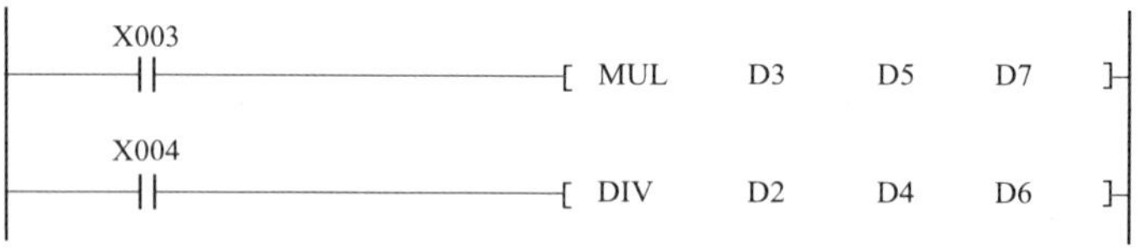

图 6-47　MUL、DIV 指令的用法

2. 加 1、减 1 指令 INC、DEC

INC、DEC指令的名称、功能、操作数、梯形图形式见表6-23。

表 6-23　　**INC、DEC 指令说明**

<table>
<tr><th rowspan="2">指令名称</th><th rowspan="2">功能</th><th>操作数</th><th rowspan="2">梯形图形式</th></tr>
<tr><th>（D.）</th></tr>
<tr><td>INC</td><td>把二进制数当前值加 1</td><td rowspan="2">KnY、KnM、KnS、T、C、D、V、Z</td><td>X004 —| |— [INC (D.)]</td></tr>
<tr><td>DEC</td><td>把二进制数当前值减 1</td><td>X005 —| |— [DEC (D.)]</td></tr>
</table>

INC指令执行时，将（D.）中的数加1，结果仍保存在（D.）中。DEC指令执行时，将（D.）中的数减1，结果仍保存在（D.）中。INC、DEC指令的用法如图6-48所示，当X001由断到通时，将数据寄存器D0内保存的数值加1；当X002由断到通时，将数据寄存器D1内保存的数值减1。

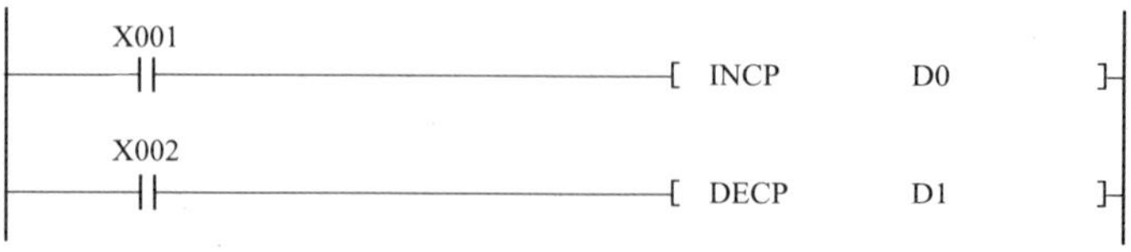

图 6-48　INC、DEC 指令的用法

使用这两条指令时应注意，当使用连续执行型时，每个扫描周期都进行加1或减1运算。

6.4.3 任务实施

1. I/O分配

表6-24为9s倒计时控制的I/O分配表，输入设备为启动按钮和停止按钮，输出设备为七段数码管的a～g七段。

表6-24 9s倒计时控制I/O分配表

输入设备			输出设备		
设备名称	文字符号	输入地址	设备名称	文字符号	输出地址
启动按钮	SB1	X0	数码管a段	HL1	Y0
停止按钮	SB2	X1	数码管b段	HL2	Y1
			数码管c段	HL3	Y2
			数码管d段	HL4	Y3
			数码管e段	HL5	Y4
			数码管f段	HL6	Y5
			数码管g段	HL7	Y6

2. 硬件接线

图6-49所示为9s倒计时控制的PLC外部接线图。

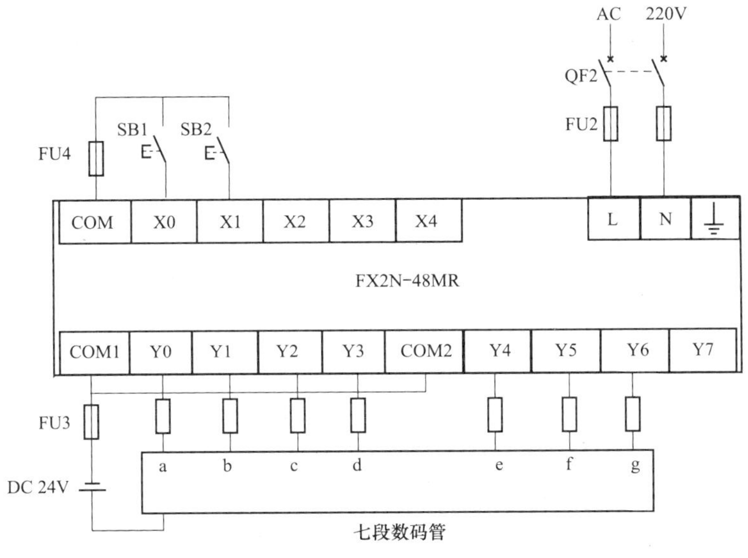

图6-49 9s倒计时控制PLC外部接线

3. 程序设计

图6-50所示为交通灯控制的梯形图程序，程序原理如下：

（1）通过初始化脉冲M8002将数据寄存器D0清零。按下启动按钮SB1后，M0得电自锁，定时器T0每隔1s自复位一次，计数器C0对T0的动合触点信号计数。

（2）M0得电后，用常数9减去计数器C0的当前值，差保存到数据寄存器D0中，然后通过七段译码指令SEGD在Y0～Y6控制的七段数码管上显示相应的数值。该数值在按下启动按钮后会从 9 开始每秒减 1，当计数器当前值等于设定值 9 时，C0 动断触点断开，C0 当前值保持 9 不变，七段数码管一直显示 0。

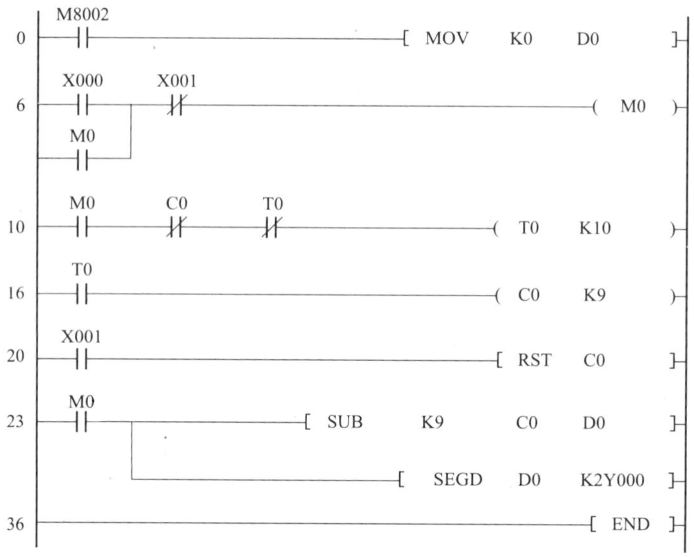

图 6-50　9s 倒计时控制 PLC 程序

（3）按下停止按钮 SB2 时，M0 失电，计数器 C0 复位，不执行减法指令，数码管显示当前值不变。再次按下启动按钮后，M0 得电，再次从 9 开始递减。

6.4.4　思考与拓展

1. 如何用递减指令 DEC 实现本任务控制要求

使用递减指令 DEC 同样可以实现本任务的控制要求，如图 6-51 所示。利用 MO 的上升沿信号给 D0 传送初始值 9，然后通过定时器 T0 的动合触点和 DEC 指令实现 D0 按秒递减。

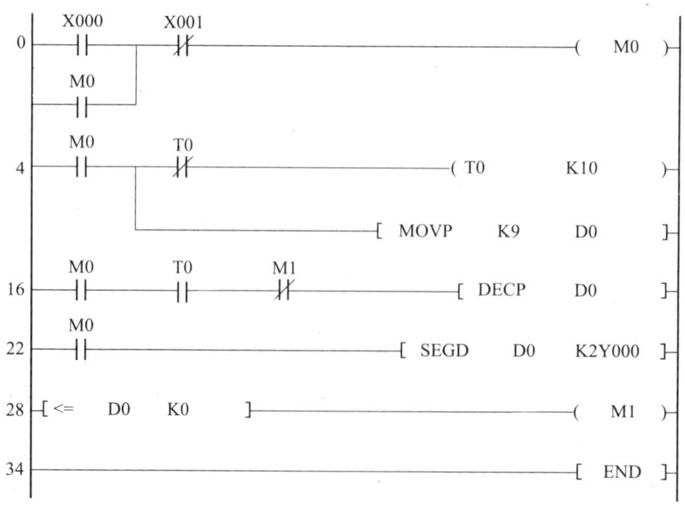

图 6-51　用 DEC 指令实现 9s 倒计时控制 PLC 程序

2. 逻辑运算指令

逻辑运算指令包括逻辑与指令 WAND、逻辑或指令 WOR、逻辑异或指令 WXOR 和求补码指令 NEG。指令的名称、功能、操作数、梯形图形式见表 6-25。

表 6-25　　WAND、WOR、WXOR、NEG 指令说明

指令名称	功能	操作数			梯形图形式
		（S1.）	（S2.）	（D.）	
WAND	逻辑与				X006 ─┤├─ [WAND (S1.) (S2.) (D.)]
WOR	逻辑或	K、H、KnX、KnY、KnM、KnS、T、C、D、V、Z		KnY、KnM、KnS、T、C、D、V、Z	X007 ─┤├─ [WOR (S1.) (S2.) (D.)]
WXOR	逻辑异或				X010 ─┤├─ [WXOR (S1.) (S2.) (D.)]
NEG	求补码	无			X011 ─┤├─ [NEG (D.)]

WAND、WOR、WXOR 指令执行时，使（S1.）与（S2.）中的数进行逻辑与、或、异或运算，运算结果存放到（D.）中。NEG 指令执行时，对（D.）中的数求补码，运算结果仍放到（D.）中。这几条指令的用法如图 6-52 所示，当 X000 接通时，数据寄存器 D0 和 D1 的数值按位相与后保存到寄存器 D60 中；当 X001 接通时，数据寄存器 D20 和 D21 的数值按位相或后保存到寄存器 D3 中；当 X002 接通时，数据寄存器 D0 和 D1 的数值按位相异或后保存到寄存器 D60 中；当 X003 由断到通时，数据寄存器 D6 内的数据取补码后保存在 D6 中。

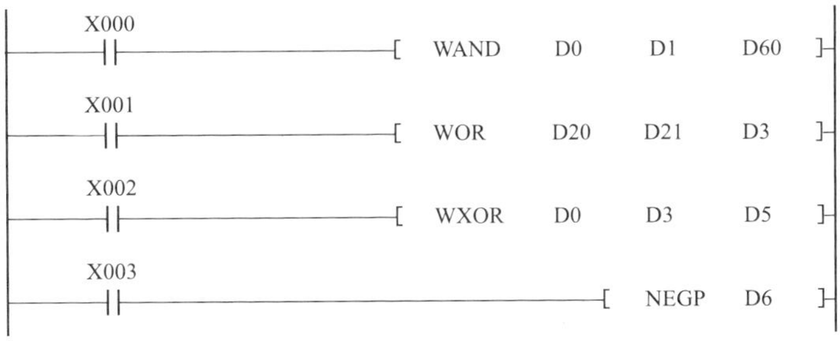

图 6-52　逻辑运算指令的用法

使用 NEG 指令的连续执行型时，D6 的内容每个周期都会发生变化。

巩固练习

一、分析题

1. 分析图 6-53 梯形图的功能。
2. 分析图 6-54 梯形图的功能。

巩固练习

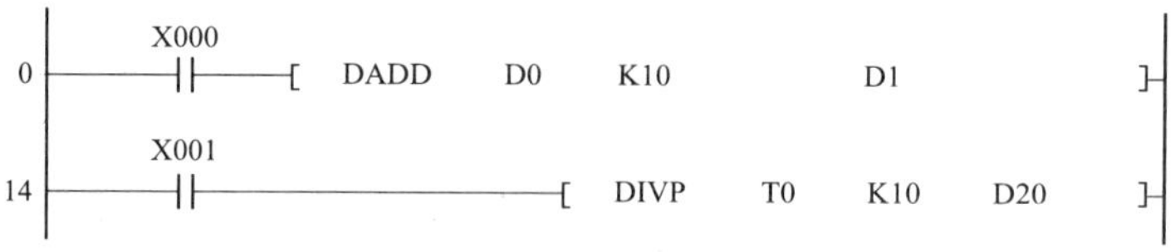

图 6-53　题 1 梯形图

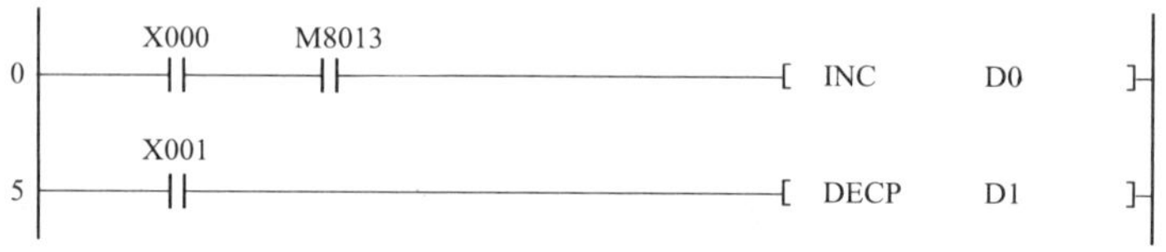

图 6-54　题 2 梯形图

二、设计题

1. 当 PLC 运行时，(D4)=[(D0)-(D1)](D2)/(D3)，请设计梯形图程序。

2. 在传送带末端装有一个正品检测感应开关，用于对灌装好的瓶子也就是正品进行计数统计；通过推出机构的至位感应开关可以对废品数进行计数统计。正品数和废品数分别显示在两个数显表（显示 0～99）上，当正品数或废品数到达 30 时，分别有一个指示灯点亮 2s 后熄灭，提示工人换箱，计数统计值自动复位清零。

任务 5　电动机手动/自动切换的 PLC 控制

6.5.1　任务概述

转换开关 SA1 打至右侧（ON）时为自动模式，按下启动按钮 SB1，KM1 得电，电动机 1 启动，延时 3s 后 KM2 得电，电动机 2 启动，按下停止按钮 SB2，两台电动机全部停止；转换开关 SA1 打至左侧（OFF）时为手动模式，按下按钮 SB1，电动机 1 点动运行，按下 SB2，电动机 2 点动运行。

6.5.2　任务资讯

1. PLC 程序结构

PLC 的程序结构主要包括主程序、子程序和中断程序三部分。其中，主程序是程序的主体，是不可缺少的部分；子程序指的是能被主程序或其他子程序调用，在实现某种功能后能自动返回到调用程序去的程序；中断程序是指用来响应中断事件的程序。子程序和中断程序不是必不可少的，用户根据控制要求的需要决定是否编写子程序或中断程序。

2. 子程序调用指令 CALL、FEND、SRET

CALL 指令用于调用一段子程序，其目标操作元件为：P0～P127。SRET 指令用来指示子程序结束，并返回主程序中子程序调用指令的位置，继续执行后面的程序，无操作元件。

FEND 指令用来指示主程序结束。FEND 指令之后的部分可以用来写各段子程序，每段子程序需从相应指针 Pn 处开始，用 SRET 标志结束。

如图 6-55 所示，PLC 从上向下逐行扫描程序，当扫描到 CALL P1 时，若 X001 接通，则转到指针 P1 处，先扫描第一段子程序，至 SRET 返回 CALL P1 处继续向下扫描，遇到 CALL P2，则转到指针 P2 处，扫描第二段子程序。遇到 SRET 则返回 CALL P2 处，继续向下扫描。遇到 FEND 指令，主程序扫描结束，返回主程序第一行，开始下一轮扫描。

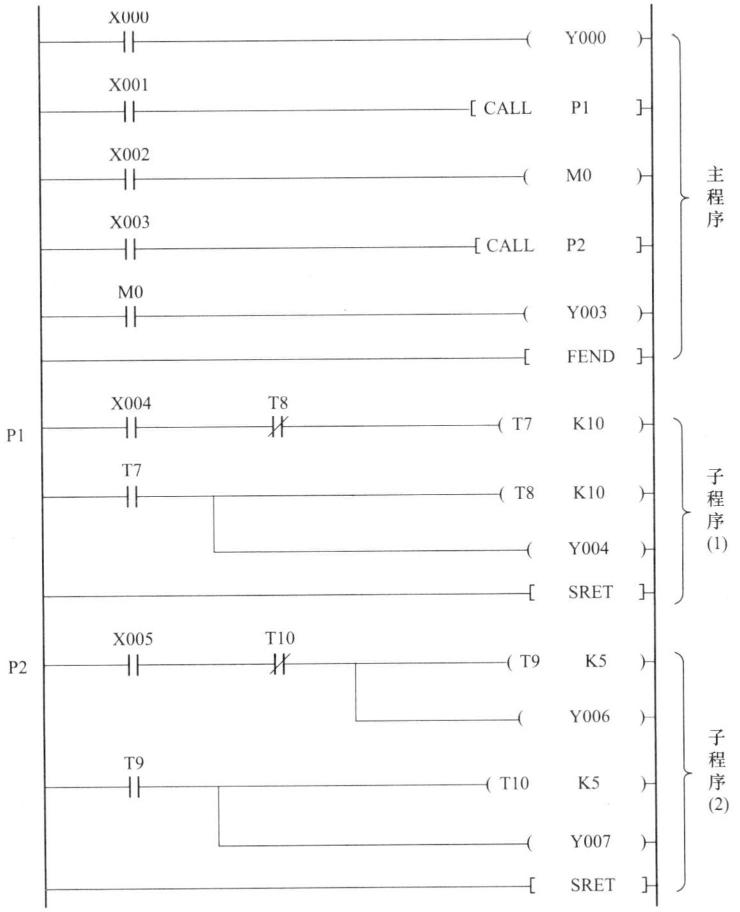

图 6-55　CALL、SRET、FEND 指令的用法

子程序可以嵌套，嵌套次数最多可有 5 层。

每段子程序所用的指针 P 是专用指针，不能再供其他子程序或跳转程序使用。

6.5.3　任务实施

1. I/O 分配

表 6-26 为电动机手自动切换控制的 I/O 分配表，其中 SA1 用动合触点连接输入端子 X0，当 SA1 打到自动挡位时，其动合触点闭合。

表 6-26　电动机手自动切换控制 I/O 分配

输入设备			输出设备		
设备名称	文字符号	输入地址	设备名称	文字符号	输出地址
转换开关	SA1	X0	电动机 1 接触器	KM1	Y0
启动按钮	SB1	X1	电动机 2 接触器	KM2	Y1
停止按钮	SB2	X2			

2. 硬件接线

图 6-56 所示为电动机手动/自动切换控制的 PLC 外部接线图，其主电路省略。

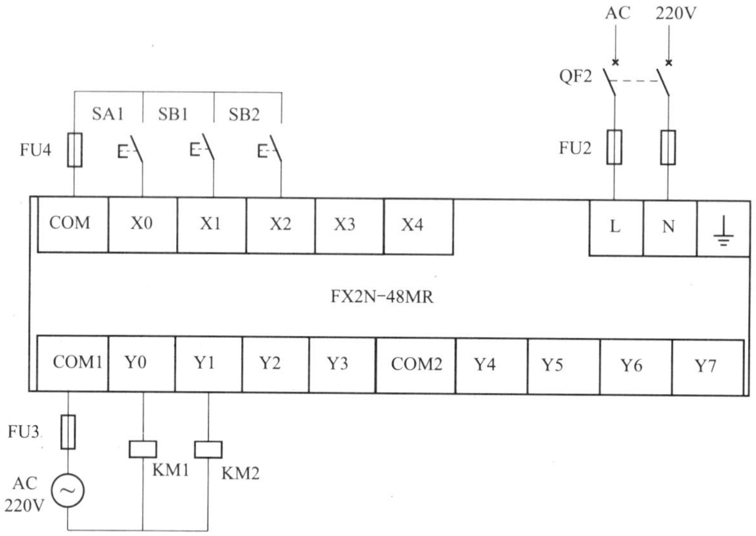

图 6-56　电动机手动/自动切换控制的 PLC 外部接线

3. 程序设计

图 6-57 所示为电动机手动/自动切换控制的梯形图程序，当 SA1 打到右侧自动挡位时，X000 得电，其动合触点闭合，调用指针标号为 P1 的自动子程序；当 SA1 打到左侧手动挡位时，X000 不得电，其动断触点闭合，调用指针标号为 P2 的手动子程序。

6.5.4　思考与拓展

1. 如何使用辅助继电器 M 实现电动机手动/自动切换的 PLC 控制

使用辅助继电器 M 同样可以实现电动机手动/自动模式的切换，如图 6-58 所示。当 SA1 打到自动挡位时，X000 得电，其动合触点闭合，按下启动按钮 SB1，辅助继电器 M0 得电，延时 3s 后 M1 得电，辅助继电器 M0 和 M1 分别代表自动模式下电动机 1 和电动机 2 的运行；当 SA1 打到手动挡位时，X000 不得电，其动断触点闭合，按下按钮 SB1 或 SB2 时，辅助继电器 M2 或 M3 得电，辅助继电器 M2 和 M3 分别代表手动模式下电动机 1 和电动机 2 的点动运行。最后用辅助继电器 M0 和 M2 的动合触点并联控制 Y000 的线圈，用辅助继电器 M1 和 M3 的动合触点并联控制 Y001 的线圈，从而实现两种模式下两台电动机的控制。

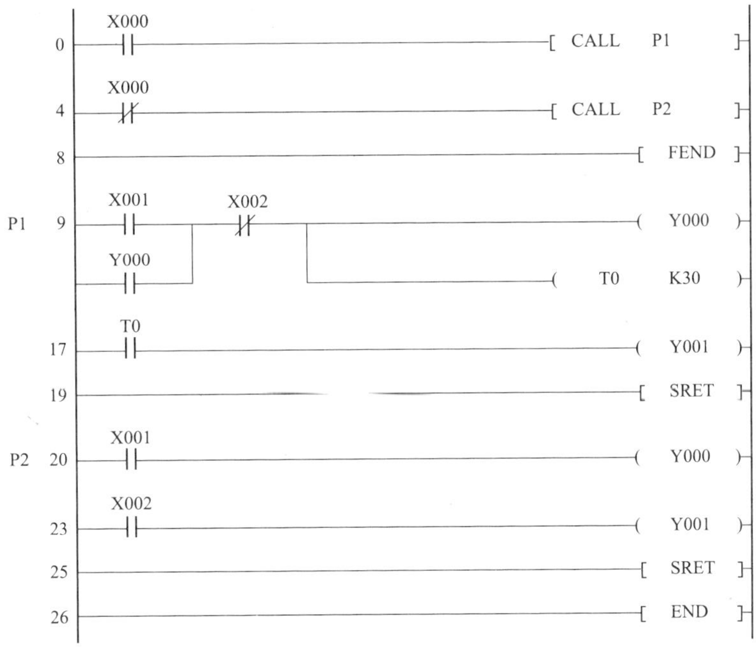

图 6-57 电动机手动/自动切换控制梯形图程序

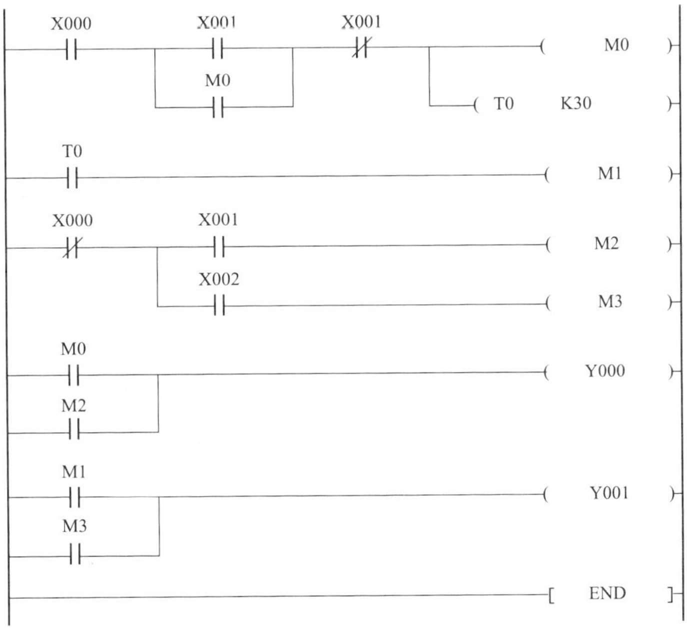

图 6-58 使用辅助继电器 M 实现电动机手动/自动切换

2. 子程序中通用定时器的执行方式

在子程序中使用 100ms 通用定时器 T0～T199 或 10ms 定时器 T200～T245 时，若正处于延时过程时子程序调用条件断开，则定时器暂停计时，定时器当前值保持不变，直到子程序调用条件再次接通继续计时。如图 6-59 所示，X000 动合触点闭合时，调用指针 P1 处的子程序，若 X001 动合触点闭合，则定时器 T0 开始延时；若延时时间到 6s 时 X000 的动合触点就断开了，则定时器 T0 暂停计时，其当前值保持不变，当 X000 动合触点再次闭合时 T0 继续延时 4s 后 Y000 接通。

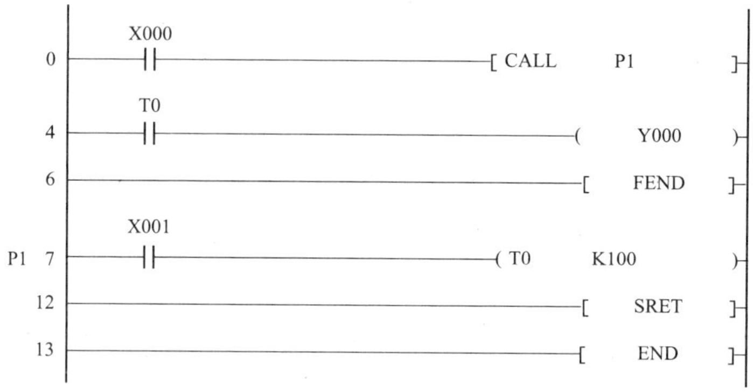

图 6-59　子程序中的通用定时器

3. 其他程序控制指令

（1）条件跳转指令。CJ 指令为条件跳转指令，其目标操作元件为指针 P0～P127。当条件跳转指令 CJ 有效时，某段程序被跳过，不被执行。使用 CJ 指令可以缩短扫描周期，并允许使用双线圈输出。

如图 6-60 所示，X000 为 ON 时，执行跳转 CJ P3，直接跳转到指针 P3 所指位置开始扫描，第 2～7 行的程序不被扫描。P3 处 CJ P4 指令不被执行。X000 为 OFF 时，CJP3 不被执行，按原来顺序逐行扫描。扫描到 CJP4 时，直接跳转到 P4 所指位置开始扫描。

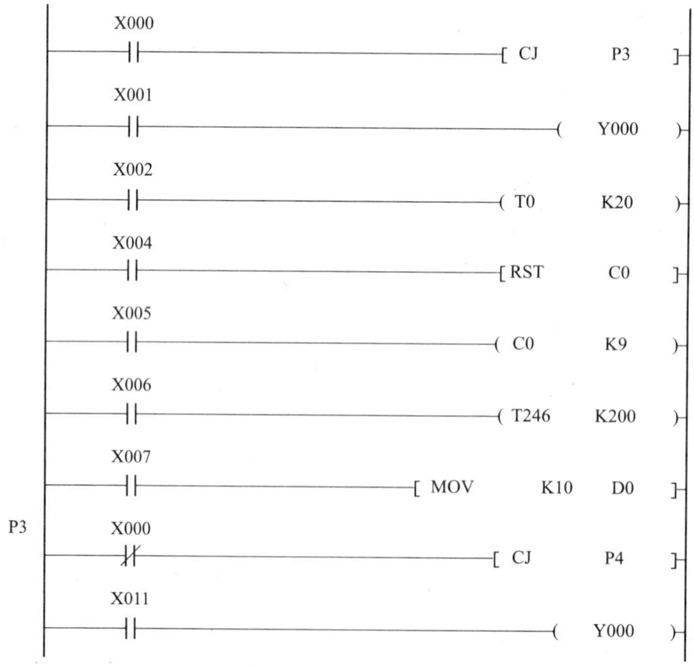

图 6-60　CJ 指令的用法（一）

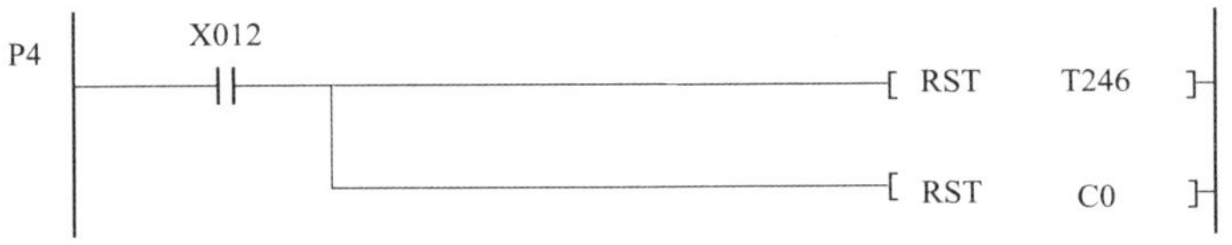

图 6-60　CJ 指令的用法（二）

（2）循环开始指令 FOR、循环结束指令 NEXT。FOR 是循环开始指令，用来表示循环程序段开始。循环次数用操作数表示，其操作数可以选用：K、H、T、C、D、V、Z、KnX、KnY、KnM。NEXT 是循环结束指令，用来表示循环程序段的结束，无操作元件。

FOR 与 NEXT 指令总是成对出现。使用这两条指令时，FOR～NEXT 之间的程序在一个扫描周期内被重复执行 n 次，n 的值由 FOR 的操作数决定。FOR 与 NEXT 指令可以嵌套使用，嵌套次数最多不能超过 5 次。

循环程序段中不能有 END、FEND 指令，使用 CJ 指令可以跳出循环体。

（3）开中断指令 EI、关中断指令 DI、中断返回指令 IRET。EI 为开中断指令，DI 为关中断指令，两条指令均无目标操作元件。EI、DI 指令配合使用，用来界定允许中断的程序段的范围。IRET 为中断返回指令，无目标操作元件。IRET 指令用来表示中断子程序结束。

PLC 通常处于关中断状态。当程序执行到 EI 到 DI 之间的部分时，若出现中断信号，则停止执行主程序，去执行相应中断子程序。遇到 IRET 指令时返回断点处，继续执行主程序。

（4）看门狗定时器指令 WDT。WDT 为看门狗定时器指令，又称作监视定时器指令，用来强制刷新监视定时器。

PLC 的扫描周期的典型值为 1～100ms，最长不能超过 200ms。在某些情况下，PLC 扫描时间延长，若扫描时间超过 200 ms，则 CPU 自动停止，出错指示灯亮，显示出错。在这种情况下，可以在程序中间插入 WDT 指令，将程序分成扫描时间低于 200ms 的几段，程序就可以正常执行了。

程序中循环次数过多、跳转标记指针 P 放到相应 CJ 指令之前，或使用模拟量、定位、通信等特殊模块时都有可能造成扫描时间过长。

图 6-61 所示为 WDT 指令的用法。

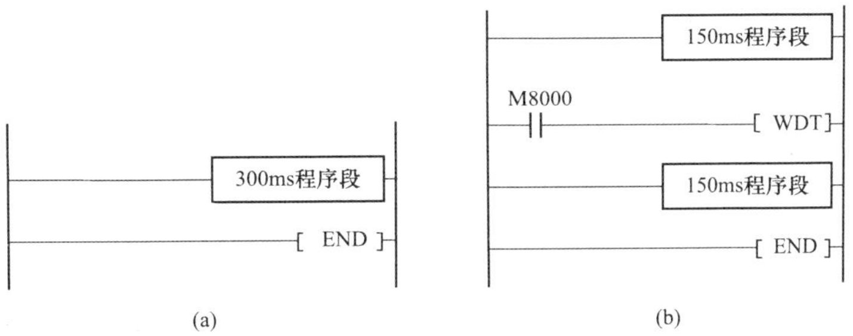

图 6-61　WDT 指令的用法
（a）过长的程序；（b）使用 WDT 指令的程序

巩固练习

一、简答题

1. 子程序调用指令和跳转指令有什么区别？

2. 子程序和中断程序有什么区别？

二、设计题

1. 用跳转指令实现本任务控制。

2. 转换开关SA1打至右侧（ON）时，按下启动按钮SB1，三台电动机按照M1→M2→M3的顺序依次延时3s启动，按下停止按钮SB2，三台电动机全部停止；转换开关SA1打至左侧（OFF）时，三台电动机均通过各自的手动启动和停止按钮启动或停止。请用子程序指令实现控制要求。

任务6 模拟量信号的PLC控制

6.6.1 任务概述

按下启动按钮SB1后指示灯HL1点亮，加热炉系统启动。通过温度传感器检测加热炉内的实际温度，系统启动后若温度低于40℃则接触器KM1得电接通加热器自动加热，若温度高于80℃则接触器KM1失电停止加热。当温度在40～80℃区间时HL2点亮，温度低于40℃时HL3点亮，温度高于80℃时HL4点亮。按下停止按钮，系统停止，KM1失电，所有指示灯熄灭。

6.6.2 任务资讯

1. 模拟量概述

在工业控制中，某些输入量（例如，压力、温度、流量、转速等）是连续变化的模拟量，某些执行机构（例如，伺服电动机、调节阀、记录仪等）要求PLC输出模拟信号，而PLC的CPU只能处理数字量。模拟量首先被传感器和变送器转换为标准的电流或电压，例如，DC 4～20mA、1～5V、0～10V，PLC用A/D转换器将它们转换成数字量。这些数字量一般是二进制的，带正负号的电流或电压在A/D转换后一般用二进制补码表示。

D/A转换器将PLC的数字输出量转换为模拟电压或电流，再去控制执行机构。模拟量I/O模块的主要任务就是完成A/D转换（模拟量输入）和D/A转换（模拟量输出）。

图6-62所示为炉温控制系统，炉温用热电阻检测，温度变送器将热电阻提供的几十毫伏的电压信号转换为标准电流（如4～20mA）或标准电压（如0～5V）信号后送给模拟量输入模块，经A/D转换后得到与温度成比例的数字量，CPU将它与温度设定值比较，并按某种控制规律（如PID）对二者的差值进行运算，将运算结果（数字量）送给模拟量输出模块，经D/A转换后变为电流信号或电压信号，用来调节控制天然气的电动调节阀的开度，实现对温度的闭环控制。

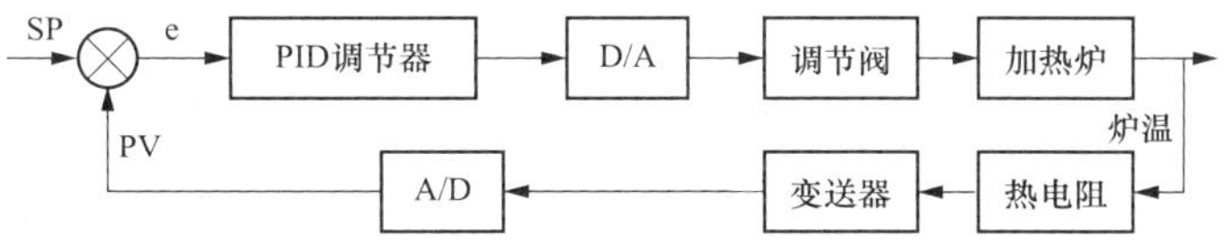

图 6-62　炉温闭环控制系统框图

有的 PLC 有温度检测模块，温度传感器（热电偶或热电阻）与它们直接相连，省去了温度变送器。大中型 PLC 可以配置成百上千个模拟量通道，它们的 D/A、A/D 转换器一般是 12 位的。模拟量 I/O 模块的输入、输出信号可以是电压，也可以是电流；可以是单极性的，例如，DC 0～5V、0～10V、1～5V、4～20mA；也可以是双极性的，例如，DC ±50mV、±5V、±10V 和±20mA，模块一般可以输入多种量程的电流或电压。

A/D、D/A 转换器的二进制位数反映了它们的分辨率，位数越多，分辨率越高，模拟量输入/输出模块的另一个重要指标是转换时间。

2. FX2N-4AD 模拟量输入模块

模拟量的输入模块用来将输入的模拟信号转变为 PLC 的 CPU 能接受的数字信号，从而扩大了 PLC 的应用范围。模拟量的输入模块本身带有一个 CPU，可以对其进行编程，它不仅能完成 A/D 转换，还可以进行数据处理，故称之为智能模块。

（1）FX2N-4AD 概述。FX2N-4AD 模拟量输入模块是 FX 系列专用的模拟量输入模块，如图 6-61 所示。该模块有 4 个输入通道（CH），通过输入端子变换，可以任意选择电压或电流输入状态。电压输入时，输入信号范围为 DC －10～10V，输入阻抗为 200kΩ，分辨率为 5mV；电流输入时，输入信号为 DC －20～20mV，输入阻抗为 250Ω，分辨率为 20μA。

FX2N-4AD 将接收的模拟信号转换成 12 位二进制的数字量，并以补码的形式存于 16 位数据寄存器中，数值范围是－2048～2047。FX2N-4AD 的工作电源为 DC 24V，模拟量与数字量之间采用光隔离技术，但各通道之间没有隔离。

图 6-63 中模拟输入信号采用双绞屏蔽电缆与 FX2N-4AD 连接，电缆应远离电源线或其他可能产生电气干扰的导线。如果输入有电压波动，或在外部接线中有电气干扰，可以接一个 0.1～4.7μF，25V 的电容。如果是电流输入，应将端子 V＋和 I＋连接。FX2N-4AD 接地端与 PLC 主单元接地端相连，如果存在过多的电气干扰，再将外壳地端 FG 和 FX2N-4AD 接地端相连。

（2）FX2N-4AD 缓冲寄存器（BFM）的分配。FX2N-4AD 模拟量模块内部有一个数据缓冲寄存器区，它由 32 个 16 位的寄存器组成，编号为 BFM＃0-＃31，其内容与作用见表 6-27。数据缓冲寄存器区内容，可以通过 PLC 的 FROM 和 TO 指令来读、写，其中带 * 的缓冲存储器可以使用 T0 指令由 PLC 写入，不带 * 的缓冲存储器可以使用 FROM 指令读入 PLC。

偏移（截距）：当数字输出为 0 时的模拟输入值。

增益（斜率）：当数字输出为 1000 时的模拟输入值。

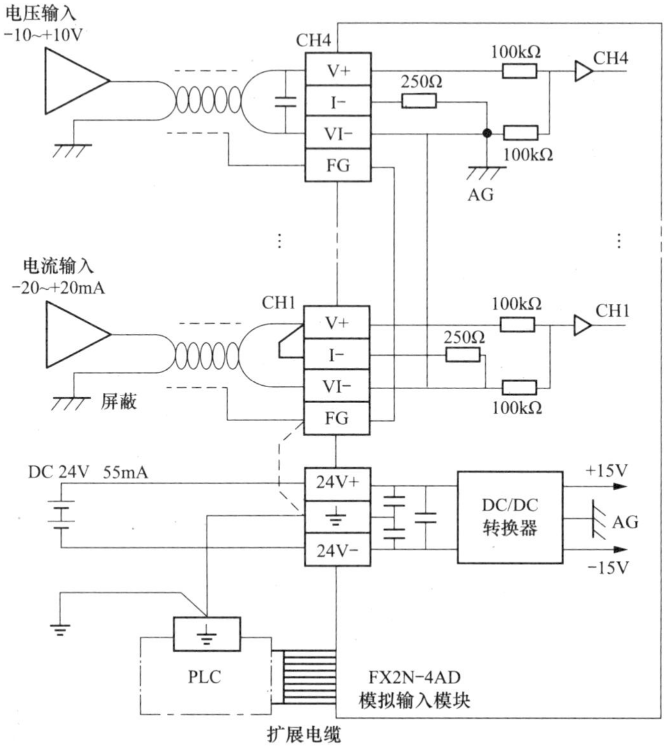

图 6-63　FX2N-4AD 模拟量输入模块接线图

表 6-27　　FX2N-4AD 缓冲寄存器的分配

BFM 编号	内容		备注
＃0（＊）	通道初始化，用 4 位十六位数字 H××××表示，4 位数字从右至左分别控制 1、2、3、4 四个通道		每位数字取值范围为 1～3，其含义如下： 0 表示输入范围为－10～＋10V； 1 表示输入范围为＋4～＋20mA； 2 表示输入范围为－20～＋20mA； 3 表示该通道关闭；默认值为 H0000
＃1（＊）	通道 1	采样次数设置	采样次数是用于得到平均值，其设置范围为 1～4096，默认值为 8
＃2（＊）	通道 2		
＃3（＊）	通道 3		
＃4（＊）	通道 4		
＃5	通道 1	平均值存放单元	根据＃1～＃4 缓冲寄存器的采样次数，分别得出每个通道的平均值
＃6	通道 2		
＃7	通道 3		
＃8	通道 4		
＃9	通道 1	当前值存放单元	每个输入通道读入的当前值
＃10	通道 2		
＃11	通道 3		
＃12	通道 4		
＃13～＃14	保留		
＃15（＊）	A/D 转换速度设置		设为 0 时，正常速度，15ms/通道（默认值）； 设为 1 时，高速度，6ms/通道

续表

BFM 编号	内容	备注
#16～#19	保留	
#20（*）	复位到默认值和预设值	默认值为 0；设为 1 时，所有设置将复位默认值
#21（*）	禁止调整偏值和增益值	（b1，b0）设为（1，0）时，禁止； （b1，b0）设为（0，1）时，允许（默认值）
#22（*）	偏置，增益调整通道设置	b7 与 b6、b5 与 b4、b3 与 b2、b1 与 b0 分别表示调整通道 4、3、2、1 的增益与偏置值
#23（*）	偏置值设置	默认值为 0000，单位为 mV 或 μA
#24（*）	增益值设置	默认值为 5000，单位为 mV 或 μA
#25～#28	保留	
#29	错误信息	表示本模块的出错类型
#30	识别码（K2010）	固定为 K2010，可用 FROM 读出识别码来确认此模块
#31	禁用	

3. BFM 读出、写入指令 FROM、TO

（1）BFM 读出指令 FROM。FROM 指令的名称、功能、操作数、梯形图形式见表 6-28。

表 6-28　　FROM 指令说明

指令名称	功能	操作数				梯形图形式
		m1	m2	（D.）	*n*	
FROM	读出特殊功能模块数据	K、H m1=0～7	K、H m2=0～32767	KnY、KnM、KnS、T、C、D、V、Z	K、H， *n*=0～32767	X010 —┤├—[FROM m1 m2 (D.) n]

FROM 指令为读特殊功能模块指令，用于从特殊模块的缓冲器中读取数据。指令执行时，将编号为 m1 的特殊功能模块内，编号为 m2 开始的 *n* 个缓冲寄存器的数据读入 PLC，并存入（D.）指定元件开始的连续 *n* 个数据寄存器中。

如图 6-64 所示，X000 动合触点闭合时，编号为 1 的模拟量输入模块的 29 号缓冲寄存器的数据被读入 PLC 的 K4M0 这个 16 位的位组合中。

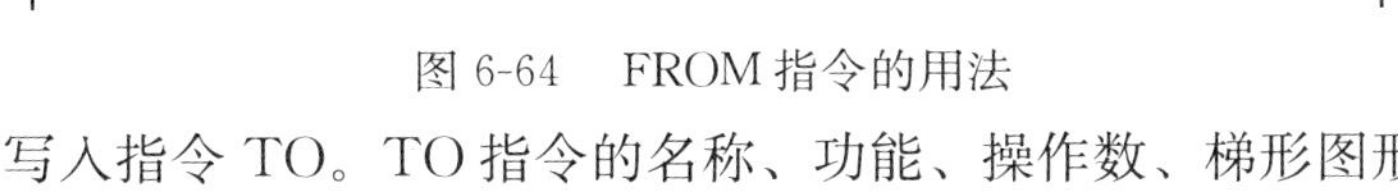

图 6-64　FROM 指令的用法

（2）BFM 写入指令 TO。TO 指令的名称、功能、操作数、梯形图形式见表 6-29。

表 6-29　　TO 指令说明

指令名称	功能	操作数				梯形图形式
		m1	m2	（S.）	*n*	
TO	写数据到特殊功能模块	K、H m1=0～7	K、H m2=0～32767	K、H、KnX、KnY. KnM、KnS、T、C、D、V、Z	K、H，*n*=0～32767	X011 —┤├—[T0 m1 m2 (S.) n]

TO指令为BFM写入指令，用于将数据写入到特殊功能模块。指令执行时，将PLC从（S.）指定单元开始的连续 n 个字的数据，写到特殊功能模块m1中编号为m2开始的缓冲寄存器中。TO指令的用法如图6-65所示，X000动合触点闭合时，将十六进制数据H3330写入到编号为1的模拟量输入模块的0号缓冲寄存器中，也就是将该模拟量输入模块的通道1设定为电压信号。

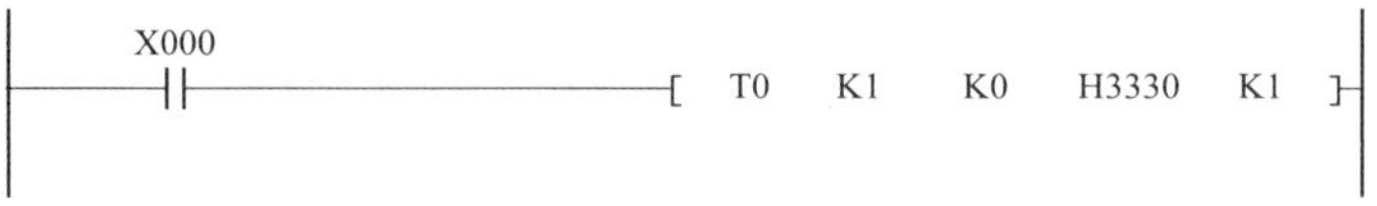

图6-65　TO指令的用法

4. 温度传感器和变送器

（1）温度传感器。温度传感器是指能感受温度并转换成可用输出信号的传感器。按照传感器材料及电子元件特性分为热电阻和热电偶两类。

1）热电偶是温度测量仪表中常用的测温元件，它直接测量温度，并把温度信号转换成热电动势信号，通过电气仪表（二次仪表）转换成被测介质的温度。各种热电偶的外形常因需要而极不相同，但是它们的基本结构却大致相同，通常由热电极、绝缘套保护管和接线盒等主要部分组成，通常和显示仪表、记录仪表及电子调节器配套使用。

2）热电阻是中低温区最常用的一种温度检测器。热电阻测温是基于金属导体的电阻值随温度的增加而增加这一特性来进行温度测量的。它的主要特点是测量精度高，性能稳定。其中铂热电阻的测量精确度是最高的，它不仅广泛应用于工业测温，而且被制成标准的基准仪。热电阻大都由纯金属材料制成，目前应用最多的是铂和铜，此外，现在已开始采用镍、锰和铑等材料制造热电阻。金属热电阻常用的感温材料种类较多，最常用的是铂丝。工业测量用金属热电阻材料除铂丝外，还有铜、镍、铁、铁-镍等。

（2）温度变送器。温度变送器采用热电偶、热电阻作为测温元件，从测温元件输出信号送到变送器模块，经过稳压滤波、运算放大、非线性校正、V/I转换、恒流及反向保护等电路处理后，转换成与温度呈线性关系的4～20mA电流信号0～5V/0～10V电压信号，RS 485数字信号输出。

温度电流变送器是把温度传感器的信号转变为电流信号，连接到二次仪表上，从而显示出对应的温度。

6.6.3　任务实施

1. I/O分配

表6-30为加热炉控制系统的I/O分配，输入设备为启动按钮SB1和停止按钮SB2，输出设备为加热器接触器KM1的线圈和4个指示灯。

温度传感器采用Pt100铂电阻，温度变送器采用SWP-TR-08型铂电阻温度变送器，可以将0～100℃的温度信号转换为4～20mA的电流信号，然后将其送给模拟量输入模块FX2N-4AD，其转换特性如图6-66所示。

表 6-30　　加热炉控制系统 I/O 分配表

输入设备			输出设备		
设备名称	文字符号	输入地址	设备名称	文字符号	输出地址
启动按钮 SB1	SB1	X0	加热器接触器	KM1	Y0
停止按钮 SB2	SB2	X1	指示灯	HL1	Y1
			指示灯	HL2	Y2
			指示灯	HL3	Y3
			指示灯	HL4	Y4

2. 硬件接线

图 6-67 所示为加热炉控制系统的 PLC 外部接线图。模拟量输入模块 FX2N-4AD 通过扩展电缆连接基本单元 FX2N-48MR，三线制热电阻的三根线分别连到温度变送器的 1、2、3 端子上。

3. 程序设计

图 6-68 所示为加热炉控制系统的主程序，FX2N-4AD 模拟量输入模块连接在特殊功能功能模块的 0 号位置，程序原理如下：

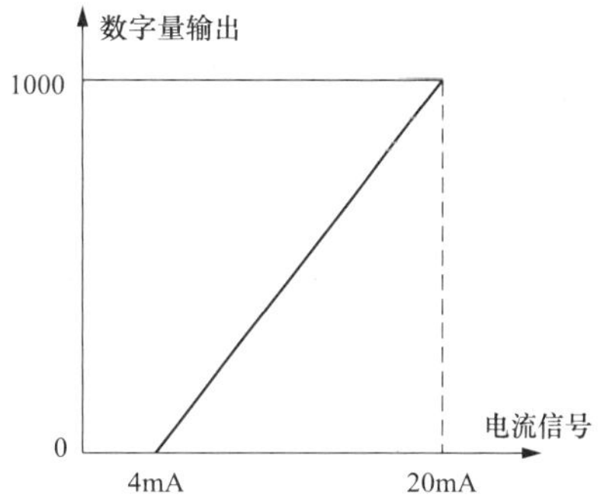

图 6-66　FX2N-4AD 转换特性

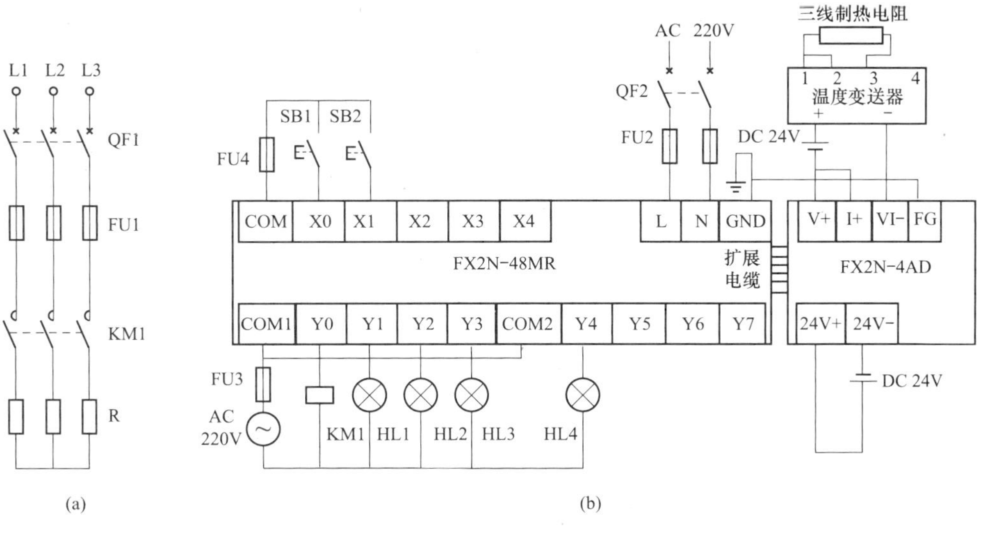

图 6-67　加热炉控制系统 PLC 外部接线图
(a) 主电路；(b) 控制电路

(1) 通过初始化脉冲 M8002 将 0 号位置的模拟量输入模块缓冲存储区＃30 的 1 个字的数据读入数据寄存器 D0，然后与十进制常数 2010 比较，如果两者相等则 M1 接通，该段程序的目的是通过识别码 2010 确认 0 号位置的特殊功能模块是否为 FX2N-4AD。

(2) 特殊功能模块确认为 FX2N-4AD 后，一方面将 1 个字的十六进制常数 3331 写入该模块的＃0 缓冲存储区中，确认该模块的通道 1 为 4～20mA 电流信号输入，另外 3

个通道关闭；另一方面通过通道 1 将 1 个字的模拟量输入信号从该模块的♯5 缓冲存储区读入数据寄存器 D1 中。

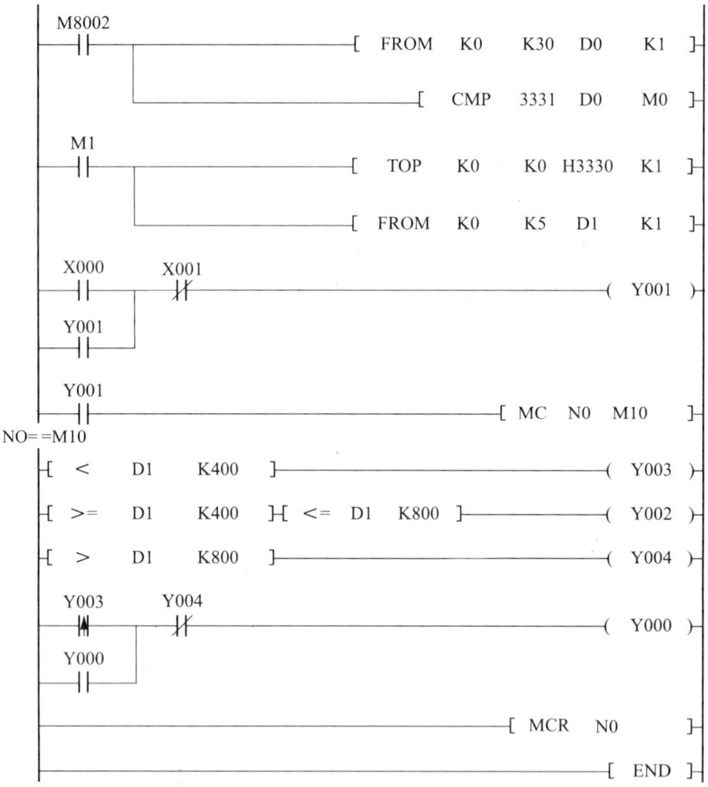

图 6-68　加热炉控制系统 PLC 梯形图

（3）按下启动按钮后，指示灯 HL1 点亮，若温度低于 40℃则启动加热炉加热，若温度高于 80℃则加热炉关闭。温度低于 40℃时指示灯 HL3 点亮，温度在 40～80℃时指示灯 HL2 点亮，温度高于 80℃时指示灯 HL4 点亮。

6.6.4　思考与拓展

1．FX2N-2DA 模拟量输出模块

模拟量的输出模块 FX2N-2DA 如图 6-69 所示。

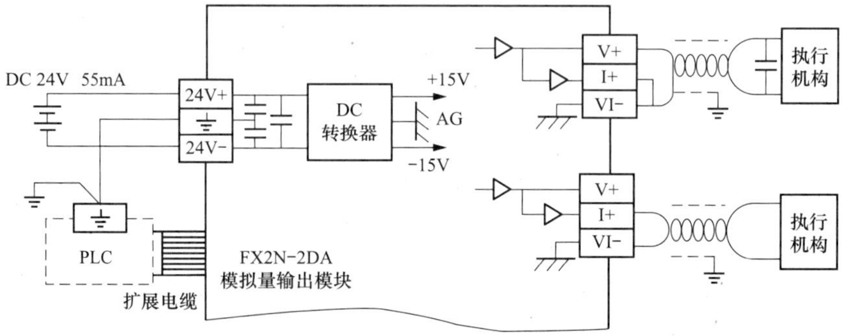

图 6-69　模拟量的输出模块

（1）FX2N-2DA概述。FX2N-2DA模拟量输出模块也是FX系列专用的模拟量输出模块。该模块将12位的数字值转换成相应的模拟量输出。FX2N-2DA有2路输出通道，通过输出端子变换，也可以任意选择电压或电流输出状态。电压输入时，输入信号范围为DC－10～＋10V，可接负载阻抗为1kΩ～1MΩ，分辨率为5mV，综合精度0.1V；电流输出时，输出信号范围为DC＋4～＋20mA，可接负载阻抗不大于250Ω，分辨率为20uA，综合精度0.2mA。

FX2N-2DA模拟量模块的工作电源为DC 24V，模拟量与数字量之间采用光隔离技术。FX2N-2DA模拟量模块的2个输出通道，要占用基本单元的8个映像表，即在软件上占8个I/O点数，在计算PLC的I/O时可以将这8个点作为PLC的输出点来计算。

（2）FX2N-2DA的接线。图6-69中模拟量输出信号采用双绞屏蔽电缆与外部执行机构连接，电缆应远离电源线或其他可能产生电气干扰的导线。当电压输出有波动或存在大量噪声干扰时，可以接一个0.1～4.7μF，25V的电容。对于是电压输出，应将端子I＋和VI-连接。FX2N-2DA接地端与PLC主单元接地端相连。

（3）FX2N 2DA的缓冲寄存器（BFM）分配。FX2N-2DA模拟量模块内部有一个数据缓冲寄存器区，它由32个16位的寄存器组成，编号为BFM＃0～＃31，其内容与作用见表6-31。数据缓冲寄存器区内容，可以通过PLC的FROM和TO指令来读写。

表6-31　　FX2N-2DA的缓冲寄存器分配

BFM编号	内容		备注
＃0	通道初始化，用2位十六进制数字H××表示，2位数字从右至左分别控制CH1、CH2两个通道		每位数字取值范围为0.1其含义如下： 0表示输出范围为－10～＋10V； 1表示输入范围为＋4～＋20mA
＃1	通道1	存放输出数据	
＃2	同道2	存放输出数据	
＃3～＃4	保留		
＃5	输出保持与复位默认值为H00		H00表示CH2保持，CH1保持； H01表示CH2保持，CH1复位； H10表示CH2复位，CH1保持； H11表示CH2复位，CH1复位
＃6～＃15	保留		
＃16	输出数据的当前值		8位数据存于b7～b0
＃17	转换通道设置		将b0由1变0，CH2的D/A转换开始； 将b1由1变0，CH1的D/A转换开始； 将b2由1变0，D/A转换的低8位数据保持
＃18～＃19	保留		
＃20	复位到默认值和预设置		默认值为0；设为1时，所有设置将复位默认值
＃21	禁止调整偏置和增益值		b1、b0位设为1、0时，禁止； b1、b0位设为0、1时，允许（默认值）
＃22	偏置，增益调整通道设置		b3与b2.、b1与b0分别表示调整CH2、CH1的增益与偏置值

续表

BFM编号	内容	备注
#23	偏置值设置	默认值为0000，单位为mV或μA
#24	增益值设置	默认值为5000，单位为mV或μA
#25～#28	保留	
#29	错误信息	表示本模块的出错类型
#30	识别码（K3010）	固定为K3010，可用FROM读出识别码来确认此模块
#31	禁用	

（4）FX2N-2DA偏置与增益的调整。FX2N-2DA出厂时偏置值和增益值已经设置成：数字值为0～4000，电压输出为0～10V。当FX2N-2DA用作电流输出时，必须重新调整偏置值和增益值。偏置值和增益值的调节是对数字值设置实际的输出模拟值，可以通过FX2N-2DA的容量调节器，并使用电压和电流表来完成。

增益值可设置为0～4000的任意数字值。但是，为了得到12位的最大分辨率，电压输出时，对于10V的模拟输出值，数字值调整到4000；电流输出时，对于20mA的模拟输出值，数字值调整到4000。

偏置值也可以根据需要任意进行调整。但一般情况下，电压输入时，偏置值设为0V；电流输入时，偏置值设置为4mA。

调整偏置值和增益值时应该注意以下几个问题：

1）对通道1和通道2分别进行偏置调整和增益调整。

2）反复交替调整偏置值和增益值，直到获得稳定的数值。

3）当调整偏置和增益时，按照偏置调整和增益调整的顺序进行。

【例6-1】 FX2N-4AD模块在0号位置，其通道CH1和CH2作为电压输入，CH3、CH4关闭，平均值采样次数为4，数据存储器D1和D2用于接收CH1、CH2输入的平均值。程序如图6-70所示，虽然前两行程序对于模拟量读入来说不是必需的，但它确实是有用的检查，因此推荐使用。

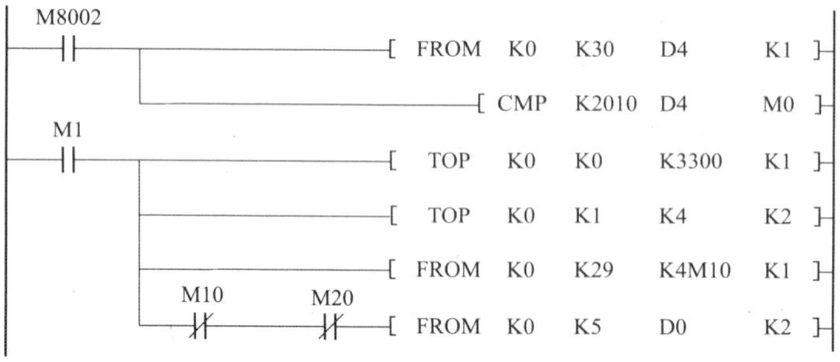

图6-70 FX2N-4AD模块编程梯形图

【例6-2】 FX2N-2DA模块在1号位置，其通道CH1、CH2作为电压输出，将数据存储器D1和D2的内容通过CH1、CH2输出。程序如图6-71所示，X000接通时，通道1（CH1）执行数字到模拟量的转换；X001接通时，通道2（CH2）执行数字到模拟量的转换。

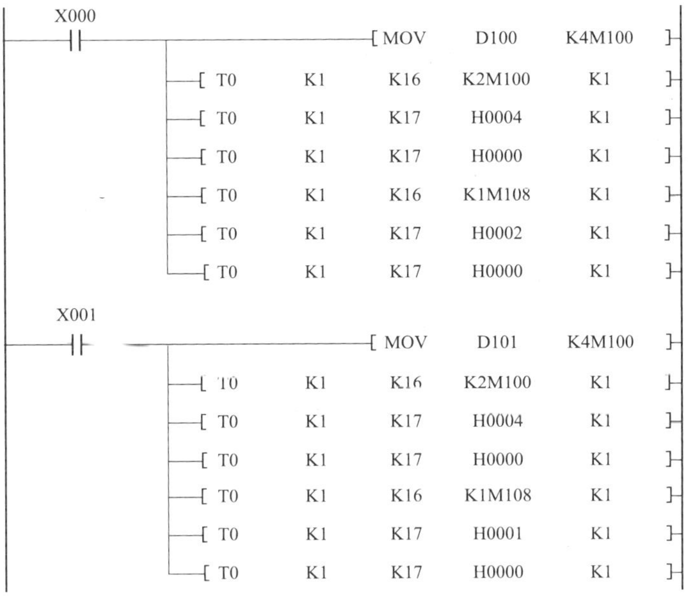

图6-71　模拟量输出编程梯形图

2. 其他模拟量输入/输出的特点

(1) FX系列的12位模拟量输入/输出模块的公共特性。除FX2N-3A、FX1N-8AV-BD和FX2N-8AV-BD的分辨率是8位，FX2N-8AD是16位以外，其余的模拟量输入/输出模块和功能扩展板均为12位。

电压输入时（如DC 0～10V、0～5V），模拟量输入电路的输入电阻为20kΩ，电流输入时（如DC 4～20mA），模拟量输入电路的输入电阻为250Ω。

模拟量输出模块在电压输出时的外部负载电阻为2kΩ～1MΩ，电流输出时小于500Ω。12位模拟量输入在满量程时（如10V）的数字量转换值为4000。未特别说明时，满量程的总体精度为±1%。

(2) 模拟量输入扩展板FX1N-2AD-BD。功能扩展板的体积小巧，价格低廉，PLC内可以安装一块功能扩展板。

FX1N-2AD-BD有两个12位的输入通道，输入为DC 0～10V和DC 4～20mA，转换速度为1个扫描周期，没有光隔离，不占用I/O点，适用于FX1S和FX1N。

(3) 模拟量输出扩展板FX1N-1DA-BD。FX1N-1DA-BD有1个12位的输出通道，输出为DC 0～10V、0～5V和4～20mA，转换速度为1个扫描周期，没有光隔离，不占用I/O点，适用于FX1S和FX1N。

(4) 模拟量设定功能扩展板FX1N-8AV-BD和FX2N-8AV-BD。模拟量设定功能扩展板上面有8个电位器，用应用指令VRRD读出电位器设定的8位二进制数，作为计数器、定时器的设定值。电位器上有11挡刻度，根据电位器所指的位置，使用应用指令VRSC，可以将电位器当作选择开关使用。FX1N-8AV-BD适用于FX1N和FX2N，FX2N—8AV-BD适用于FX2N。

(5) 模拟量输入/输出模块FX2N-3A。FX2N-3A是8位模拟量输入/输出模块，有两个模拟量输入通道，一个模拟量输出通道。

输入为DC 0～10V和4～20mA。输出为DC 0～10V、0～5V和4～20mA，模拟电路和数字电路间有光隔离，占用8个I/O点。

(6) 模拟量输入和温度传感器输入模块FX2N-8AD。FX2N-8AD提供8个16位（包括符号位）的模拟量输入通道，输入为DC −10～+10V和−20～+20mA电流或电压，或K、J型和T型热电阻，输出为有符号十六进制数，满量程的总体精度为±0.5%。只有电压电流输入时的转换速度为0.5ms/通道，其他通道有热电偶输入时为1ms/通道，热电偶输入通道为40ms/通道。模拟和数字电路间有光隔离，占用8个I/O点。

(7) PT-100型温度传感器用模拟量输入模块FX2N-4AD-PT。FX2N-4AD-PT供三线式铂电阻PT-100用，有12位4通道，驱动电流为1mA（恒流方式），综合精度为1%（相对于最大值）。它里面有温度变送器和模拟量输入电路，对传感器的非线性进行了校正。温度可以用摄氏或华氏表示，额定温度范围为−100～+600℃，输出数字量为−1000～+6000，转换速度为15ms/通道，模拟和数字电路间有光隔离，在程序中占用8个I/O点。

(8) 热电偶温度传感器用模拟量输入模块FX2N-4AD-TC。FX2N-4AD-TC有12位4通道，与K型（−100～+1200℃）和J型（−100～+600℃）热电偶配套使用，K型的输出数字量为−1000～+12000，J型的输出数字量为−1000～+6000。综合精度为0.5%满刻度+1℃，转换速度为240ms/通道，在程序中占用8个I/O点。模拟和数字电路间有光隔离。

(9) 温度调节模块FX2N-2LC。FX2N-2LC有2通道温度输入和2通道晶体管输出，提供自调整PID控制、两位式控制和PI控制，可以检查出断线故障。可以使用多种热电偶和热电阻，有冷端温度补偿，控制周期为500ms。在程序中占用8个I/O点，模拟和数字电路间有光隔离。

巩固练习

一、简答题

1. 模拟量信号和开关量信号有什么区别？
2. 经过传感器和变送器转换后的标准的电压或电流信号有哪些？
3. 简述FX2N-4AD模拟量输入模块的使用方法。

二、设计题

1. 某液压传动系统通过压力传感器检测系统压力，压力传感器量程为0～0.1MPa，输出给PLC的电压信号为0～10V。要求压力大于0.06MPa时接通电磁阀YV1，压力小于0.02MPa时断开电磁阀YV1。请设计梯形图程序。

2. 某工厂通过气体传感器检测厂房内二氧化碳浓度，气体传感器量程为0～10g/L，输出给PLC的电流信号为4～20mA。要求浓度大于3g/L时接通风机通风，压力小于1g/L时断开风机。请设计梯形图程序。

项目 7

三菱FX系列PLC综合应用

任务 1　变频器多段速运行的 PLC 控制

7.1.1　任务概述

通过一台变频器控制电动机 M1 运行，控制要求为：当开关 SA1 打至右边“ON”位置时，按下按钮 SB1，电动机 M1 正转 4s（频率 20Hz），暂停 3s，然后反转 4s（频率－25Hz），暂停 3s，完成一次循环。要求完成 2 次循环后自动停止，在此过程中按下按钮 SB2 后电动机立即断电停止。当开关 SA1 打至左边“OFF”位置时，按下按钮 SB1，电动机 M1 正转 4s（频率 20Hz）后自动停止，在此过程中按下按钮 SB2 后电动机停止。

7.1.2　任务资讯

1. 西门子 MM420 变频器简介

西门子变频器是由德国西门子公司研发、生产、销售的变频器，主要用于控制和调节三相交流异步电动机的速度。目前西门子在中国市场上的主要机型就是 MM420、MM440 和 G120 等系列。

MICROMASTER420 是用于控制三相交流电动机速度的变频器系列。本系列有多种型号，从单相电源电压、额定功率 120W 到三相电源电压、额定功率 11kW 可供用户选用。

利用变频器的基本操作面板 BOP 可以改变变频器的各个参数及控制变频器本地运行。BOP 具有 7 段显示的 5 位数字，可以显示参数的序号和数值，报警和故障信息，以及设定值和实际值。参数的信息不能用 BOP 存储，图 7-1 所示为 MM420 BOP 基本操作面板。

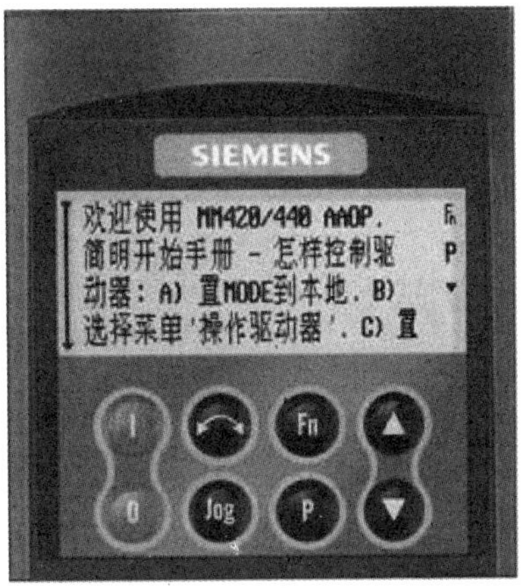

图 7-1　MM420 BOP 基本操作面板

基本操作面板（BOP）上的按钮及其功能见表 7-1。

2. MM420 变频器的多功能端子控制方式

MM420 变频器电路方框图如图 7-2 所示。进行主电路接线时，变频器模块面板上的 L1、L2 插孔接单相电源，接地插孔接保护地线；三个电动机插孔 U、V、W 连接到三相电动机（千万不能接错电源，否则会损坏变频器）。

表 7-1　　BOP 上的按钮及其功能说明

显示/按钮	功能	功能的说明
	状态显示	LCD 显示变频器当前的设定值
	启动变频器	按此键启动变频器。默认值运行时此键是被封锁的。为了使此键的操作有效，应设定 P0700＝1
	停止变频器	OFF1：按此键，变频器将按选定的斜坡下降速率减速停车，默认值运行时此键被封锁；为了允许此键操作，应设定 P0700＝1。 OFF2：按此键两次（或一次，但时间较长）电动机将在惯性作用下自由停车。此功能总是“使能”的
	改变电动机的转动方向	按此键可以改变电动机的转动方向，电动机的反向时，用负号表示或用闪烁的小数点表示。默认值运行时此键是被封锁的，为了使此键的操作有效应设定 P0700＝1
	电动机点动	在变频器无输出的情况下按此键，将使电动机启动，并按预设定的点动频率运行。释放此键时，变频器停车。如果变频器/电动机正在运行，按此键将不起作用
	功能	此键用于浏览辅助信息。 变频器运行过程中，在显示任何一个参数时按下此键并保持不动 2s，将显示以下参数值（在变频器运行中从任何一个参数开始）： 1. 直流回路电压（用 d 表示-单位：V）； 2. 输出电流 A； 3. 输出频率（Hz）； 4. 输出电压（用 o 表示-单位 V）； 5. 由 P0005 选定的数值［如果 P0005 选择显示上述参数中的任何一个（3，4 或 5），这里将不再显示］。 连续多次按下此键将轮流显示以上参数。 跳转功能：在显示任何一个参数（rXXXX 或 PXXXX）时短时间按下此键，将立即跳转到 r0000，如果需要的话，您可以接着修改其他的参数。跳转到 r0000 后，按此键将返回原来的显示点
	访问参数	按此键即可访问参数
	增加数值	按此键即可增加面板上显示的参数数值
	减少数值	按此键即可减少面板上显示的参数数值

MM420 变频器模块面板上引出了 MM420 的多功能数字量输入端子有：DIN1（端子⑤）、DIN2（端子⑥）、DIN3（端子⑦）、内部电源＋24V（端子⑧）、内部电源 0V（端子⑨）。数字输入量端子可连接到 PLC 的输出点（端子⑧接一个输出公共端，如

2L)。当变频器命令参数 P0700=2(外部端子控制)时,可由 PLC 控制变频器的启动/停止以及变速运行等。

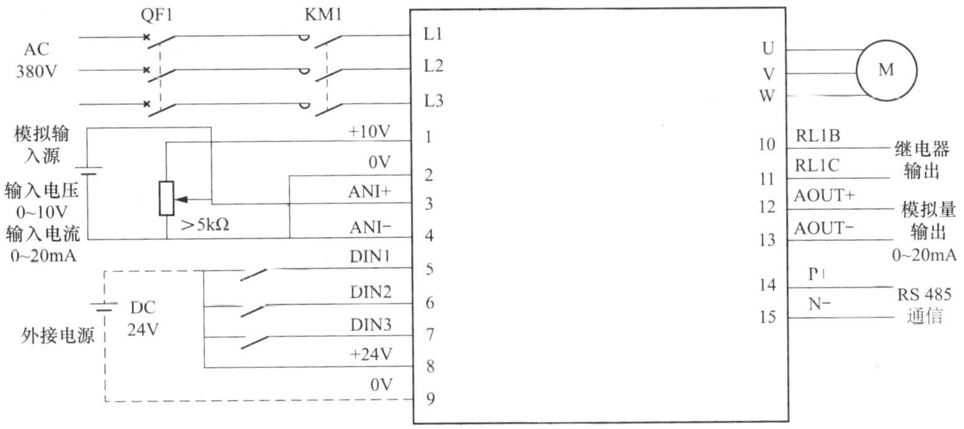

图 7-2　MM420 变频器框图

MM420 变频器除了使用操作面板和多功能端子进行控制外,也可以通过模拟量输入端子和通信接口进行控制。

7.1.3 任务实施

1. I/O 分配

本任务中,输入设备主要有转换开关 SA1、启动按钮 SB1 和停止按钮 SB2,输出设备主要是变频器数字量输入端子 DIN1 和 DIN2,它们的 I/O 分配见表 7-2。

表 7-2　　变频器多段速控制 I/O 分配表

输入设备			输出设备		
设备名称	文字符号	输入地址	设备名称	文字符号	输出地址
转换开关	SA1	X0	变频器数字量输入端子 5	DIN1	Y0
启动按钮	SB1	X1	变频器数字量输入端子 6	DIN2	Y1
停止按钮	SB2	X2			

2. 硬件接线和变频器参数设置

(1)硬件接线。图 7-3 所示为电动机长动控制的电气原理图,其中输入回路采用 PLC 内置的 24V 直流电源,输出回路使用 MM420 变频器内置的 24V 直流电源。

(2)变频器参数设置。

首先将 MM420 的参数 P10 设为 1,即快速调速模式。然后设置 P304-P311,即电动机的额定电压、额定电流等相关参数,快速调试完毕后再将参数 P10 设为 0。

快速调试完成后设置以下参数:

P700=2,表示由数字量输入端子给定运行命令。

P701=P702=16,在这种操作方式下,数字量输入既选择固定频率,又具备启动功能。

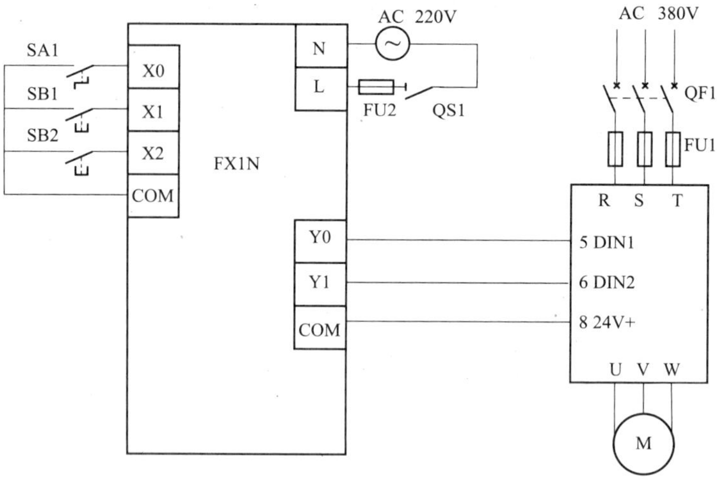

图 7-3 MM420 PLC 多段速控制电气原理图

P1000＝3，表示由数字量输入端子选择固定频率的组合。

P1001＝20/P1002＝－25，表示正转 20Hz/反转 25Hz。

P1020＝P1021＝2，加减速时间。

3．程序设计

图 7-4 所示为 MM420 PLC 多段速控制的梯形图程序，程序原理如下：

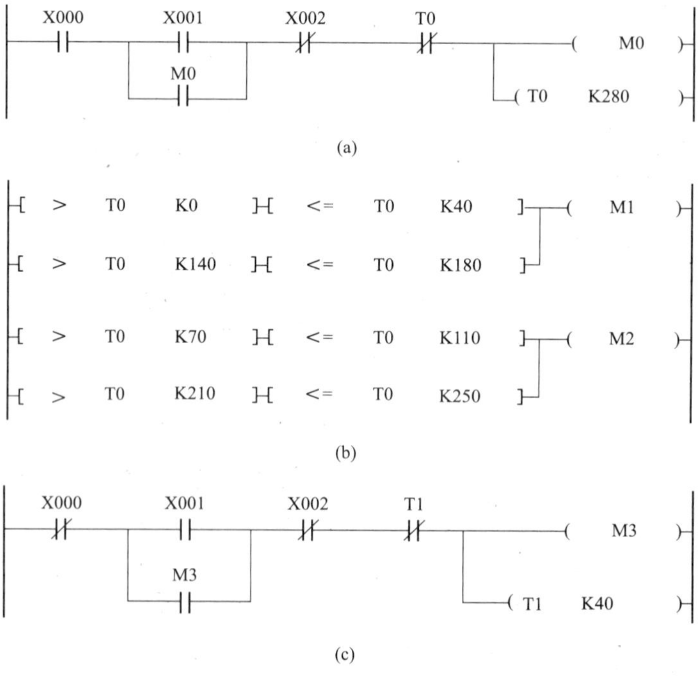

图 7-4 MM420 PLC 多段速控制梯形图程序（一）

（a）转换开关 SA1 打至右侧时启动定时器 T0；（b）转换开关 SA1 打至右侧时使用触点比较指令得到电动机正反转时间区间；（c）转换开关 SA1 打至左侧时启动定时器 T1

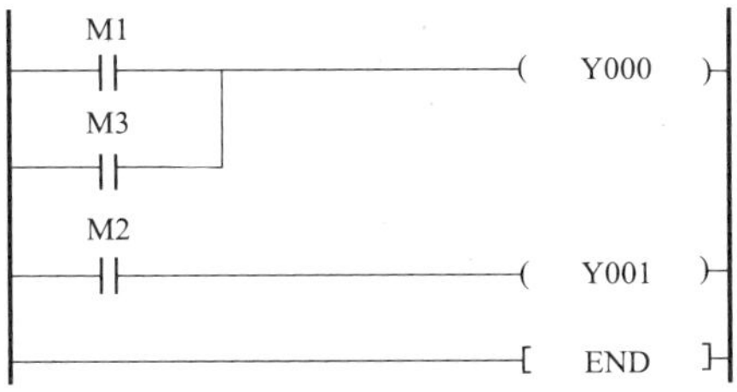

(d)

图 7-4　MM420 PLC 多段速控制梯形图程序（二）
(d) 输出点控制

（1）当转换开关 SA1 打至右侧时，X000 动合触点闭合。按下启动按钮 SB1，X001 动合触点闭合，M0 得电自锁，定时器 T0 当前值从 0 开始递增。延时 28s（两次循环的时间之和）后，T0 当前值等于 280，T0 动断触点将 M0 和 T0 全部切断，如图 7-4（a）所示。

（2）使用触点比较指令，将 T0 的当前值与 0、40、70、110、140、180、210、250 比较，第 0～4s 或 14～18s 让 M1 接通，第 7～11s 或 21～25s 让 M2 接通，如图 7-4（b）所示。

（3）当转换开关 SA1 打至左侧时，X000 动断触点闭合。按下启动按钮 SB1，输入继电器 X001 得电，X001 动合触点闭合，M3 的线圈得电自锁，定时器 T1 延时 4s 后将 M3 和 T1 切断，如图 7-4（c）所示。

（4）M1 或 M3 得电时 Y0 得电，变频器 DIN1 接通，电动机以 20Hz 频率正转；M2 得电时 Y1 得电，变频器 DIN2 接通，电动机以 25Hz 频率反转，如图 7-4（d）所示。

（5）任何时候按下停止按钮 SB2，M0～M3 全部失电，Y000 和 Y001 不得电，电动机停止。

7.1.4　思考与拓展

1. 通过模拟量端子与 PLC 连接

S7-200 系列 PLC 一般不自带模拟量接口，因此要实现该控制可以使用其模拟量扩展模块 EM235 与 MM420 变频器的模拟量输入端子连接，其系统硬件连接时将 EM 235 模块的 V0 和 M0 端子分别接 MM420 的 3、4 脚。

通过 EM235 的模拟量输出端子（10V）直接与变频器的模拟量输入端子连接，可实现对电动机转速的调整，PLC 输入端子外接按钮实现电动机的正转和反转控制。变频器主要参数设置：P0700＝2、P0701＝1s、P0702＝2s、P1000＝2s、P1080＝0s、P1082＝50。

2. 利用 Modbus 协议实现控制

MODBUS 协议最早由施耐德旗下的昆腾（Modicon）公司于 1978 年提出，目前已经称为国际标准和国家、行业标准。该协议为典型的串行通信协议，支持 CRC 或 LRC 校验。变频器大多数设备均支持该协议。S7-200 PLC 的两个通信口 0 口和 1 口均支持 Modbus RTU 协议，硬件连接时只需要将 3 脚和 8 脚连接到变频器的 RS 485 端口的接收和发送端即可。PLC 程序编写直接在编程软件 Step7-Micro/WIN32 软件指令库中的调用 MBUS _ CTRL 初始化程序，调用 MBUS _ MSC 接收和发送数据，其 CRC 校验程序也由系统自动生成。

巩固练习

一、选择题

1. 西门子 MM420 变频器的基本操作面板上，JOG 键的功能是（　　）。

A. 正转　　B. 点动　　C. 反转　　D. 访问参数

2. 西门子 MM420 变频器的基本操作面板上，P 键的功能是（　　）。

A. 正转　　B. 点动　　C. 反转　　D. 访问参数

3. 西门子 MM420 变频器的命令参数 P0700＝（　　）表示外部端子控制。

A. 1　　B. 2　　C. 3　　D. 4

4. 西门子 MM420 变频器的命令参数 P0010＝（　　）表示快速调试模式。

A. 1　　B. 2　　C. 3　　D. 4

二、判断题

1. 西门子 MM420 变频器操作面板上的 Fn 键是电动机点动键。（　　）

2. 西门子 MM420 变频器 U、V、W 应接到三相电源进线上。（　　）

3. MM420 变频器除了使用操作面板和多功能端子进行控制外，也可以通过模拟量输入端子和通信接口进行控制。（　　）

4. MODBUS 协议为典型的串行通信协议。（　　）

三、简答题

1. 西门子 MM420 变频器有哪几种控制方式?

2. 西门子 MM420 变频器多段速控制时需要设置哪几个关键参数，应如何设置?

四．设计题

1. 采用一台变频器通过接触器 KM1 和 KM2 分别驱动两台笼型电动机 M1 和 M2，具体工艺要求如下：按下按钮 SB1，电动机 M1 正转 3s（运行频率 20Hz），然后 M1 停止，然后电动机 M2 正转运行 3s（运行频率 25Hz），M2 停止，M1 反转 3s（运行频率 15Hz），最后暂停 3s，完成一次循环。要求完成 2 次循环后自动停止，在此过程中按下停止按钮 SB2 后两台电动机立即断电停止。另外要求在电动机 M2 运行时指示灯 HL1 以 1Hz 的频率闪烁。

2. 采用一台变频器通过接触器 KM1 和 KM2 控制电动机 M1 实现变频和工频切换运行，具体工艺要求如下：开关 SA1 达到右侧“ON”位置时，按下按钮 SB1，电动机 M1 正转 5s（运行频率 20Hz），停止 3s，然后反转运行 3s（运行频率-25Hz），停止 3s，循环 2 次后自动停止，在此过程中按下停止按钮 SB2 后两台电动机立即断电停止；开关 SA1 达到左侧“OFF”位置时，按下按钮 SB1，电动机 M1 工频运行，按下按钮 SB2 停止。

任务 2　用组态软件控制电动机的启动停止

7.2.1　任务概述

用组态软件设计监控画面，通过监控画面上的虚拟设备实现以下要求：

（1）虚拟开关闭合后延时 3s 电动机启动，虚拟开关断开后电动机立即停止；

（2）用虚拟指示灯指示电动机的运行状态；

（3）可以在监控画面上设定延时时间并显示当前已延时的时间。

7.2.2　任务资讯

1. 组态软件简介

“组态（Configure）”的含义是“配置”“设定”“设置”等意思，是指用户通过类似“搭积木”的简单方式来完成自己所需要的软件功能，而不需要编写计算机程序，也就是所谓的“组态”。它有时候也称为“二次开发”，组态软件就称为“二次开发平台”。

简单地说，组态软件能够实现对自动化过程和装备的监视和控制。它能从自动化过程和装备中采集各种信息，并将信息以图形化等更易于理解的方式进行显示，将重要的信息以各种手段传送到相关人员，对信息执行必要分析处理和存储，发出控制指令等。

2. 组态王软件简介

组态王软件是亚控科技根据当前的自动化技术的发展趋势，面向低端自动化市场及应用，以实现企业一体化为目标开发的一套产品。该产品以搭建战略性工业应用服务平台为目标，集成了对亚控科技自主研发的工业实时数据库（KingHistorian）的支持，可以为企业提供一个对整个生产流程进行数据汇总、分析及管理的有效平台，使企业能够及时有效地获取信息，及时地做出反应，以获得最优化的结果。图 7-5 所示为某工厂化学反应罐的组态王监控画面。

图 7-5　组态王监控画面

7.2.3　任务实施

1. I/O 分配

I/O 分配见表 7-3。

2. 硬件接线

电动机延时启停控制的电气原理图如图 7-6 所示。

表 7-3　　电动机延时启停控制 I/O 分配表

输入设备			输出设备		
设备名称	文字符号	输入地址	设备名称	文字符号	输出地址
			接触器线圈	KM1	Y0

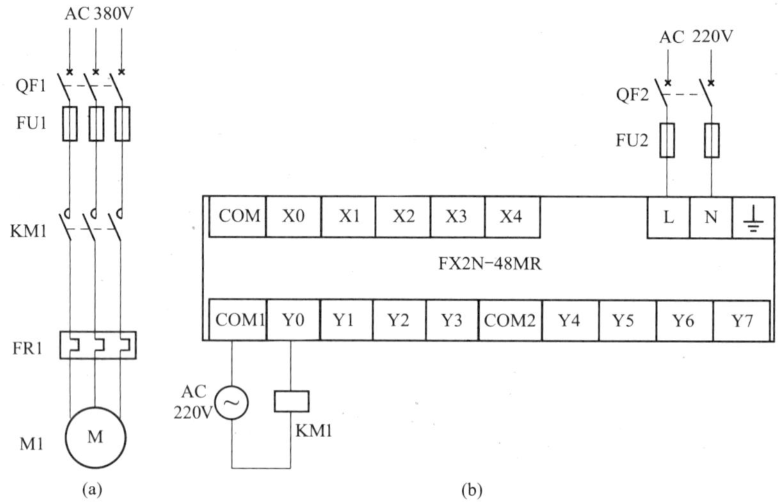

图 7-6　电动机延时启、停控制电气原理图

(a) 主电路；(b) 控制回路

3. 新建组态王项目

(1) 打开工程管理器。打开组态王软件后出现工程管理器的窗口，可以新建或打开组态王的工程项目。

(2) 新建项目。单击工程管理器的“新建”工具按钮，会出现如图 7-7 所示的新建工程向导，根据向导的提示工程项目的保存路径以及名称，如图 7-8 和图 7-9 所示。

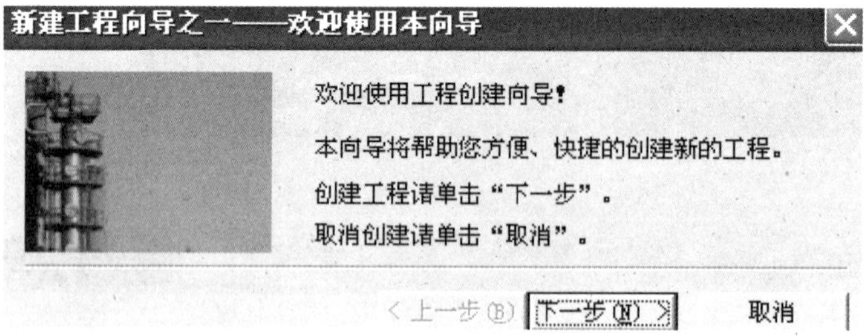

图 7-7　新建工程向导

4. 设置组态与 PLC 的通信

工程项目新建完成后，需要选择组态王与什么设备通信并且设置相应的通信参数，这个设备可以 PLC. 变频器或者其他的智能板卡或仪表等。

(1) 设置通信参数。双击工程管理器中新建的“星—三角减压启动”工程项目，弹出工程浏览器窗口，如图 7-10 所示。在工程浏览器窗口左侧项目树中双击“设备-

COM1”，会出现如图 7-11 所示的设置串口参数的对话框，数据位选择 7，通信方式选择 RS 232，其他选默认。

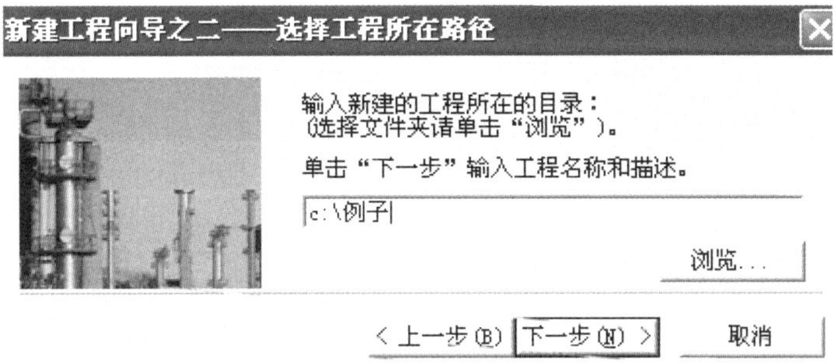

图 7-8　新建工程保存路径选择

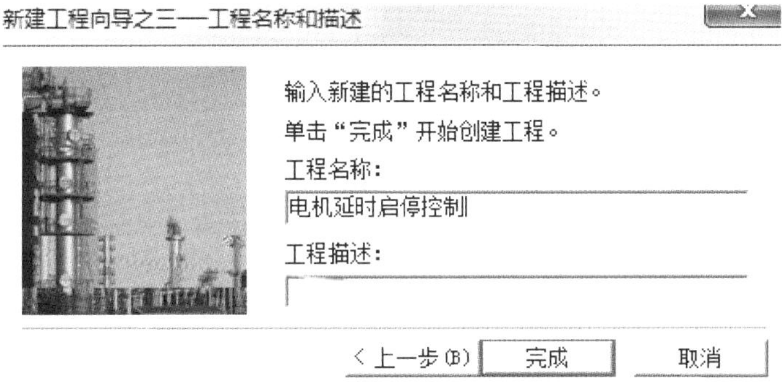

图 7-9　新建工程名称

（2）选择通信设备。在工程浏览器窗口中选择“设备-COM1”后，在右侧窗口中双击“新建”，如图 7-12 所示。在“设备配置向导”中选择“设备驱动-PLC-三菱-FX2-编程口”，然后输入设备名称为“FX1N”，如图 7-13～图 7-15 所示。最后选择串口号、设备地址和设置通信参数等，如图 7-16～图 7-19 所示。

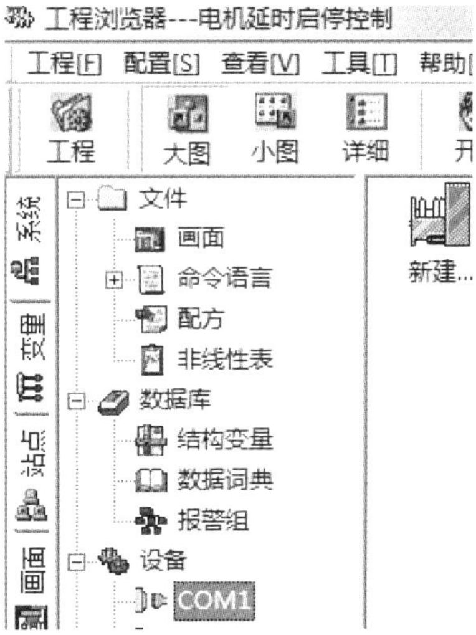

图 7-10　工程浏览器

5. 定义组态王与 PLC 通信的变量

组态王与 PLC 的通信设置完成后，为了能够使两者互相交换数据，还需要在组态王软件中构造数据库，也就是定义变量。组态王的变量分为外部变量和内部变量两种，外部变量是组态王与 PLC 等外部设备互相交换数据的载体，内部变量是组态王软件内部使用的变量，与 PLC 等外部设备无关。在工程浏览器窗口中选择“数据库-数据词典”后，在右侧窗口中双击“新建”可以定义新的变量，如图 7-20 所示。

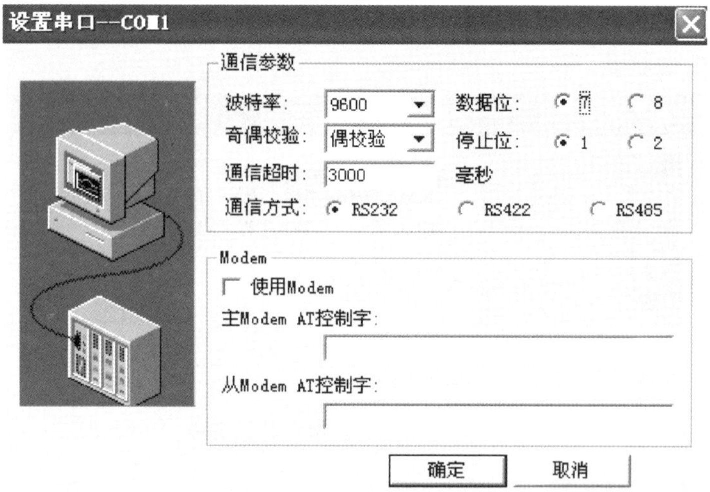

图 7-11　设置 COM1 串口参数

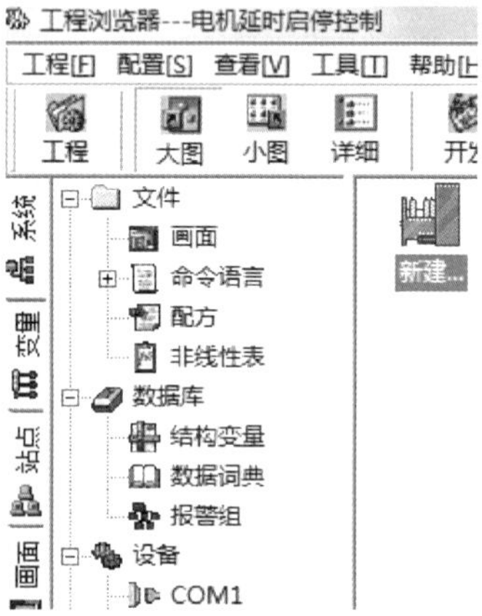

图 7-12　新建通信设备

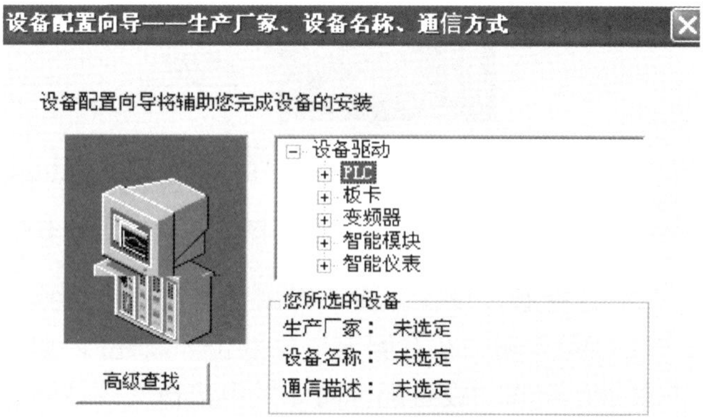

图 7-13　选择通信设备-PLC

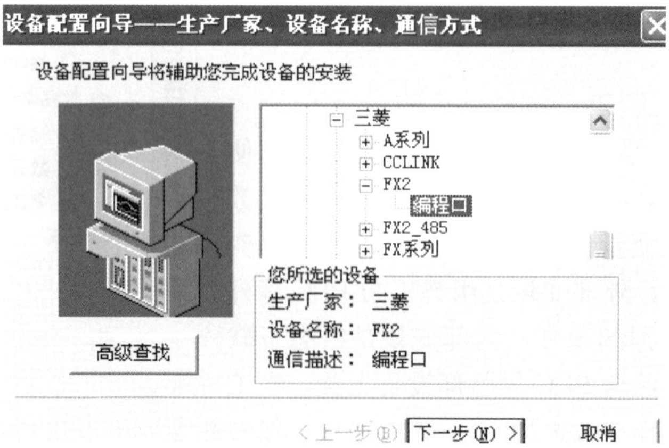

图 7-14　选择通信设备接口

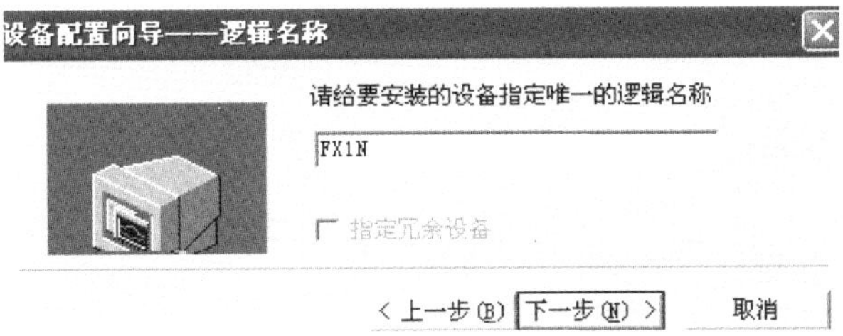

图 7-15　输入通信设备名称

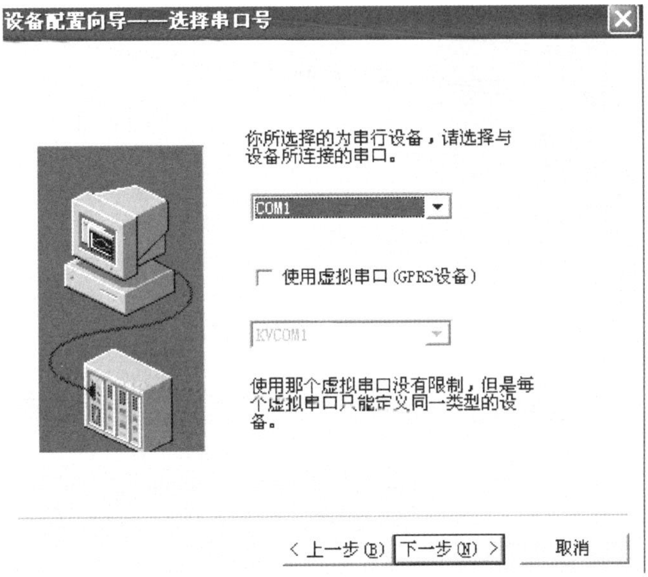

图 7-16　选择设备串口号

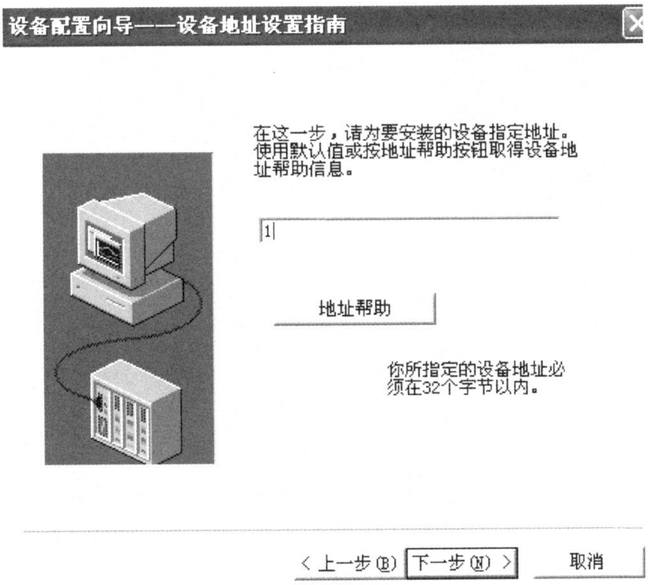

图 7-17　选择设备地址

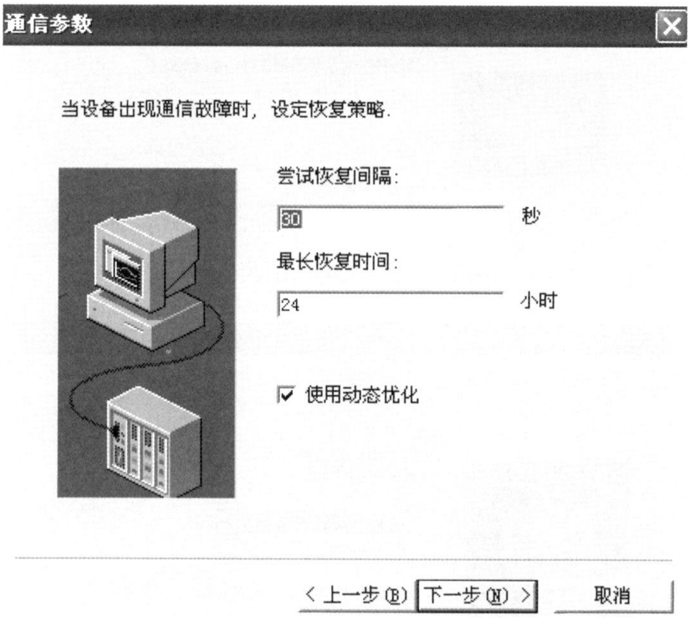

图 7-18　设置通信参数

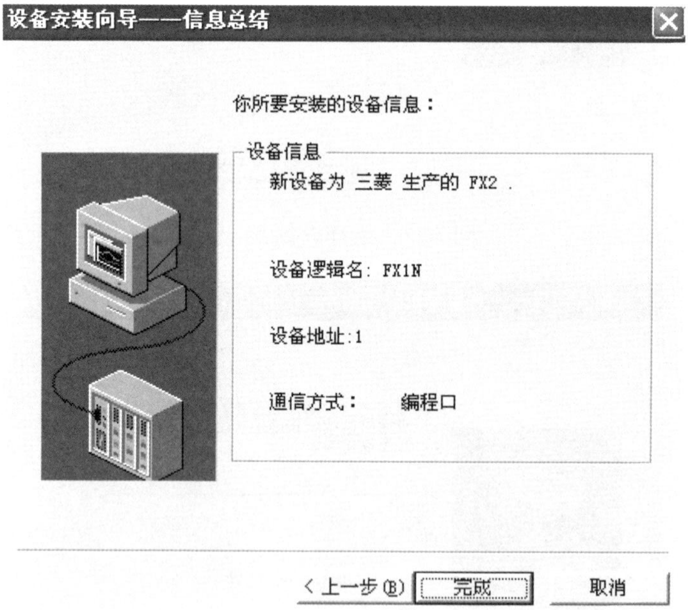

图 7-19　确认设备信息

本任务中需要定义的变量见表 7-4。

（1）定义“开关”的变量。在组态王的监控画面中，需要用虚拟开关来控制电动机的启动和停止，因此需要定义“开关”变量。定义“开关”变量时，在定义变量对话框中选择变量类型为“I/O 离散”，连接设备选择之前新建的设备“FX1N”，寄存器选择 M0，数据类型为 bit，读写属性为“读写”，如图 7-21 所示。

图 7-20 新建变量

表 7-4 电动机延时启停控制组态王变量

变量名称	变量地址	变量类型	数据类型	读写属性
开关	M0	I/O 离散	位（bit）	读写
电动机	Y0	I/O 离散	位（bit）	只读
当前时间	D0	I/O 整数	整型（short）	只读
设定时间	D2	I/O 整数	整型（short）	读写

图 7-21 定义“开关”变量

（2）定义“电动机”的变量。在组态王的监控画面中，需要用指示灯来指示电动机的启停状态，因此需要定义“电动机”变量。定义“开关”变量时，变量类型为“I/O离散”，连接设备选择“FX1N”，寄存器选择Y0，数据类型为bit，读写属性为“只读”，如图7-22所示。

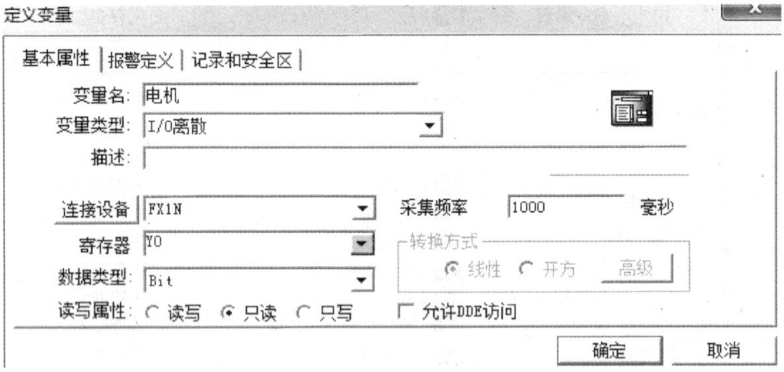

图7-22　定义“电动机”变量

（3）定义“延时时间”和“设定时间”变量。在组态王的监控画面中，通过“设定时间”设定和显示电动机延时启动的时间，通过“延时时间”变量显示虚拟开关闭合后已经延时的时间，两者均是以秒为单位。

定义“延时时间”变量时，变量类型为“I/O离散”，连接设备选择“FX1N”，寄存器选择D0，数据类型为bit，读写属性为“只读”，如图7-23所示。

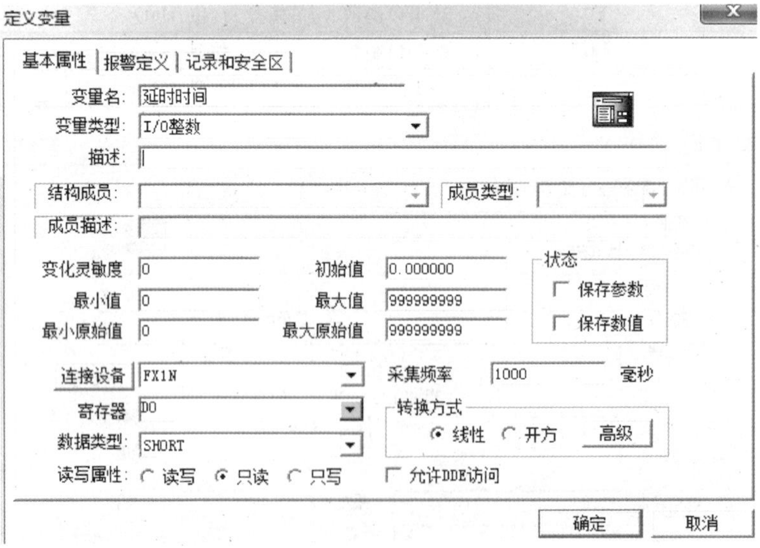

图7-23　定义“延时时间”变量

定义“设定时间”变量时，变量类型为“I/O离散”，连接设备选择“FX1N”，寄存器选择D2，数据类型为bit，读写属性为“读写”，如图7-24所示。

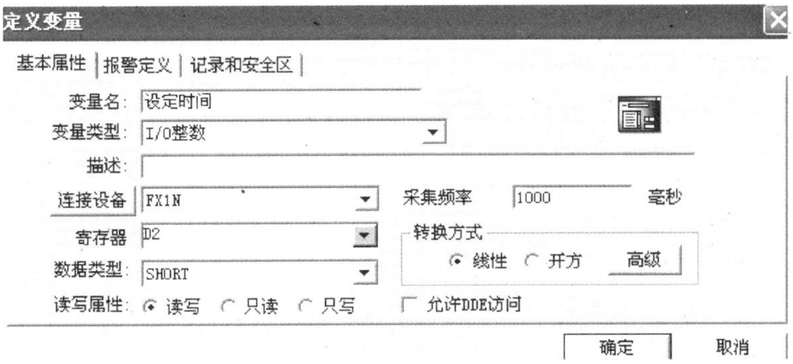

图7-24　定义“设定时间”变量

6. 创建组态画面

（1）新建画面。如图7-25所示，在工程浏览器中选择“文件-画面”，然后在右侧的窗口中双击“新建”，输入新建画面名称。

图7-25　新建画面

（2）绘制画面。双击新建的画面，通过“工具箱”的“图库”中选择一个开关和一个指示灯，再从“工具箱”中用“文本”工具绘制6个文本对象（“当前时间：”“设定时间：”“＃＃＃”“＃＃＃”“秒”），文本对象的名称可以右键单击该对象然后选择“字符串替换”，修改成需要的名称，如图7-26所示。其中用来表示当前时间和设定时间的两个文本对象名称虽然是“＃＃＃”，但是通过后面的动画连接设置可以在实际运行时自动显示相应的变量值。

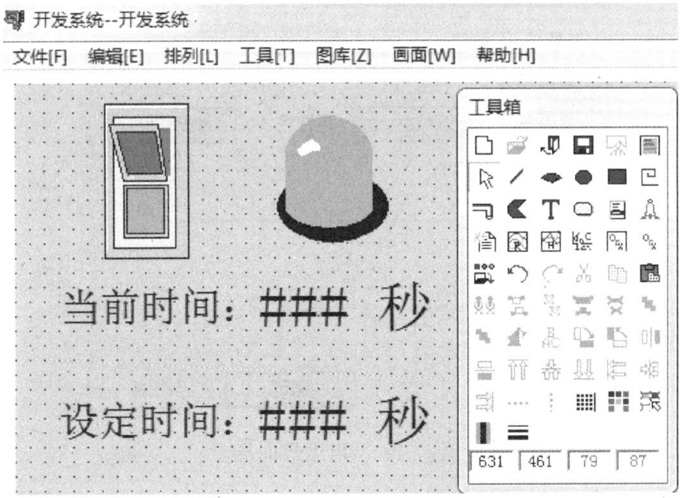

图7-26　电动机延时启停控制画面

7. 在图形对象和变量之间建立动画连接

如果希望鼠标按下画面上的按钮对象时，使之前定义的变量随之发生变化；或者当之前定义的变量发生变化时，使画面上的圆显示不同的颜色，这就需要在图形对象和对应的变量之间建立动画连接。

（1）设置虚拟开关的动画连接。双击“开关”图形对象，出现“开关向导”对话框，单击变量名右侧的“?”按钮，选择将虚拟开关和之间定义的“开关”变量（M0）建立连接，如图 7-27 所示。这样在画面上扳动虚拟开关时，就可以将 M0 置位或复位。

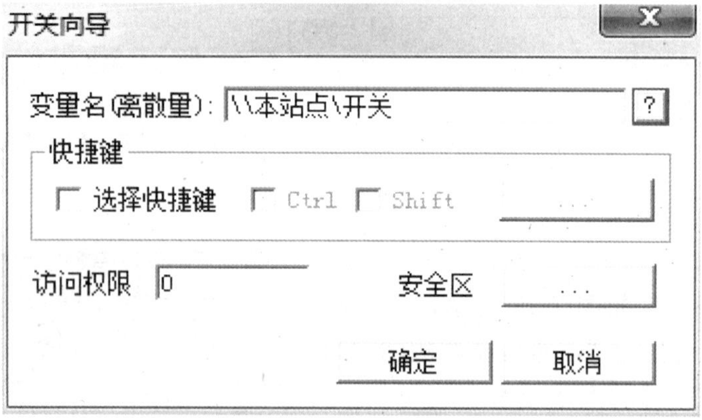

图 7-27　开关向导

（2）设置虚拟指示灯的动画连接。双击“指示灯”图形对象，出现“指示灯向导”对话框，单击变量名右侧的“?”按钮，选择将虚拟开关和之间定义的“电动机”变量（Y0）建立连接，如图 7-28 所示。这样当输出继电器 Y0 接通使得电动机运行或停止时，可以在画面通过虚拟指示灯来指示电动机当前的运行状态。

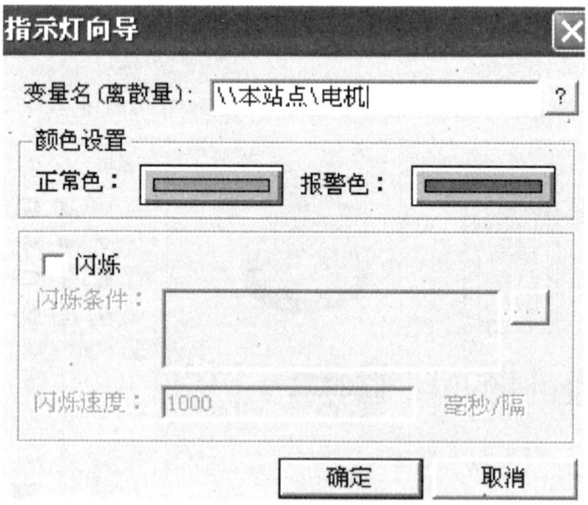

图 7-28　指示灯向导

（3）设置“设定时间”和“延时时间”的动画连接。双击延时时间右侧的“＃＃＃”文本对象，出现“动画连接”对话框，单击“值输出”-“模拟值输出”按钮，在弹出的“模拟值输出连接”窗口中选择将代表延时时间的“＃＃＃”文本对象和之间定义的“延时时间”变量（D0）建立连接，如图 7-29 所示。这样当虚拟开关闭合后，可以显示当前已经延时的时间是多少秒。

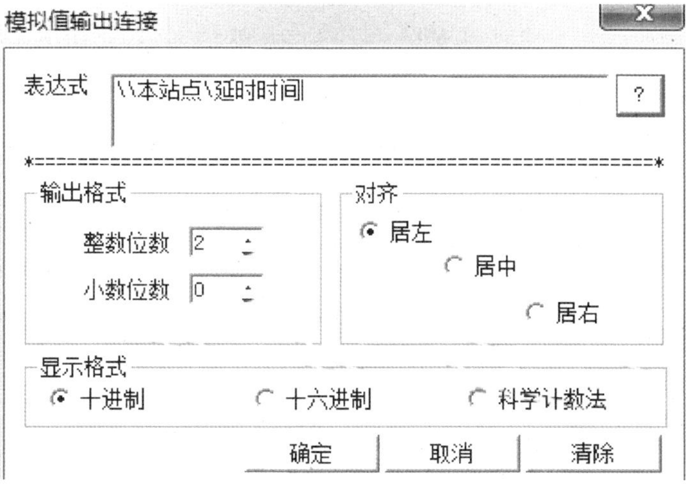

图 7-29　延时时间动画连接

双击设定时间右侧的“# # #”文本对象，出现“动画连接”对话框，单击“值输入”-“模拟值输入”按钮，在弹出的“模拟值输入连接”窗口中选择将代表设定时间的“# # #”文本对象和之间定义的“设定时间”变量（D2）建立连接，如图 7-30 所示。然后再单击“值输出”-“模拟值输出”按钮，在弹出的“模拟值输出连接”窗口中选择将代表设定时间的“# # #”文本对象和之间定义的“设定时间”变量（D2）建立连接。这样就可以在监控画面上显示 PLC 程序默认的设定时间，也可以直接输入想要的设定时间。

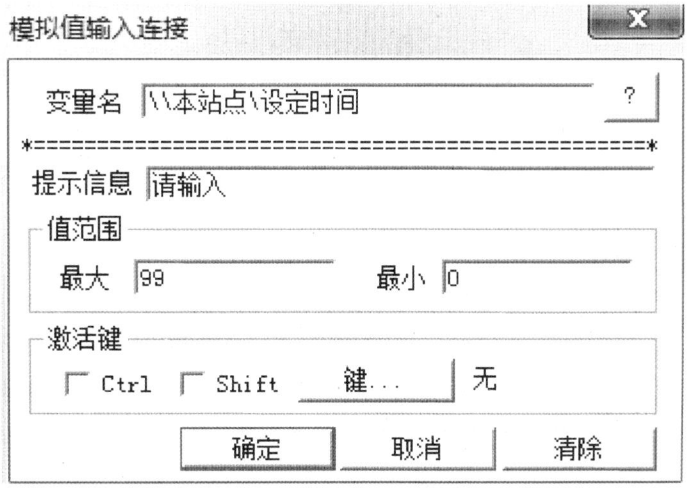

图 7-30　设定时间动画连接

8. PLC 程序设计

图 7-31 所示为电动机延时启停控制的 PLC 梯形图。

程序原理如下：

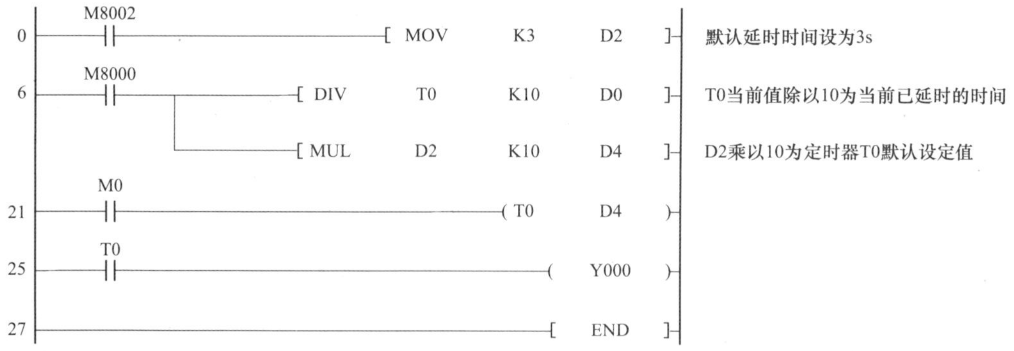

图 7-31　电动机延时启停控制的梯形图

(1) 通过初始化脉冲 M8002 给代表设定时间的数据寄存器 D2 赋一个 3s 的初始值，然后将其乘以 10 传送给数据寄存器 D4，将 D4 作为 100ms 定时器 T0 的设定值寄存器。

(2) 将 100ms 定时器 T0 的当前值除以 10，商保存到代表当前时间的数据寄存器 D0 中，用来在组态画面上显示以秒为单位的当前时间。

(3) 组态画面上的虚拟开关闭合（M0 得电）时，定时器 T0 开始延时，延时时间默认为 3s（可以通过组态画面改变），延时时间到了以后 Y000 得电；虚拟开关断开（M0 失电）时，定时器 T0 复位，Y000 失电。

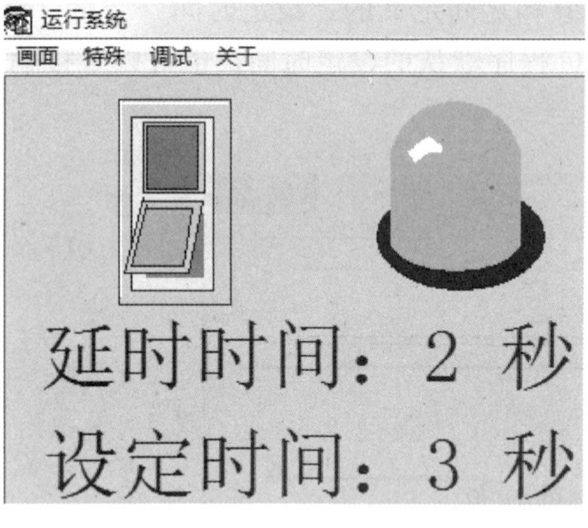

图 7-32　电动机延时启停控制的运行画面

9. 组态画面运行

单击组态王软件工程浏览器常用工具栏的“VIEW”工具按钮，可以启动组态画面，如图 7-32 所示。单击画面中的虚拟开关可以启动或停止电动机，电动机运行时虚拟指示灯会显示绿色，当前时间区域可以显示开关闭合后的当前时间，设定时间区域可以显示或者设定延时时间。

7.2.4　思考与拓展

1. PLC 通信概述

(1) 并行通信与串行通信。并行通信是以字节或字为单位的数据传输方式，除了 8 根或 16 根数据线、一根公共线外，还需要通信双方联络用的控制线。并行通信的传送速度快，但是传输线的根数多，抗干扰能力较差，一般用于近距离数据传送，例如，PLC 的基本单元、扩展单元和特殊模块之间的数据传送。

串行通信是以二进制的位（bit）为单位的数据传输方式，每次只传送一位，最少只需要两根线（双绞线）就可以连接多台设备，组成控制网络。串行通信需要的信号线少，适用于距离较远的场合。计算机和 PLC 都有通用的串行通信接口，例如，RS 232C 或 RS 485 接口，工业控制中计算机之间的通信一般采用串行通信方式。

(2) 异步通信与同步通信。在串行通信中，接收方和发送方应使用相同的传输速率。接收方和发送方的标称传输速率虽然相同，但它们之间总是有一些微小的差别。如果不采取措施，在连续传送大量的信息时，将会因积累误差造成发送和接收的数据错位，使接收方收到错误的信息。为了解决这一问题，需要使发送过程和接收过程同步。按同步方式的不同，串行通信分为异步通信和同步通信。

异步通信的字符信息格式如图7-33所示。

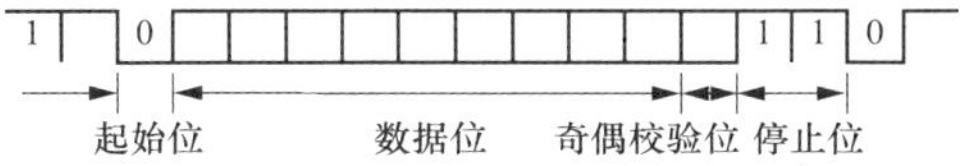

图7-33 异步通信的信息格式

发送的字符由一个起始位7～8个数据位、1个奇偶校验位（可以没有）和停止位（1位或两位）组成。通信双方需要对采用的信息格式和数据的传输速率作相同的约定。接收方检测到停止位和起始位之间的下降沿后，将它作为接收的起始点，在每一位的中点接收信息。由于一个字符中包含的位数不多，即使发送方和接收方的收发频率略有不同，也不会因为两台设备之间的时钟周期的积累误差而导致信息的发送和接收错位。异步通信传送附加的非有效信息较多，传输效率较低，PLC一般使用异步通信。

同步通信以字节为单位（一个字节由8位二进制数组成），每次传送1～2个同步字符、若干个数据字节和校验字符。同步字符起联络作用，用它来通知接收方开始接收数据。在同步通信中，发送方和接收方要保持完全的同步，这意味着发送方和接收方应使用同一时钟脉冲。它可以通过调制解调方式在数据流中提取出同步信号，使接收方得到与发送方同步的接收时钟信号。由于同步通信方式不需要在每个数据字符中增加起始位、停止位和奇偶校验位，只需要在要发送的数据块之前加一两个同步字符，所以传输效率高，但是对硬件的要求较高。

（3）单工与双工通信。单工通信方式只能沿单一方向传输数据。双工通信方式的信息可以沿两个方向传送，每一个站既可以发送数据，也可以接收数据。双工方式又分为全双工和半双工。

全双工方式中数据的发送和接收分别由两根或两组不同的数据线传送，通信的双方都能在同一时刻接收和发送信息，如图7-34（a）所示。

半双工方式用同一组线接收和发送数据，通信的双方在同一时刻只能发送数据或只能接收数据，如图7-34（b）所示。

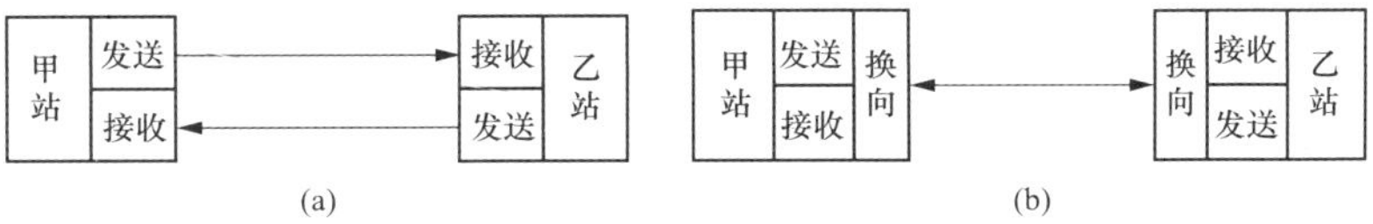

图7-34 双工通信
（a）全双工通信；（b）半双工通信

（4）串行通信接口。PLC与其他设备之间的通信主要采用串行异步通信，其常用的串行通信接口标准有RS 232C、RS 422A和RS 485等。

1）RS 232C。RS 232C是美国电子工业协会EIA于1969年公布的通信协议，它的全称是“数据终端设备（DTE）和数据通信设备（DCE）之间串行二进制数据交换接口技术标准”。RS 232C 接口标准是目前计算机和 PLC 中最常用的一种串行通信接口。

RS 232C 采用负逻辑，用－5～－15V 表示逻辑“1”，用＋5～＋15V 表示逻辑“0”。噪声容限为 2V，即要求接收器能识别低到＋3V 的信号作为逻辑“0”，高到－3V 的信号作为逻辑“1”。

RS 232C 只能进行一对一的通信，RS 232C 可使用 9 针或 25 针的 D 型连接器。

RS 232-C 的电气接口采用单端驱动、单端接收的电路，容易受到公共地线上的电位差和外部引入的干扰信号的影响，同时还存在以下不足之处：

① 传输速率低，最高传输速度速率为 20kbit/s。

② 传输距离短，最大通信距离为 15m。

③ 接口的信号电平值较高，易损坏接口电路的芯片，又因为与 TTL 电平不兼容故需使用电平转换电路方能与 TTL 电路连接。

2）RS 422。针对 RS 232C 的不足，EIA 于 1977 年推出了串行通信标准 RS 499，对 RS 232C 的电气特性做了改进，RS 422A 是 RS 499 的子集。

由于 RS 422A 采用平衡驱动、差分接收电路，从根本上取消了信号地线，大大减少了地电平所带来的共模干扰。平衡驱动器相当于两相单端驱动器，其输入信号相同，两个输出信号互为反相信号，图中的小圆圈表示反相。外部输入的干扰信号是以共模方式出现的，两极传输线上的共模干扰信号相同，因接收器是差分输入，共模信号可以互相抵消。只要接收器有足够的抗共模干扰能力，就能从干扰信号中识别出驱动器输出的有用信号，从而克服外部干扰的影响。

RS 422 的最大传输速率 10Mbit/s 时，允许的最大通信距离为 12m。传输速率为 100kbit/s 时，最大通信距离为 1200m，一台驱动器可以连接 10 台接收器。

3）RS 485。RS 485 是 RS 422 的变形，RS 422A 是全双工，两对平衡差分信号线分别用于发送和接收，所以采用 RS 422 接口通信时最少需要 4 根线。RS 485 为半双工，只有一对平衡差分信号线，不能同时发送和接收，最少需要二根连线。

使用 RS 485 通信接口和双绞线可组成串行通信网络，构成分布式系统，系统最多可连接 128 个站。

RS 422/RS 485 接口一般采用使用 9 针的 D 型连接器。普通个人计算机一般不配备 RS 422 和 RS 485 接口，但工业控制计算机基本上都有配置。

2. 三菱 PLC 通信

（1）N：N 网络通信。用 FX1N、FX2NC、FX2N、FX0N 可编程控制器进行的数据传输可建立在 N：N 的基础上。使用此通信网络，它们能连接一个小规模系统中的数据。FX 系列可编程控制器可以同时最多 8 台联网，其中一台为主机，其余为从机，在被连接的站点中位元件（0～64 点）和字元件（4～8 点）可以被自动连接，每一个站可以监控其他站的共享数据的数字状态。图 7-35 所示为 FX2N-485-BD 连接模块通信的配置图。

在每台 PLC 的辅助继电器和数据寄存器中分别有一片系统指定的共享数据区，网络中的每一台 PLC 都分配自己的辅助继电器和数据寄存器。

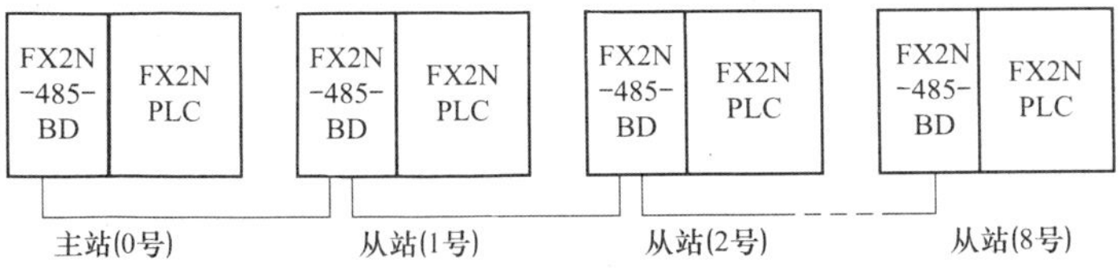

图 7-35　N：N 网络的连接框图

对于某一台 PLC 来说，分配给它的共享数据区数据自动地传送到其他站的相同区域，分配给其他 PLC 的共享数据区中的数据是其他站自动地传送来的。对于某一台 PLC 的用户程序来说，在使用其他站自动传来的数据时，感觉就像读写自己内部的数据区一样方便。共享数据区中的数据与其他 PLC 里面的对应数据在时间上有一定的延迟，数据传送周期与网络中的站数和传送的数据量有关（延迟范围为 18～131ms）。

（2）并行链接通信。并行链接用来实现两台同一组的 FX 系列 PLC 之间的数据自动传送。用 FX2N、FX2NC、FX1N 和 FX2C 可编程控制器进行数据传输时，是采用 100 个辅助继电器和 10 个数据寄存器在 1：1 的基础上来完成。FX1S 和 FXON 的数据传输采用 50 个辅助继电器和 10 个数据寄存器进行的。

当两个 FX 系列的可编程控制器的主单元分别安装一块通信模块后，用单根双绞线连接即可，编程时设定主站和从站，应用特殊继电器在两台可编程控制间进行自动的数据传送，很容易实现数据通信连接。主站和从站的设定由 M8070 和 M8071 设定，另外并行连接有标准和高速两种模式，由 M8162 的通断识别。图 7-36 所示为两台 FX2N 主单元用两块 FX2N-485-BD 连接模块通信的配置图。

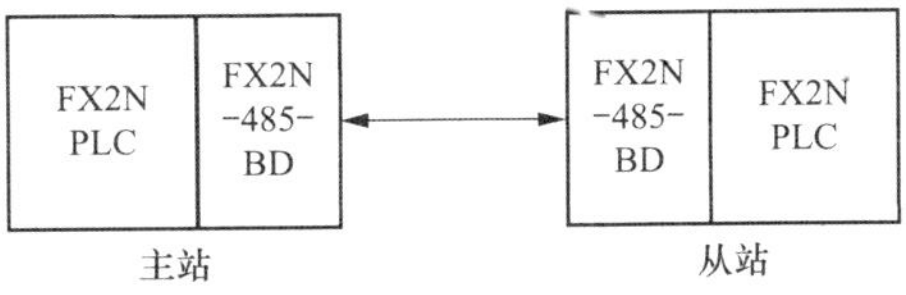

图 7-36　并行链接框图

（3）计算机链接（用专用协议进行数据传输）。小型控制系统中可编程控制器除了使用编程软件外，一般不需要与别的设备通信。可编程控制器的编程器接口一般都是 RS 422 或 RS 485，而计算机的串行通信接口是 RS 232C，编程软件与可编程控制器交换信息时需要配接专用的带转接电路的编程电缆或通信适配器。三菱公司的（计算机链接）可用于一台计算机与一台或最多 16 台 PLC 的通信，由计算机发出读写可编程控制器中的数据的命令帧，可编程控制器收到后返回响应帧。用户不需要对可编程控制器编程，响应帧是可编程控制器自动生成的，但是上位机的程序仍需用户编写。

如果上位计算机使用组态软件，后者可提供常见可编程控制器的通信驱动程序，用户只需在组态软件中做一些简单的设置，可编程控制器侧和计算机侧都不需要用户设计。

（4）可选编程端口通信。现在的可编程终端产品（如三菱的 GOT-900 系列图形操作终端）一般都能用于多个厂家的可编程控制器。与组态软件一样，可编程终端与可编程控制器的通信程序也不需要由用户来编写，在为编程终端的画面组态时，只需要指定画面中的元素对应的可编程控制器编程元件的编号就可以了，二者之间的数据交换是自动完成的。对于 FX2N、FX2NC、FX1N、FX1S 系列的可编程控制器，当该端口连接在 FX2N-232-BD、FXON-32ADP、FX1N-232-BD、FX2N-422-BD 上时，可支持一个编程协议。

（5）CC _ LINK 现场总线通信。PLC 与各种智能设备可以组成通信网络，以实现信息的交换，各 PLC 或远程 I/O 模块各自放置在生产现场进行分散控制，然后用网络连接起来，构成集中管理的分布式网络系统。通过以太网，控制网络还可以与 MIS（管理信息系统）融合，形成管理控制一体化网络。

大型控制系统（例如发电站综合自动化系统）一般采用 3 层网络结构，最高层是以太网，第 2 层是 PLC 厂家提供的通信网络或现场总线，例如，西门子的 Profibus、罗克韦尔 l 的 Con-trolNet、三菱的 CC-Link、欧姆龙的 Controller Link 等。底层是现场总线，例如，CAN 总线、De-viceNet 和 AS-i（执行器传感器接口）等。较小型的系统可能只使用底层的通信网络，更小的系统用串行通信接口（如 RS 232C、RS 422 和 RS 485）实现 PLC 与计算机和其他设备之间的通信。

CC-Link 的最高传输速率为 10Mbit/s，最长距离 1200m（与传输速率有关）。模块采用光隔离，占用 8 个 I/O 点。安装了 FX2N-32CCL-M CC-Link 系统主站模块后，FX1N 和 FX2NPLC 在 CC-Link 网络中可以作主站，7 个远程 I/O 站和 8 个远程 I/O 设备可以连接到主站上。网络中还可以连接三菱和其他厂家的符合 CC-Link 通信标准的产品，例如，变频器、AC 伺服装置、传感器和变送器等。使用 FX2N-32CCL、CC-Link 接口模块的 FX 系列 PLC 在 CC-Link 网络中作远程设备站使用。一个站点中最多有 32 个远程输点和 32 个远程输出点。

巩固练习

一、简答题

1. 组态王的功能是什么？
2. 组态王的内部变量和外部变量有何区别？
3. 简述组态王的使用步骤。
4. 三菱 PLC 的通信方式有哪些？
5. 串行通信和并行通信有什么区别？
6. 单工通信和双工通信有什么区别？
7. 什么是波特率？
8. 异步通信和同步通信有什么区别？

二、设计题

1. 用组态王软件实现四台电动机顺序启动和停止控制，要求按下启动按钮后，四台电动机按照 1→2→3→4 的顺序依次延时 3s 启动；按下停止按钮后，四台电动机按照 4→3→2→1 的顺序依次延时 3s 停止，另外要求启动延时时间和停止延时时间可以在组态画面中设定。

2. 通过一台变频器控制电动机 M1 运行并用组态王在电脑上设计相应的组态画面，控制要求为：当开关 SA1 打至右边“ON”位置时，按下按钮 SB1，电动机 M1 正转 4s（频率 20Hz），暂停 3s，然后反转 4s（频率 25Hz），暂停 3s，完成一次循环。要求完成 2 次循环后自动停止，在此过程中按下按钮 SB2 后电动机立即断电停止。当开关 SA1 打至左边“OFF”位置时，按下按钮 SB1，电动机 M1 正转 4s（频率 20Hz）后自动停止，在此过程中按下按钮 SB2 后电动机立即断电停止。

任务3　C650-2型卧式车床PLC控制

7.3.1　任务概述

传统机床的数字化、智能化已经成为制造业发展的主要方向，通过对普通机床进行PLC改造，取代原有的继电器控制系统，能够大幅提升机床的工作效率和稳定性。本任务的主要目的是利用三菱FX系列PLC对老式C650-2型卧式车床进行数字化改造。

7.3.2　任务资讯

1. C650-2型卧式车床工作原理分析

本教材项目2的任务1对C650-2型卧式车床的结构、运动形式和电气工作原理进行了详细的分析。该电气控制系统中最主要的就是对主电动机M1的控制，对于主轴电动机而言，在对其进行有效控制时，需要KM1、KM2、KM3接触器的共同控制，电动机的接线主要由三部分组成，第一部分是KM1、KM2两个触点组成的，这样电动机就可以进行正转和反转的调整，第二部分是互感器和电流表组成，都和主电动机的回路连通，通过时间继电器就可以进行延时操作，在短路时间范围内电流表会暂时短接，第三部分是通过交流接触器主触点对电阻进行控制。

2. C650-2型卧式车床PLC改造原则

通过全面了解C650型卧式车床电气控制电路，确定了以下基本改造方案，第一点，对于原车床工艺，加工方法等都不需要进行改变，可以提高改造进度，降低改造成本；第二点，在改造过程中，将主电路的原有元件都予以保留，不对其电气的操作方法进行改变；第三点，电气控制系统控制元件主要有接触器、热继电器、按钮、行程开关等，这些元件的作用和之前的作用相同，因此不需要进行改变；第四点，主轴的进给启动、变速冲动、低速、制动、高速等操作方法不需要进行改变；第五点，对于原油设备的继电器控制硬件连接方式进行改变，变为PLC编程模式，提高工作效率；第六点，在之前的线路中使用了一个时间继电器KT，在改造时将其用PLC内部定时器进行替换。

7.3.3　任务实施

1. 列出I/O分配表

根据需要控制的输入设备和输出设备数量，本任务选择了三菱FX2N-32MR-001型基本单元，该基本单元采用交流220供电电源，集成了16个数字量输入点和16个数字量输出点，输入回路采用内置24V直流电源，输出回路为继电器输出，在满足本任务控制要求的前提下还留有了一定的I/O裕量，为后续的设备改造升级留出了空间。

表7-5所示为C650-2型卧式车床PLC控制的I/O分配表。

2. PLC外部接线

图7-37所示为PLC外部接线图。

表 7-5　　**C650-2 型卧式车床 PLC 控制的 I/O 分配**

输入设备	原理号	输入地址	输出设备	原理号	输出地址
主轴电动机停止按钮	SB1	X1	电流表旁路中继	K1	Y0
主轴电动机正向点动按钮	SB2	X2	主轴电动机正转接触器	KM1	Y1
主轴电动机正向长动按钮	SB3	X3	主轴电动机反转接触器	KM2	Y2
主轴电动机反向长东按钮	SB4	X4	限流电阻接触器	KM3	Y3
冷却泵电动机停止按钮	SB5	X5	冷却泵电动机接触器	KM4	Y4
冷却泵电动机启动按钮	SB6	X6	快移电动机接触器	KM5	Y5
快移电动机限位	SQ1	X10			
主轴电动机热继	FR1	X11			
冷却泵电动机热继	FR2	X12			
速度继电器触点 1	KS-1	X13			
速度继电器触点 2	KS-2	X14			

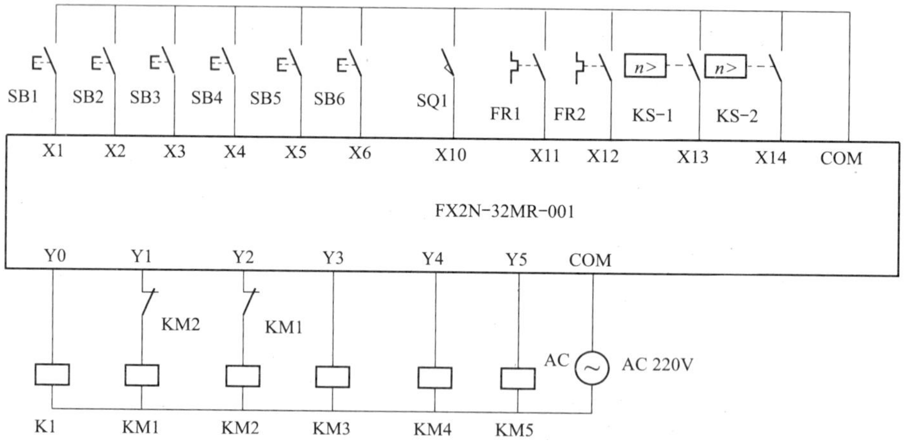

图 7-37　PLC 外部接线图

3. 编程调试

整个控制可以分成主轴电动机、冷却泵电动机和快速移动电动机三部分，后两部分的程序编制如图 7-38 所示。控制的难点主要集中在主轴电动机的控制部分，尤其是限流电阻和速度原则的反接制动控制部分。

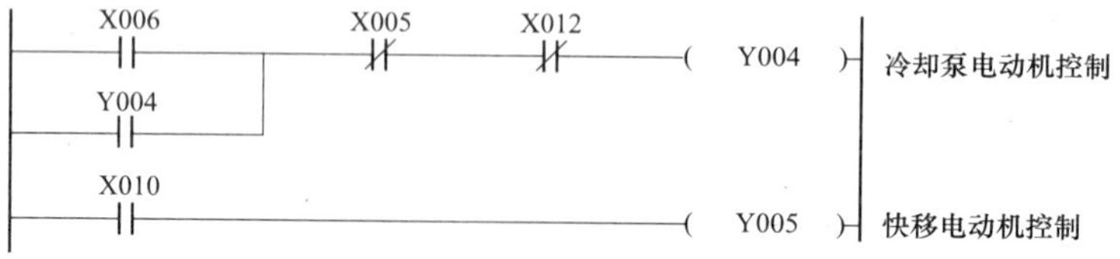

图 7-38　冷却泵电动机和快速移动电动机控制程序

主轴电动机的控制主要包括四个部分：正向点动、正反转长动、限流电阻的短接和正反向速度原则的反接制动。其中正向点动和正反转长动很容易实现，其程序如图 7-39 和图 7-40 所示。

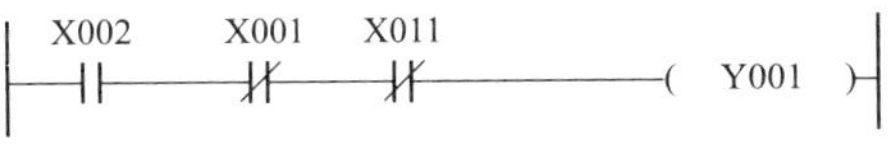

图 7-39　正向点动控制

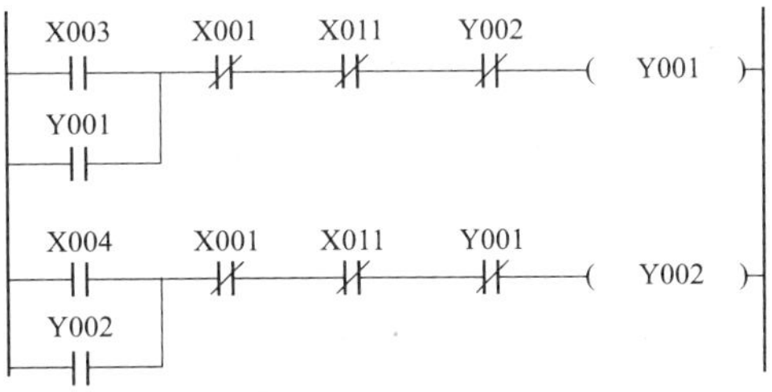

图 7-40　正反转长动控制

很明显，点动和长动两段程序存在双线圈的问题，可以用辅助继电器 M1 表示点动时 Y1 接通，用辅助继电器 M11 和 M12 分别表示长动时 Y001 和 Y002 接通，程序可以改为图 7-41 和图 7-42 所示。

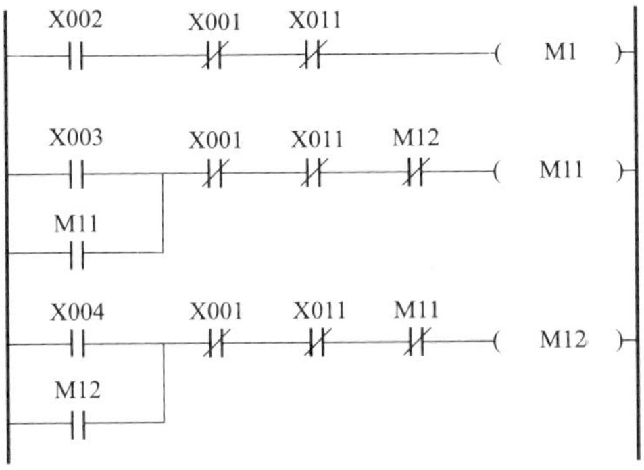

图 7-41　正向点动和正反转长动

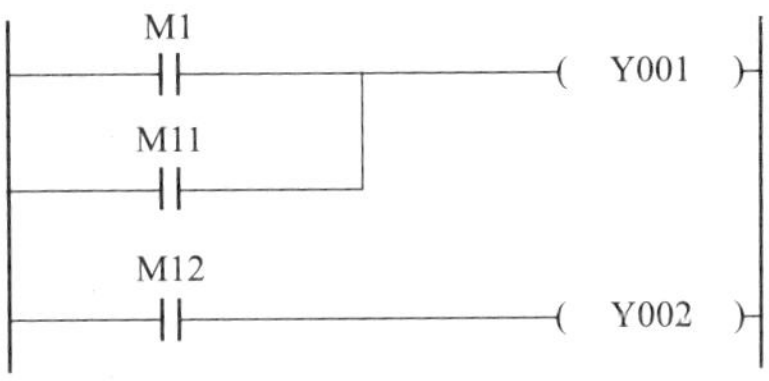

图 7-42　公共输出部分

为避免再次出现双线圈问题，可以用 M21 和 M22 分别表示反接制动状态下正转和反转接触器接通，程序如图 7-43 所示。

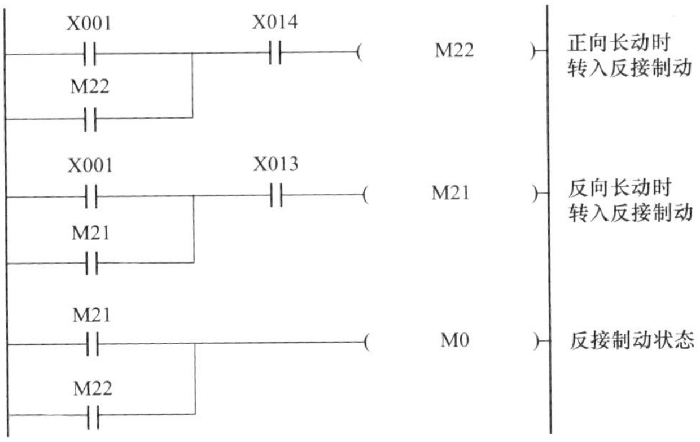

图 7-43　反接制动控制程序

限流电路由接触器 KM3 短接，正向点动和正反向反接制动时都要接入限流电阻，分别限制频繁点动的启动电流和反接制动电流，只有在正反向点动时才将其切除，因此 Y003 只有在正反转长动时接通，正向点动和正反向反接制动都不通，其控制程序如图 7-44 所示，其中辅助继电器 M0 得电时表示处于反接制动状态。

最后汇总的程序如图 7-45 所示。

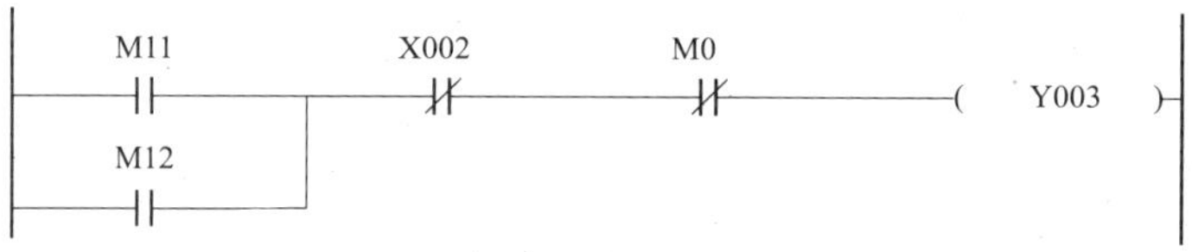

图 7-44 限流电阻短接程序

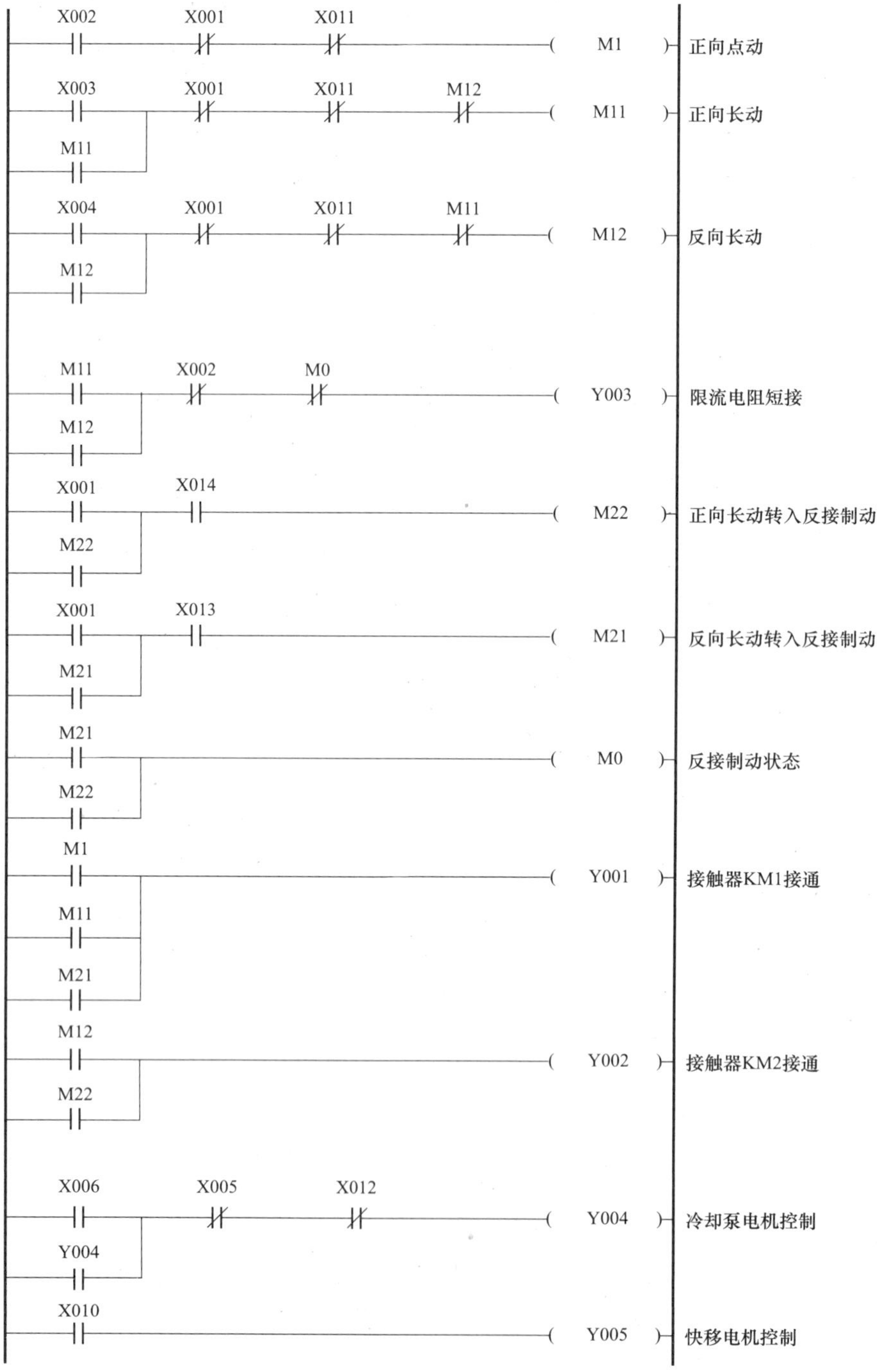

图 7-45 总程序

7.3.4 思考与拓展

1. 数控机床简介

数控机床是数字控制机床（Computer Numerical Control Machine Tools）的简称，是一种装有程序控制系统的自动化机床。该控制系统能够逻辑地处理具有控制编码或其他符号指令规定的程序，并将其译码，用代码化的数字表示，通过信息载体输入数控装置。经运算处理由数控装置发出各种控制信号，控制机床的动作，按图纸要求的形状和尺寸，自动地将零件加工出来。

数控机床较好地解决了复杂、精密、小批量、多品种的零件加工问题，是一种柔性的、高效能的自动化机床，代表了现代机床控制技术的发展方向，是一种典型的机电一体化产品。

2. 数控机床组成

数控机床的基本组成包括加工程序载体、数控装置、伺服驱动装置、机床主体和其他辅助装置。

（1）加工程序载体。数控机床工作时，不需要工人直接去操作机床，要对数控机床进行控制，必须编制加工程序。零件加工程序中，包括机床上刀具和工件的相对运动轨迹、工艺参数（进给量主轴转速等）和辅助运动等。将零件加工程序用一定的格式和代码，存储在一种程序载体上，如穿孔纸带、盒式磁带、软磁盘等，通过数控机床的输入装置，将程序信息输入到CNC单元。

（2）数控装置。数控装置是数控机床的核心。现代数控装置均采用CNC（Computer Numerical Control）形式，这种CNC装置一般使用多个微处理器，以程序化的软件形式实现数控功能，因此又称软件数控（Software NC）。CNC系统是一种位置控制系统，它是根据输入数据插补出理想的运动轨迹，然后输出到执行部件加工出所需要的零件。因此，数控装置主要由输入、处理和输出三个基本部分构成。而所有这些工作都由计算机的系统程序进行合理地组织，使整个系统协调地进行工作。

（3）伺服与测量反馈系统。伺服系统是数控机床的重要组成部分，用于实现数控机床的进给伺服控制和主轴伺服控制。伺服系统的作用是把接受来自数控装置的指令信息，经功率放大、整形处理后，转换成机床执行部件的直线位移或角位移运动。由于伺服系统是数控机床的最后环节，其性能将直接影响数控机床的精度和速度等技术指标，因此，对数控机床的伺服驱动装置，要求具有良好的快速反应性能，准确而灵敏地跟踪数控装置发出的数字指令信号，并能忠实地执行来自数控装置的指令，提高系统的动态跟随特性和静态跟踪精度。

伺服系统包括驱动装置和执行机构两大部分。驱动装置由主轴驱动单元、进给驱动单元和主轴伺服电动机、进给伺服电动机组成。步进电动机、直流伺服电动机和交流伺服电动机是常用的驱动装置。

测量元件将数控机床各坐标轴的实际位移值检测出来并经反馈系统输入到机床的数控装置中，数控装置对反馈回来的实际位移值与指令值进行比较，并向伺服系统输出达到设定值所需的位移量指令。

（4）机床主体。机床主机是数控机床的主体。它包括床身、底座、立柱、横梁、滑座、工作台、主轴箱、进给机构、刀架及自动换刀装置等机械部件。它是在数控机床上自动地完成各种切削加工的机械部分。

（5）数控机床辅助装置。辅助装置是保证充分发挥数控机床功能所必需的配套装置，常用的辅助装置包括：气动、液压装置，排屑装置，冷却、润滑装置，回转工作台和数控分度头，防护，照明等各种辅助装置。

巩固练习

1. 简述PLC改造的基本原则。
2. 简述数控机床的基本组成。
3. 将项目2任务2的Z3040摇臂钻床的电气控制系统从继电器控制改造成PLC控制。
4. 将项目2任务3的M7130平面磨床的电气控制系统从继电器控制改造成PLC控制。